全国职业教育园林类专业"十三五"规划教材

园林规划设计

宁妍妍　赵建民　主编

中国林业出版社

内容提要

本教材根据园林行业对园林规划设计岗位知识和技能方面的要求,采用"模块构建、项目导向、工作任务"的模式进行。包括基础理论和核心技能两大模块。基础理论模块包括:园林规划设计概述、园林规划设计艺术原理、园林各组成要素设计、园林规划设计程序;核心技能模块包括:城市道路绿地规划设计、城市广场绿地规划设计、居住区绿地规划设计、单位附属绿地规划设计、屋顶花园规划设计、城市公园绿地规划设计、其他类型绿地规划设计。教材取材全面、深入浅出、内容翔实、图文并茂,突出了高职学生需要的基本理论知识结构和技能要求,将知识点和技能要求贯穿于项目教学中,方便教师教学和学生的学习。

本教材可作为高等职业教育风景园林设计、园林技术、园林工程技术、园艺技术等专业的教材,也可以作为相关专业技术人员的参考用书,同时可作为园林类专业成人教育的培训材料。

图书在版编目(CIP)数据

园林规划设计 / 宁妍妍,赵建民主编.—北京:中国林业出版社,2017.1(2018.8重印)
全国职业教育园林类专业"十三五"规划教材
ISBN 978-7-5038-8818-2

Ⅰ. ①园… Ⅱ. ①宁… ②赵… Ⅲ. ①园林 – 规划 – 职业教育 – 教材 ②园林设计 – 职业教育 – 教材 Ⅳ. ①TU986

中国版本图书馆 CIP 数据核字(2016)第 288433 号

国家林业局生态文明教材及林业高校教材建设项目

中国林业出版社教育出版分社

策划编辑:牛玉莲 康红梅 田 苗	责任编辑:田 苗
电 话:(010) 83143557	传 真:(010) 83143516

出版发行 中国林业出版社(100009 北京市西城区德内大街刘海胡同7号)
E-mail: jiaocaipublic@163.com 电话:(010) 83143500
http://lycb.forestry.gov.cn
经　销　新华书店
印　刷　北京中科印刷有限公司
版　次　2017年1月第1版
印　次　2018年8月第2次印刷
开　本　787mm×1092mm 1/16
印　张　19.75
字　数　481千字
定　价　42.00元

凡本书出现缺页、倒页、脱页等质量问题,请向出版社图书营销中心调换。

版权所有　侵权必究

《园林规划设计》编写人员

主　编

宁妍妍
赵建民

副主编

刘　军
郑　淼

编写人员（按姓氏拼音排序）

方大凤（杨凌职业技术学院）
胡利珍（湖南环境生物职业技术学院）
刘　军（河南林业职业学院）
孟宪民（辽宁林业职业技术学院）
宁妍妍（甘肃林业职业技术学院）
张玉泉（黑龙江农业职业技术学院）
赵建民（杨凌职业技术学院）
郑　淼（山西林业职业技术学院）

序言 Foreword

我国高等职业教育园林类专业近十多年来经历了由规模不断扩大到质量不断提升的发展历程，其办学点从 2001 年的全国仅有二十余个，发展到 2010 年的逾 230 个，在校生人数从 2001 年的 9080 人，发展到 2010 年的 40 860 人；专业的建设和课程体系、教学内容、教学模式、教学方法以及实践教学等方面的改革不断深入，也出版了富有特色的园林类专业系列教材，有力推动了我国高职园林类专业的发展。

但是，随着我国经济社会的发展和科学技术的进步，高等职业教育不断发展，高职园林类专业的教育教学也显露出一些问题，例如，教学体系不够完善、专业教学内容与实践脱节、教学标准不统一、培养模式创新不足、教材内容落后且不同版本的质量参差不齐等，在教学与实践结合方面尤其欠缺。针对以上问题，各院校结合自身实际在不同侧面进行了不同程度的改革和探索，取得了一定的成绩。为了更好地汇集各地高职园林类专业教师的智慧，系统梳理和总结十多年来我国高职园林类专业教育教学改革的成果，2011 年 2 月，由原教育部高职高专教育林业类专业教学指导委员会（2013 年 3 月更名为全国林业职业教育教学指导委员会）副主任兼秘书长贺建伟牵头，组织了高职园林类专业国家级、省级精品课程的负责人和全国 17 所高职院校的园林类专业带头人参与，以《高职园林类专业工学结合教育教学改革创新研究》为课题，在全国林业职业教育教学指导委员会立项，对高职园林类专业工学结合教育教学改革创新进行研究。同年 6 月，在哈尔滨召开课题工作会议，启动了专业教学内容改革研究。课题就园林类专业的课程体系、教学模式、教材建设进行研究，并吸收近百名一线教师参与，以建立工学结合人才培养模式为目标，系统研究并构建了具有工学结合特色的高职园林类专业课程体系，制定了高职园林类专业教育规范。2012 年 3 月，在系统研究的基础上，组织 80 多名教师在太原召开了高职园林类专业规划教材编写会议，由教学、企业、科研、行政管理部门的专家，对教材编写提纲进行审定。经过广大编写人员的共同努力，这套总结 10 多年园林类专业建设发展成果，凝聚教学、科研、生产等不同领域专家智慧、吸收园林生产和教学一线的最新理论和技术成果的系列教材，最终于 2013 年由中国林业出版社陆续出版发行。

该系列教材是《高职园林类专业工学结合教育教学改革创新研究》课题研究的主要成果之一，涉及 18 门专业（核心）课程，共 21 册。编著过程中，作者注意分析和借鉴国内已出版的多个版本的百余部教材的优缺点，总结了十多年来各地教育教学实践的经验，

序 言

深入研究和不同课程内容的选取和内容的深度，按照实施工学结合人才培养模式的要求，对高等职业教育园林类专业教学内容体系有较大的改革和理论上的探索，创新了教学内容与实践教学培养的方式，努力融"学、教、做"为一体，突出了"学中做、做中学"的教育思想，同时在教材体例、结构方面也有明显的创新，使该系列教材既具有博采众家之长的特点，又具有鲜明的行业特色、显著的实践性和时代特征。我们相信该系列教材必将对我国高等职业教育园林类专业建设和教学改革有明显的促进作用，为培养合格的高素质技能型园林类专业技术人才作出贡献。

全国林业职业教育教学指导委员会
2013 年 5 月

前言

Preface

"园林规划设计"是高职院校风景园林设计、园林技术、园林工程技术等专业的专业核心课程。为了贯彻实施《关于全面提高高等职业教育教学质量的若干意见》（教高[2006]16号）的要求。根据我国目前高等职业教育中"园林规划设计"课程教学的实际情况和行业对岗位能力的需求，本教材在编写时遵循了"必需、够用、实用"的原则，创新了教学内容与实践培养的方式，融"教、学、做"于一体，突出了"学中做、做中学"的教育思想，达到强化学生能力的培养目标。

本教材具有以下特点：

1. 教材定位准确、内容新颖、取材全面、图文并茂、通俗易懂，理论知识简明、实训操作性强。教材采用任务驱动的编写思路，以工作任务为主线，教师为主导，学生为主体，真正突出了以就业为导向，以能力为本位的职业教育理念，具有应用性，可读性强。教材根据教学需要将新技术和新理念引入教材中，培养学生的创新能力，从而适应行业的需求。

2. 教材突出了高校学生需要的基本理论知识结构和技能要求，深入浅出，最大限度贴近人才的需求。使学生能够掌握必需的理论知识，同时能在项目和任务中得到实践技能的不断提高。按照行业实际工作过程组织教材内容，将知识点和技能要求贯穿于项目教学中。

3. 教材引用了大量的园林规划设计案例。丰富了教学信息，充实了教学内容，使教材结构合理。园林规划设计是一门理论和实践、艺术与技术相结合的综合性学科。在教材编写时组织了教学经验丰富和实践能力强的教师，提供了大量的技术资料、图片和相关图纸等，方便了教师教学和学生学习。

本教材由宁妍妍和赵建民任主编。具体分工如下：宁妍妍编写模块1单元2和单元3，模块2项目6、项目7部分和附录；赵建民编写模块1单元1和模块2项目1；张玉泉编写模块1单元4；方大凤编写模块2项目2；郑淼编写模块2项目3；刘军编写模块2项目4；胡利珍编写模块2项目5；孟宪民编写模块2项目7部分内容。全书由宁妍妍统稿。

本教材可作为高等职业教育风景园林设计、园林技术、园林工程技术、园艺技术等专业的教材，也可以作为相关专业技术人员的参考用书，同时可作为园林类专业成人教育的

前言

培训材料。

　　本教材在编写过程中引用了部分国内外园林规划设计的实例和图片，在此谨向有关作者、单位及同行们深表感谢！教材编写得到了甘肃林业职业技术学院及相关院校的领导和老师的大力支持和帮助，北京林业大学郑曦教授对书稿进行审读，在此一并深表感谢！

　　由于编者水平有限，书中难免存在疏漏之处，敬请广大读者批评指正。

编　者
2016 年 8 月

目录 Contents

序　言
前　言

模块 1　基础理论　　1

单元 1　园林规划设计概述　　2
1.1　园林规划设计的含义、性质和任务　　2
1.1.1　园林规划设计的含义　　3
1.1.2　园林规划设计的性质　　3
1.1.3　园林规划设计的任务　　3
1.2　园林规划设计的依据和原则　　4
1.2.1　园林规划设计的依据　　4
1.2.2　园林规划设计的原则　　5
1.3　园林规划设计的方法　　7
1.3.1　设计思维　　7
1.3.2　设计入手　　7
1.3.3　方案的调整和深入　　8
1.3.4　设计方案的表现　　8
1.4　中外园林的特点和发展趋势　　9
1.4.1　中国园林概述　　9
1.4.2　国外园林概述　　14
1.4.3　世界园林的发展趋势　　16

目 录

单元2 园林规划设计艺术原理　　18
2.1 园林赏景与造景　　18
2.1.1 景的构成与类型　　18
2.1.2 园林赏景　　19
2.1.3 园林造景　　20
2.2 园林艺术构图　　24
2.2.1 园林艺术构图的含义　　24
2.2.2 园林艺术构图的特点　　24
2.2.3 园林艺术构图的基本法则　　24
2.3 园林布局形式　　34
2.3.1 园林的规划形式　　34
2.3.2 山水地形的布局形式　　36
2.3.3 园林建筑的布局形式　　37
2.3.4 园林道路广场的布局形式　　38
2.3.5 园林植物的布局形式　　38
2.4 园林空间构成与应用　　39
2.4.1 园林空间的含义及分类　　39
2.4.2 园林静态空间布局　　41
2.4.3 园林动态空间布局　　43

单元3 园林各组成要素规划设计　　45
3.1 园林地形设计　　45
3.1.1 地形设计　　45
3.1.2 园林平地设计　　47
3.1.3 园林坡地设计　　48
3.1.4 园林山地设计　　48
3.1.5 园林假山设计　　49
3.1.6 园林水体设计　　50
3.2 园路与广场设计　　54
3.2.1 园路设计　　54
3.2.2 园林广场设计　　57
3.3 园林建筑与小品设计　　59
3.3.1 园林建筑与小品的作用和类型　　59
3.3.2 园林建筑与小品设计要点　　59
3.3.3 常见园林建筑与小品　　60
3.4 园林植物种植设计　　67
3.4.1 园林植物的作用　　67
3.4.2 园林植物种植设计的一般原则　　68

3.4.3　乔、灌木的配置与应用　　　　　　　　　　69
　　　3.4.4　花卉的配置与应用　　　　　　　　　　　81
　　　3.4.5　草坪的配置与应用　　　　　　　　　　　92
　　　3.4.6　藤本植物的配置与应用　　　　　　　　　94
　　　3.4.7　水生植物的配置与应用　　　　　　　　　97

单元4　园林规划设计程序　　　　　　　　　　　　　101
　4.1　承担设计任务阶段　　　　　　　　　　　　　　101
　4.2　收集资料和调查研究阶段　　　　　　　　　　　102
　　　4.2.1　收集调查资料　　　　　　　　　　　　　102
　　　4.2.2　现场勘查　　　　　　　　　　　　　　　103
　　　4.2.3　调查资料的分析与整理　　　　　　　　　103
　4.3　总体规划设计阶段　　　　　　　　　　　　　　103
　　　4.3.1　总体规划设计步骤　　　　　　　　　　　103
　　　4.3.2　总体规划设计的组成　　　　　　　　　　105
　　　4.3.3　建设概算　　　　　　　　　　　　　　　109
　4.4　技术设计阶段　　　　　　　　　　　　　　　　109
　　　4.4.1　平面图　　　　　　　　　　　　　　　　109
　　　4.4.2　纵、横剖面图　　　　　　　　　　　　　109
　　　4.4.3　局部种植设计图　　　　　　　　　　　　109
　　　4.4.4　施工设计　　　　　　　　　　　　　　　109
　　　4.4.5　编制预算　　　　　　　　　　　　　　　112
　　　4.4.6　施工设计说明书　　　　　　　　　　　　112

模块2　核心技能　　　　　　　　　　　　　　　　　113

项目1　城市道路绿地规划设计　　　　　　　　　　114
　1.1　城市道路绿地　　　　　　　　　　　　　　　　117
　1.2　城市道路绿地规划设计原则和树种选择条件　　　125
　1.3　城市道路绿地景观设计　　　　　　　　　　　　127

项目2　城市广场绿地规划设计　　　　　　　　　　140
　2.1　城市广场的概念　　　　　　　　　　　　　　　142
　2.2　城市广场的类型　　　　　　　　　　　　　　　142
　2.3　现代城市广场的基本特点　　　　　　　　　　　149
　2.4　城市广场绿地规划设计原则　　　　　　　　　　150
　2.5　现代城市广场绿地规划设计形式　　　　　　　　152
　2.6　城市广场绿地规划设计中植物的选择　　　　　　155

目录

项目3　居住区绿地规划设计　160
- 3.1　居住区的分级及规模　163
- 3.2　居住区用地的组成　163
- 3.3　居住区绿地组成及定额指标　164
- 3.4　居住区绿地规划设计原则与要求　165
- 3.5　居住区绿地规划设计内容与要点　167
- 3.6　居住区绿地规划设计的植物选择和配置　179

项目4　单位附属绿地规划设计　188
- 4.1　大专院校绿地规划设计　193
- 4.2　工厂绿地规划设计　197
- 4.3　医疗机构绿地规划设计　203
- 4.4　机关单位绿地规划设计　206

项目5　屋顶花园规划设计　214
- 5.1　屋顶花园概述　217
- 5.2　屋顶花园的作用与特点　220
- 5.3　屋顶花园的类型　222
- 5.4　屋顶花园的设计原则与内容　225

项目6　城市公园绿地规划设计　235
- 6.1　街旁绿地规划设计　241
- 6.2　滨河绿地规划设计　242
- 6.3　综合性公园规划设计　244
- 6.4　专类公园的规划设计　255

项目7　其他类型绿地规划设计　265
- 7.1　农业观光园规划设计　270
- 7.2　旅游风景区规划设计　278

附　录　288

参考文献　304

模块 1 基础理论

单元 1
园林规划设计概述

学习目标

【知识目标】

（1）掌握园林规划设计的基础知识，熟悉并理解园林规划设计的依据和原则、设计方法；

（2）了解我国古典园林的历史发展与特点，了解欧洲园林的艺术特点。

【技能目标】

能够正确理解古今中外园林特点，并将其应用于现代园林设计中。

1.1 园林规划设计的含义、性质和任务

园林是人类社会发展到一定阶段的产物。18世纪以前，世界各国几乎都有各自不同风格的园林，世界园林形成了东方、西亚和古希腊园林三大体系。由于文化传统的差异，东西方园林发展的进程也不相同。

东方园林以中国园林为代表，中国园林已有数千年的发展历史，有优秀的造园艺术传统及造园文化传统，被誉为"世界园林之母"。中国园林从崇尚自然的思想出发，发展形成了以山水园林为骨架的自然式园林。

西亚地区的叙利亚和伊拉克也是人类文明的发祥地之一。早在公元前3500年，奴隶主在宅园附近建造各式花园，作为游憩观赏的乐园。奴隶主的私宅和花园一般都建在幼发拉底河沿岸的谷地草原上，引水注园。花园内筑有水池或水渠，道路纵横方直，花草树木充满其间，布置非常整齐美观。还在宫殿上建造了被誉为世界七大奇观之一的屋顶花园——悬空园。

古希腊是欧洲文化的发源地。不过地处欧洲的古代希腊文化又自有其独具的特征、渊源和发展。克里特的宫殿采用住宅式的开敞形态。古希腊的建筑、雕塑对于西方文明的影响是巨大的，这使人们很自然地想到了造园。古希腊文学中，有大量的有关树木、花卉及各种各样所谓公园或花园的描述。壮丽的凡尔赛宫苑无处不体现主权的至高无上，但也充分展示了法国园林简洁豪放的独特风格。

1.1.1 园林规划设计的含义

园林规划设计包含园林绿地规划和园林绿地设计两个含义。

园林绿地规划是指对未来园林绿地发展方向的设想安排。就是按照国民经济发展需要，提出园林绿地发展的目标、发展规模、速度和投资等。这种规划是由各级园林行政部门制定的。这种规划是对城市今后园林绿地发展的设想，需要制定出长期规划、中期规划和近期规划，用以园林绿地的建设。这种规划也叫发展规划。另一种园林规划是指对每一个园林绿地所占用的土地进行安排和对园林要素即山水、植物、建筑、道路广场等进行合理的布局与组合，所以又称为园林绿地构图，包括已建和拟建的园林绿地。城市的园林绿地规划，要结合城市的总体规划，确定各类绿地在城市的位置、园林绿地在城市中占的比例等。例如，要建一座公园，需要进行规划，包括需要划分哪些景区，各布置在什么地方，需要多大面积以及投资和完成的时间等。这种规划要从时间、空间方面对园林绿地进行安排，使之符合生态、社会和经济的要求，同时又能保证园林各要素之间取得有机联系，以满足园林艺术要求。这种规划就是园林绿地构图，它是由城市园林规划设计部门完成的。

园林绿地设计是为了满足一定目的和用途，在规划的原则下，围绕园林地形，利用植物、山水、建筑、道路广场等园林要素创造出满足一定功能，符合园林工程技术条件，体现园林艺术风格的园林环境；或者说园林设计就是具体实现规划中某一工程的实施方案，是具体而细致的施工计划。园林设计的内容包括地形设计、建筑设计、园路设计、种植设计及园林小品的设计等。

园林规划设计就是园林绿地在建设之前的筹划谋略，是实现园林美好理想的创造过程，它受到经济条件的影响和艺术法则的指导。也是本教材所要研究的园林规划设计。园林规划设计的最终成果是园林规划设计图和设计说明书。

1.1.2 园林规划设计的性质

"园林规划设计"是一门集工程、艺术和技术于一体的课程。它要求学生既有科学设计的精神，又有艺术创新的想象力，还要有精湛的技艺。

随着社会经济发展，人们对城市绿化美化的环境意识日益提高。园林绿化已成为现代化城市建设的重要组成部分，也是必不可少的一项基础设施。园林绿地建设和其他建设项目一样，需要有计划、有步骤地进行。每一块绿地的建设都要根据城市或小区总体规划，制订一个比较周密完整的设计方案，它不仅应该符合总体规划所规定的功能要求，贯彻"以人为本"的基本方针，而且应该体现"实用、经济、美观"的原则。园林规划设计是园林绿地建设施工的前提和指导，又是施工的依据。凡是新建和扩建的园林绿化建设项目，都必须进行正规设计，没有设计不得施工。

1.1.3 园林规划设计的任务

园林规划设计的任务就是利用地形（包括水体）、植物、建筑、道路、园林小品等设计要素，通过设计者的有机组合，形成具有一定园林形式，表达某一主题思想的园林作品，最终能为城市居民创造一个舒适宜人、高效方便、优美卫生的生活环境。

1.2 园林规划设计的依据和原则

1.2.1 园林规划设计的依据

园林设计的最终目的是要创造出景色如画、环境舒适、健康文明的游憩境域。一方面，园林是反映社会意识形态的空间艺术，要满足人们的精神文明需要；另一方面，园林又是社会的物质福利事业，是现实生活的实境。所以，还要满足人们休息、娱乐的物质文明需要。园林设计的主要依据如下：

(1)科学依据

任何园林艺术创作过程都要依据有关工程项目的科学原理和技术要求进行。在园林规划设计中，要依据设计要求结合原地形进行园林的地形和水体规划。设计者必须对该地段的水文、地质、地貌、地下水位，北方的冰冻线深度，土壤状况等进行详细了解。如果没有详细资料，务必要补充勘察后的有关资料。可靠的科学依据，为地形改造、水体设计等提供物质基础，避免发生水体漏水、土方坍塌等工程事故。种植各种花草树木，也要根据植物的生长习性、生物学特性，根据不同植物的生长要求进行配置。一旦违反植物生长的科学规律，必将导致种植设计的失败。园林建筑、园林工程设施更需要严格的规范要求。园林规划设计涉及的技术问题很多，有水利、土方工程技术方面的，有建筑科学技术方面的，有园林植物甚至动物方面的生物科学知识。所以，园林规划设计的首要问题是要有科学依据。

(2)社会需求

园林属于上层建筑范畴，它要反映社会的意识形态，为广大群众的精神与物质文明建设服务。《公园设计规范》指出：园林是完善城市4项基本职能中游憩职能的基地。所以，园林设计者要体察广大人民群众的心态，了解他们对公园开展活动的要求，满足不同年龄、不同兴趣爱好、不同文化层次游人的需要，面向大众，面向人民。

(3)生态需求

随着工业的发展，城市交通的繁忙，城市人口的增加，城市生态环境受到严重的破坏，直接影响了城市人们的生存条件，保持城市生态平衡已成为刻不容缓的事情。为此要运用生态学的观点和途径进行园林规划布局，使园林绿地在生态上合理，构图上符合要求。具体来讲，城市园林绿地建设，应以植物造景为主，在生态原则和植物群落原则的指导下，注意选择色彩、形态、风韵、季相变化等方面有特色的植物进行绿化，使城市园林绿地景观与改善和维护城市生态环境融为一体，或以园林景观反映生态主题，使城市园林既发挥了生态效益，又表现出城市园林的景观作用。

(4)功能要求

园林设计者要根据广大群众的审美要求、活动规律、功能要求等方面的内容，创造出景色优美、环境卫生、情趣健康、舒适方便的园林空间，满足游人的游览、休息和开展健身娱乐活动的功能要求。园林空间应当富于诗情画意，茂林修竹，绿草如茵，繁花似锦，山清水秀，鸟语花香，令游人流连忘返。不同的功能分区，采用不同的设计手法，如儿童活动区,要求交通便捷,一般要靠近主出入口,并要结合儿童的心理特点。该区的园林建筑造型要新颖,色泽要鲜艳,尺度要小,符合儿童身高,植物无毒无刺,空间要开敞,形成一派生动活泼的景观氛围。

(5) 经济条件

经济条件是园林设计的重要依据。经济是基础。同样一处园林绿地,甚至同样一个设计方案,由于采用不同的建筑材料、不同规格的苗木、不同的施工标准,将需要不同的建园投资。当然设计者应当在有限的投资条件下,发挥最佳设计技能,节省开支,创作出最理想的作品。

综上所述,一个优秀的园林作品,必须做到与科学性、艺术性和经济条件、社会需要紧密结合,相互协调,全面运筹,争取达到最佳的社会效益。

1.2.2 园林规划设计的原则

在进行园林规划设计时,我们要考虑工程项目的科学原理和技术要求、环境地域特点、景观艺术效果、可持续生态环境、人的活动需要等因素。具体应遵循以下原则:

(1) 科学性原则

科学性原则就是符合园林设计自身的本质和规律的原则,设计时应该查阅大量的当地相关资料,具有充分的理论依据。

(2) 地域性原则

一处园林绿地不是独立存在的空间,它必然与一定的环境相互联系和发生作用。随着城市的发展,城市园林绿地在城市中的兴建,尤其需要根据环境而确定园林内部的布局形式,即园林布局需与环境相适宜。

在确定园林布局形式时,考虑环境的适应性,除考虑园林绿地与其外部的协调性外,在园林内部,因功能分区的划分,各功能分区之间也需考虑相互的适应性。依此类推,各园林设计要素采用何种形式也需考虑与其他要素以及与周围环境的适应性。同时,因地制宜,确定园林布局形式和园林设计要素的布置形式,也是园林设计的重要原则之一。《园冶》中说:"凡造作,要随曲合方""能妙于得体合宜",即园林的布局形式以及各园林要素的布置要"得体合宜"。园林中地形的改造需因势就形,或挖湖堆山,或推为平地,或整成台阶式,或形成局部下沉等,都需要因地制宜。建筑的布局也需因地制宜,合理安排建筑密度,合理采用建筑造型,合理设置建筑体量;道路与广场也需因地制宜,根据地形合理设置地形起伏;植物的配置更需要因地制宜,根据当地气候、地质、土壤及其他因素,选用乡土树种。

(3) 艺术性原则

园林是通过园林各要素的具体形象,让游赏者具体感知,引发一定的审美思维活动,从而感知园林美的存在。因此,园林各要素在设计时必须考虑观赏者的行为心理及审美心理,按照一定的艺术形式具体确定各设计要素以及各设计要素构成的体系。为此,园林形式的确定必须遵循一定的观赏性原则,按照艺术构图规律,创造更具艺术性的园林的具体形象。

园林是一种造型艺术,同其他造型艺术一样,也必须遵循一定的艺术法则。在园林构图设计过程中必须遵循对比与调和、比例和尺度、节奏和韵律、均衡与稳定的法则。在园林设计过程中，无论是形式的采用还是各园林要素设计形式的应用，必须使各园林空间在形式与内容、审美与功能、科学与艺术、自然美与艺术美以及生活美达到高度统一，构成一个有机的园林体系。

在园林绿地构图中，除必须遵循以上的艺术法则外，还必须合理利用各种空间类型，组成合理的空间联系与过渡，合理利用开敞空间、闭合空间、纵深空间，灵活运用园林布局形式，巧妙利用各种空间分隔与空间联系，形成合理的空间展示序列。

(4) 生态性原则

生态性原则就是要遵循生态规律，包括生态进化规律、生态平衡规律、生态优化规律、生态经济规律，体现"因地制宜，合理布局"的设计思想。

园林不能仅仅适用、经济和美观，还必须具有良好的生态效益。20世纪60年代以来，为保护人类赖以生存的环境，欧美一些发达国家的学者，将生态环境科学引入城市科学，从宏观上改变人类环境，体现人与自然的和谐。

园林绿化正是被看作改善城市生态系统的重要手段之一。所以现代园林规划设计应以生态学的原理为依据，以达到融游赏娱乐于良好的生态环境之中的目的。在现代园林建设中，首先，应特别重视植物造景的作用；其次，应提倡多用乡土树种；再次，植物造景时，应以体现自然界生物多样性为主要目标之一，乔木、灌木、草本并用，层次结构合理，各种植物各得其所，以取得最大的生态效益。

(5) 人性化原则

注重对环境行为的考虑，充分重视园林绿地与人的时空关系以及人的心理、视觉对景观变换的要求，创造相对应的景观尺度单元，满足人的心理、生理和视觉需求。

(6) 整体性原则

作为城市景观重要组成部分的园林景观，为了突出城市特色，塑造城市形象，展现城市景观，在进行景观设计时，整体性是非常重要的。整体性包括功能的完整和环境的完整两个方面。

功能的完整是指一个景观绿地应有其相对明确的功能。在这个基础上，辅之以次要功能，做到主次分明、重点突出。

环境完整主要考虑景观环境的历史背景、文化内涵、时空连续性、完整的局部、周边建筑的协调和变化等问题。环境完整是指城市中具有一定数量和质量的各类绿地，通过有机联系具备生态环境整体功能，成为具有一定社会经济效益的有生命的基础设施体系。

(7) 实用性原则

以公园为例，首先要为游人创造良好的休闲环境。有进行科学普及和体育活动的文体设施，有便利的交通，有完善的生活设施和卫生设施，有儿童游戏的场地等，使不同年龄、不同爱好的游人都能各得其乐。通俗地说，游人置身园中，可遮风避雨，能休息用餐等。这就是公园的实用性问题，而且是首要的问题。

再以植物园为例，在实用性方面，首先要保证各种植物的引种驯化工作及其他植物科学研究工作能够进行，以便为科学研究服务。同时，还能够向群众进行全面的植物学知识的宣传和普及工作，使群众掌握植物的科学知识。

又如动物园的设计，首先要保证动物能获得适宜的生活空间。同时，要确保游人及工作人员的安全。此外，还要有助于动物科学知识的宣传和普及工作。

总之，不同园林有不同的功能要求，必须首先深入分析了解。园林的功能要求虽然是首要的，但并不是孤立的，因此在解决功能问题时，要结合以上原则来考虑。如果只解决了功能问题，但与其他原则相背，则仍是一个失败的方案，不能付诸实施。

1.3 园林规划设计的方法

1.3.1 设计思维

(1) 立意

立意是指园林设计的总意图，即设计思想的确定。

主题思想是园林创作的主体和核心，通过园林艺术形象来表达。立意和布局关系的实质，就是园林的内容与形式。只有内容与形式高度统一，形式充分表达内容，表达园林主题思想，才能达到园林创作的最高境界。

(2) 方案构思

方案构思是方案设计过程中至关重要的一个环节，它是在构思立意的思想指导下，把第一阶段分析研究的成果具体落实到图纸上。

方案构思的切入点是多样的，应该充分利用基地条件，从功能、形式、空间结构、环境入手，运用多种手法形成一个方案的雏形。

1.3.2 设计入手

园林设计是个由浅入深不断完善的过程，对于设计者来讲，在进行设计时，应从以下4个方面入手：

(1) 从环境特点入手

园林绿地规划设计成功与否，和设计者在设计前是否从地形地貌、景观朝向、道路交通等环境特点入手，进行全面、系统的调查和分析，有着重要的关系，它可为设计者提供详细可靠的依据。环境特点包括地段环境、人文环境和城市规划设计条件3个方面。

(2) 从场地特征入手

随着人们不断提升审美要求，景观设计风格呈现出多元化的发展趋势，但值得提出的是，环境景观同其他事物一样，备受时尚的影响，它会随着人们生活方式的改变而变化，园林设计应该考虑到景观环境的可持续性、经济性、实用性及合理性。人来自于自然，同样回归于自然，设计应当尊重自然，因地制宜充分利用大自然原本的环境和原有的特色，达到设计风格与当地风土人情、文化氛围相融合的境界。

(3) 从功能要求入手

园林用地的性质不同，其组成内容也不同。有的内容简单，功能单一；有的内容多，功能也复杂。设计从功能要求出发，进行合理的安排，就能保证各种不同性质活动的功能需求，同时也能保证景观内容的完整性和秩序性。

(4) 从情感分析入手

园林绿地所处的位置不同、使用对象不同，都会对设计产生不同的影响。例如，商业区道路的主要服务对象是购物者、游人，旨在为他们提供一个良好的购物外环境和短暂休

模块1 基础理论

憩之处；而居住区道路主要是为居住区居民服务的，结合景观可设置一些供老人、儿童活动的场所，满足部分居民的需求。因此要准确把握园林绿地服务对象的个性特点，从情感分析出发，创作出为人民大众所接受的作品。

1.3.3 方案的调整和深入

为了实现方案的优化选择，多方案构思应遵循以下原则：

①多出方案，而且方案间的差别尽可能大。差异性保障了方案间的可比较性，而相当的数量则保障了科学选择所需要的空间范围。通过多方案构思来实现在整体布局、形式组织以及造型设计上的多样性与丰富性。

②任何方案的提出都必须满足设计的环境需求与基本的功能。应随时否定不现实不可取的构思，以免浪费不必要的时间和精力。

在比较选择出最佳方案后，为了达到方案设计的最终要求，还需要一个修改调整和深入的过程。

(1) 方案的调整

方案调整阶段的主要任务是解决多方案分析、比较过程中所出现的矛盾与问题，并弥补设计缺陷。对方案的调整应控制在适度的范围内，力求不影响或改变原有方案的整体布局和基本构思，并能进一步提高方案已有的水平。

(2) 方案的深入

在进行方案调整的基础上，进行方案的细致深入。深入阶段要落实具体设计要素的位置、尺寸及相互关系，准确无误地反映到平、立、剖面图及总平面图中来。并且要注意核对方案设计的技术经济指标，如建筑面积、铺装面积、绿化率等。

1.3.4 设计方案的表现

(1) 手绘草图

手绘草图主要包括平面图、主要景观立面图、局部透视图、功能分析图、设计概念分析图等内容。草图的主要目的是供设计者自己深入推敲或与其他人讨论，所以制作上可以轻松随便一些，但一定要能够准确表达设计意图。

(2) 模型制作

设计有两种表达方式：一种是图纸；另一种是模型。这两种方式各有优点，各有用途，但都是争取设计项目的最基本手段。一般的设计表现方法是画草图、效果图或基本工程图。如果需要进一步增强设计视觉的感染力或完善设计方案的可靠性，就需要用制作模型的方法来表达。模型作为对设计理念的具体表达，成为设计师与使用者之间的交流"语言"，而这种"语言"是在三维空间中所构成的造型实体。

模型的概念可简单定义为：依据某一种形式或内在的比较联系，进行模仿性的有形制作。模型是设计的一种重要表达方式，它是按照一定比例缩微的形体，是以立体的形态表达特定的创意，以其真实性和整体性向人们展示一个多维空间的视觉形象，并且以色彩、质感、空间、体量、肌理等元素表达出设计师的思想，使设计思想转化为可视的、可触的、有真实感的设计效果，以便在景物尚未建成之前给人们提供一个比较准确、直观的评赏机会；模型是一种介于设计图纸和实际之间的立体空间表达，它能有机地把两者联系起来，让设计师、业主和评审者从立体条件中分析和处理空间及形态的变化，表达它所包含的设计意图。模型是评价审核设计方案的十分重要的形象载体，对于设计人员、审批人员及使用者来说，都是十分有益的。

(3) 计算机效果图

园林效果图是园林设计意图的具体表现。随着计算机技术的日益发展和不断普及，计算机辅助设计深入到各行各业，先进高效的计算机辅助设计技术提高了设计的效率和质量，降低了工程成本。在园林设计行业，设计师为了更加清晰地表达设计意图，方便与甲方或业主单位进行交流，计算机表现图开始在园林设计行业逐步流行。

目前，园林计算机效果图分为平面效果图和三维效果图。平面效果图主要通过 AutoCAD 进行绘图、Photoshop 进行处理和 CorelDRAW 制作；三维效果图主要通过 3dsMax、Photoshop 和 SketchUp 等进行制作。为设计表现提供了除手绘以外效果逼真的表现途径。

1.4 中外园林的特点和发展趋势

1.4.1 中国园林概述

1.4.1.1 中国园林

中国园林，从时间上来说分为中国古典园林和中国近现代园林，在中国园林发展过程中，中国古典园林占据了重要的位置，为中国园林的发展奠定了坚实的基础。

(1) 中国古代园林

上古时代(前26世纪—前11世纪)由于社会条件的限制和人们意识形态的低下，园林尚处于朦胧的孕育阶段。当时的大自然在人们的心目中保持着一种浓厚的神秘性而被敬畏，因而人们极少对大自然进行改造，中国古典园林从一开始就奠定了自然式风景园林的基础。这一时期的园林景观非常朴素自然，园事活动也仅限于再现自然，铺陈自然。

周朝(前11世纪—前221)建立了营国制度，奠定了中国古代都城以"前朝后寝，左庙右社"为主体的规划体系基础，同时开始了皇家园林的兴建。前11世纪周文王在灵囿里造灵台，挖灵池以观天象，也便于远眺及宴游玩乐，其中体现了人为艺术加工与自然风景的结合。一般认为台囿结合标志着中国古典园林的开始。由于这一时期人们受到儒家"君子比德"思想的影响，对于自然风景园林还没有形成完全自觉的审美意识，人们只是单纯地对大自然进行模拟缩写，而没能高于自然。

秦汉时期(约前221—公元221)宫苑兴盛，而且得到空前的发展，如秦代的阿房宫、汉代的建章宫和未央宫等。这一时期的主流仍然是皇家园林，还不完全具备中国古典园林的全部类型(皇家园林、私家园林、寺观园林)，而且园林的功能也由早期的狩猎、通神、生产为主，转向后期的观赏为主。这一时期宫苑的巨大规模和新的建筑风格以及山水组合等形式为以后皇家园林的发展奠定了基础。从西汉起就有皇族及富人的私家园林出现，到了东汉有所发展，著名的有梁孝王的梁园和富户平民袁广汉园，但汉代的私园仍处于发展的初期。

魏晋南北朝时期(220—589)历时369年的动乱时期，思想文化艺术十分活跃，是中国古典园林发展史上一个重要的转折阶段。这个重要转折阶段的代表作有铜雀园、华林园、仙都苑等。这些园林在以老庄哲学的"无为而治，崇尚自然"，玄学的反璞归真，佛家的出世思想等思潮的影响下，特别是至东晋顾恺之开创山水画之后，人们开始以建筑、山为物质基础，以绘画为蓝本来体现诗的意境，其中山水画的形成对园林向自然山水转变有着很大的影响。中国古典园林也以由再现自然到表现自然，由简单模仿到适当的概括提炼，完成从源于自然到高于自然的转变。这一时期已经具备了东方园林的绝大部分类型，并分别得到了发展。私家园林在这一时期得到极大的发展，著名的有石崇的金谷园、湘东王的湘东苑等。此时私家园林也是一种自然山水的再现，与自然山水画的关系并不十分密切。但这时期的私家园林不像汉代那样宏大，园林的内容也由粗放向精致迈进了一步。寺观园林在这一时期也得到了空前的发展，构成园林系列中的重要组成部分。正如唐朝诗人杜牧诗云："南朝四百八十寺，多少楼台烟雨中"，可见这一时期建寺修佛之风的盛行。

隋唐（589—960）园林在魏晋南北朝时期所奠定的风景园林艺术的基础上，随着当时经济和文化的进一步发展而达到全盛时期。这一时期的皇家园林不仅规模宏大，而且内容非常丰富，向着苑园和离宫别馆的方向迈进了一步。出现了大内御苑（如紫苑）、行宫御苑（如曲江）、离宫御苑（如华清宫）等形式。同时形成了宏大的皇家气派，皇家宫苑山水林泉的内容比前代有所增加。源于唐代的文化发展，诗词绘画达到高峰，寄情山水，付诸风雅成为时尚，这在一定程度上促进了私家园林和寺观园林的发展。由于文人参与园事，凭借他们对自然风景的深刻理解和对自然美的高度认识来规划园林，使得私家园林艺术素质大幅提高，园林艺术开始有意识地杂糅诗情、画意。自此"文人园"呈现出萌芽状态，为宋代"文人园"的成熟奠定了基础。著名的有王维的"辋川别业"、柳宗元的"永州八愚"，这些园林突出的特征是以画设景，以景入画，相互融会贯通，使得山水诗、山水画、山水园林互相融合。寺观园林经过魏晋南北朝时期的空前发展，在隋唐时也出现了普遍兴盛的局面。总之，在这一时期的园事活动中，不仅有明确的构思、立意和好的意境，而且将人的主观感情寄托于自然，既源于自然，又高于自然。通过对多种学科和艺术的综合运用，化情于物，寓情于景，从此，中国古典园林的诗画情趣开始形成。

五代、宋朝（960—1279）的皇家园林趋于小型化、多样化，与历代相比缺少皇家气派，更多的接近私家园林，以改造地形、诗情画意的规划设计为主，写意山水成为显著的特色，而且还出现了"寿山艮岳"这一具有划时代意义的皇家园林作品。宋代由于士大夫、文人、画家参与园林的营建，对园林的发展产生了重大的影响，因此被称为"文人园"的成熟时期。这一时期山水景的创造更加尊重自然风貌，在寿山艮岳中达到了"山脉之通按其水径，水道之达理其山形"的最理想的山嵌水抱之势。在造景上更多地用写意、诗、词等文字来增加景观意境和信息量。此外，含蓄也是这一时期园林的特点，叶绍棠的"满园春色关不住，一枝红杏出墙来"的诗句正是这一含蓄手法的写证，而且品石也成为当时的时尚。山、水、植物、建筑四要素达到并重的程度，使园林更接近自然并具有诗的情意和画的意境。

辽、金、元时期（1279—1368）属于北方异族统治时期，主要靠强兵实行武力镇压，文化方面没有取得更大的进展，造园方面也多继承宋代的传统。元代的万岁山、太液池是人工再现自然山水的典范，对后世皇家园林的发展具有深远的意义。

明清（1368—1911）的宫苑都是艺术水平很高的山水宫苑，这一时期是我国古代造园发展的鼎盛时期，也是整个中国古典园林创作的总结。大江南北的园林事业蓬勃发展，名园辈出，形成了南北艺术的融糅。皇家园林成功地融南北造园风格及西方造园艺术为一体，有的还形成园中园和小园林集群。如圆明园仿海宁陈化安澜园为四宜书屋，谐趣园效法无锡寄畅园。圆明园中创建"西洋楼"景区，成为中国园林成功地吸收西方园林的典范。正是皇家园林这些新的发展和创造，为后期园林的发展奠定了坚实的基础。明清时期私家园林直接受到当时社会文化的影响，多具诗情画意，在意境创作方面，更近含蓄，用截取大山一角的写意代替全景山水便是见证。这一时期园林的审美多倾向于清新高雅的格调，并形成了南方、北方、岭南不同风格的园林派系。对后世影响巨大的园林作品有无锡寄畅园，苏州拙政园、留园，扬州个园等。

总之，中国古典园林的发展是循序渐进的、自然的，是从崇拜自然、模拟自然、师法自然、写意自然而逐渐成熟的。

（2）中国近代园林

众所周知，中国的近代史是在半封建半殖民地的畸形演变中发展起来的。在这 109 年（1840—1949 年）中，有帝国主义的杀戮，有洋务运动的兴起，有新民主主义运动和新文化运动的推动。这一时期，不但结束了中国最后的封建王朝，而且走向共和、走向民主，最终迎来了中华人民共和国的诞生。这一时期，一方面，中国人蒙受着封建主义、殖民主义的巨大灾难——八国联军、英法联军、日本帝国主义的烧杀抢掠；另一方面，马列主义思潮和以自由、平等、博爱以及民主、民权、民生为旗帜的资产阶级民主思想在乱世中萌动、发育并推动着社会的进步。沿海一些港口城市在这一时期有了较快的发展，上海、广州、天津、青岛、大连、厦门都出现了不少洋街、洋房、洋花园，而北京、上海、南京等几大都市又不断孕育着各种新思想、新思潮和新文化。人们还来不及总结这一历史时期各种文化交汇的最终成果，这一百多年就匆匆而过。鉴于这一历史阶段的特殊性和复杂性，我们不妨把它分为辛亥革命前的后清阶段和辛亥革命后的民国阶段。这期间，中国园林也被深深地打上了各种时代的烙印，在崎岖中追求着美好，在战乱中不断收拾着残局。用历史的放大镜对准近代园林发展史，我们会发现这一阶段的城市园林有 3 个重要、鲜明的标志特征：一是北京皇家园林 1860 年和 1900 年经历了两次罹难，以及慈禧用海军经费重建颐和园；二是租界和洋务运动带来的西方城市规划、建筑、园林的理论与实践同中国的嫁接、融合，出现了一大批西式的，特别是中西合璧的建筑和庭院园林，其平面布局、建筑风格和艺术特征都带有鲜明的所谓民国味；三是城市公园开始批量出现。

（3）中国现代园林

我国现代园林的发展进程，可大致分为 5 个阶段：1949—1959 年，恢复建设时期；1960—1965 年，调整时期；1966—1976 年，损坏时期；1977—1989 年，蓬勃发展时期；1990 年至今，巩固前进期。

1985 年以来，随着我国城市经济体制改革的展开和深化，城市建设和城市生活都相应地发生了新的变化，城市公园建设又进入了新的发展阶段。全国许多大专院校都设置了园林类的专业。一些小城镇的园林建设随着经济的发展而开始起步，并取得了一定的成就。城镇公园建设正向纵深发展。居住区绿化、交通绿化、小游园、园中园的建设得到重视。这 30 多年是我国现代园林发展最快的阶段。

1.4.1.2 中国园林的流派

根据中国园林的风格特色,一般把中国园林划分为皇家园林、私家园林、自然园林和寺庙园林四大类。其中,私家园林和皇家园林是中国园林的两大主要组成部分。根据中国园林的人文地理,主要分为四大流派。

(1) 北方园林

北方园林体现北方水土、人文地理,以皇家园林为代表。其特点是:无论从文化立意、规划格局、建筑特点上,以狂放浑厚写实的手法来体现北方人的"大气""霸气"和"皇家气",并都非常注重外表和用材,对意境空间要求次之。

(2) 岭南园林

以体现"富贵吉祥"为特点的岭南园林虽说历史不长,但由于人文历史、地理气候的特殊原因和经济的快速繁荣,使岭南富商们对中国哲学理念、可升华人的境界的"中国园林"有了极大的兴趣,并在不算漫长的时间内形成了个性化特色。在立意上主要体现"富贵"和"吉祥",在用材方面和色彩方面受皇家园林的影响较深,常用"皇家园林"的黄色和琉璃瓦以写实的手法营造一个金碑辉煌的景象,处处体现"富贵"之气,对意境空间也很重视。

(3) 江南私家园林

江南私家园林以体现江南山水的恬静、才子佳人的偶倦为特点,是明清盛世中国文人士大夫们文艺鼎盛时期的佳作,处处体现的是"文气",是中国私家园林的代表。其核心特点是用朴素的材料、淡雅的色调,营造出变化万千的意境空间,贵在以意境取胜于堆金砌玉、金碑辉煌的写实手法。

(4) 西南园林

西南园林以体现巴山蜀水、仙山仙境和以潇洒浪漫、仙风道骨的四川园林为代表。四川园林以人文方式表现的是道家的"天人合一,顺应自然"的理念。以"清幽寒静"的方式来体现四川人仙风道骨的浪漫"仙气"和"文气"。

与江南园林的共同之处是,以写意为核心,同样以朴素的材料、淡雅的色调去营造意境,在空间上逊于江南园林,但在"自然""大气"上又胜于江南园林。与蜀地的山水画一样,在咫尺的空间里,虚出传神的意境力,表现出了四川人豪气万丈的情怀。

1.4.1.3 中国古典园林的特点

中国古典园林作为一个园林体系,与世界上的其他园林体系相比较,具有鲜明的个性,而它的各个类型之间,又有着许多共性。这些个性和共性可以概括为中国古典园林的4个主要特点:源于自然、高于自然;建筑美与自然美的融糅;诗画的情趣;意境的涵蕴。

(1) 源于自然、高于自然

自然风景以山、水为地貌基础,以植被作装点,山、水、植物乃是构成自然风景的基本要素,当然也是风景式园林的构景要素。但中国古典园林绝非一般地利用或者简单地模仿这些构景要素的原始状态,而是有意识地加以改造、调整、加工、剪裁,从而表现一个精练概括的自然、典型化的自然。唯有如此,像颐和园那样的大型天然山水园才能够把具有典型性格的江南湖山景观在北方的大地上复现出来。这就是中国古典园林的最主要的特点——源于自然而又高于自然。这个特点在人工山水园的筑山、理水、植物配置方面表现得尤为突出。

源于自然、高于自然是中国古典园林创作的主旨，目的在于求得一个概括、精练、典型而又不失其自然生态的山水环境。这样的创作又必须合乎自然之理，方能获得"虽由人作，宛自天开"的艺术效果，否则就不免流于矫揉造作，犹如买椟还珠、徒具抽象的躯壳而失却风景式园林的灵魂了。

（2）建筑美与自然美的融糅

法国的规整式园林和英国的风景式园林是西方古典园林的两大主流。前者按古典建筑的原则来规划园林，以建筑轴线的延伸控制园林全局；后者的建筑物与其他造园三要素之间往往处于相对分离的状态。但是，这两种截然相反的园林形式却有一个共同点：把建筑美与自然美对立起来，要么建筑控制一切，要么退避三舍。

中国古典园林则不然，建筑无论多少，也无论其性质、功能如何，都力求与山、水、植物这3个造园要素有机地组织在一系列风景画面之中。突出彼此协调、互相补充的积极的一面，限制彼此对立、互相排斥的消极的一面，甚至能够把后者转化为前者，从而在园林总体上将建筑美与自然美融合起来，达到一种人工与自然高度协调的境界——天人和一的境界。

中国古典园林之所以能够把消极的方面转化为积极的因素以求得建筑美与自然美的融糅，从根本上来说应该追溯到其造园的哲学、美学乃至思维方式上，中国传统木构建筑本身所具有的特性也为此提供了优越条件。

木框架结构的个体建筑，内墙外墙可有可无，空间可虚可实、可隔可透。园林里面的建筑物充分利用这种灵活性和随意性创造了千姿百态、生动活泼的外观形象，获得与自然环境的山、水、植物密切嵌合的多样性。中国园林建筑，不仅形象之丰富在世界范围内首屈一指，而且还把传统建筑的化整为零、由个体组合为建筑群体的可变性发挥到了极致。它一反宫廷、坛庙、衙署、邸宅的严整、对称、均齐的格局，完全自由随宜、因山就水、高低错落，以这种千变万化的面上的铺陈强化了建筑与自然环境的嵌合关系。同时，还利用建筑内部空间与外部空间的通透、流动的可能性，把建筑物的小空间与自然界的大空间沟通起来。正如《园冶》中所说："轩楹高爽，窗户虚邻，纳千顷之汪洋，收四时之烂漫。"

（3）诗画的情趣

文学是时间的艺术，绘画是空间的艺术。园林的景物既需"静观"，也要"动观"，即在游动、行进中领略观赏，故园林是时空综合的艺术。中国古典园林的创作，能充分地把握这一特性，运用各个艺术门类之间的触类旁通，融诗画艺术于园林艺术，使园林从总体到局部都包含着浓郁的诗画情趣，这就是通常所谓的"诗情画意"。

诗情，不仅是把前人诗文的某些境界、场景在园林中以具体的形象复现出来，或者运用景名、匾额、楹联等文学手段对园景作直接的点题，而且还在于借鉴文学艺术的章法、手法使规划设计中有颇多类似文学艺术的结构。正如钱泳所说："造园如作诗文，必使曲折有法，前后呼应；最忌堆砌，最忌错杂，方称佳构"。园内的动观游览路线绝非平铺直叙的简单道路，而是运用各种构景要素于迂回曲折中形成渐进的空间序列，也就是空间的划分和组合。划分，不流于支离破碎；组合，务求其开合起承、变化有序、层次清晰。这个序列的安排一般必有前奏、起始、主题、高潮、转折、结尾，形成内容丰富多彩、整体和谐统一的连续的流动空间，表现了诗一般的严谨、精练的章法。在这个序列之中往往还穿插一些对比、悬念、欲抑先扬或欲扬先抑的手法，合乎情理之中而又出人意料之外，更加强了犹如诗歌的韵律感。因此，人们游览中国古典园林所得到的感受，往往像朗读诗文一样酣畅淋漓，这也是园林所包含着的"诗情"。而优秀的园林作品，则无异于凝固的音乐、无声的诗歌。

(4) 意境的涵蕴

意境是中国艺术的创作和鉴赏方面的一个极为重要的美学范畴，简单说来，意即主观的感情、理念熔铸于客观生活、景物之中，从而引发鉴赏者类似的情感激动和理念联想。在中国不仅注重诗、画中意境的涵蕴，其他的艺术门类都把意境的有无、高下作为创作和品评的重要标准，园林艺术当然也不例外。园林因其与诗画的综合性、三维空间的形象性，其意境内涵的显现比之其他艺术门类就更为明晰，也更易于把握。

园林意境的涵蕴既深且广，其表述的方式也丰富多样。游人不仅可以通过视觉官能感受或者借助于文字信号感受，而且还可以通过听觉、嗅觉感受，获得园林意境的信息诸如十里荷花、丹桂飘香、雨打芭蕉、流水丁冬、桨声欵乃，乃至风动竹篁有如碎玉倾洒，柳浪松涛之若天籁清音，都能以"味"入景，以"声"入景而引发意境的遐思。曹雪芹笔下的潇湘馆，那"凤尾森森，龙吟细细"更是绘声绘色，点出此处意境的浓郁蕴藉了。正由于园林内的意境蕴涵如此深广，中国古典园林所达到的情景交融的境界，也就远非其他的园林体系所能企及了。

综上所述，这四大特点乃是中国古典园林在世界上独树一帜的主要标志。它们的成长乃至最终形成，固然受到政治、经济、文化等的诸多复杂因素的制约，但从根本上来说，与中国传统的天人合一的哲理以及重整体观照、重直觉感知、重综合推衍的思维方式的主导也有着直接的关系。可以说，四大特点本身正是这种哲理和思维方式在园林艺术领域内的具体表现。园林的全部发展历史反映了这四大特点的形成过程，园林的成熟时期也意味着这四大特点的最终形成。

1.4.2 国外园林概述

当今世界各国园林艺术风格的形成，受到各国文化、背景、发展速度等因素的影响，导致各国园林在长期的演变和建设中形成了各自的特色。学习外国园林艺术，有助于了解外国园林的形成、内容及其产生发展的社会、历史背景和自然条件，掌握园林的基本艺术特征，取其精华，洋为中用。

外国园林就其形成历史的悠久程度、风格特点及对世界园林的影响，具有代表性的有东方的日本园林，15世纪中叶意大利文艺复兴时期后的欧洲园林，包括法国、意大利、英国园林，近代出现的美国园林。

1.4.2.1 日本园林

日本气候湿润多雨，山清水秀，为造园提供了良好的客观条件，日本民族崇尚自然，一般居室开敞通透，庭院成为居室的主要延伸部分。

11世纪净土宗传入日本，寺庙中多建造象征佛国极乐净土的庭院，庭院中疏池、布岛、种莲花。13世纪以后禅宗思想传入，出现了反映禅宗境界的"枯山水"，在庭院中或庭院一角用白沙满铺，用耙耙出象征海洋和溪流的纹样，白沙中布置石组景象征山岳、涧壑、落瀑及海中岛屿，配以自然式造型的树木和苔藓，缩山河海洋于很小的庭院之中。15

世纪源于寺庙的茶室开始布置在庭院中，茶室前是封闭的小院，用草坪或青苔铺地，以步石代路，布置石组、绿树、石灯笼、洗手钵等，创造"和、敬、清、寂"的精神环境，以摒弃杂念，专心享受具有禅宗意境的饮茶情趣。16世纪后期日本又接受了中国道家思想，庭院中布置龟岛、鹤岛和"七、五、三"石组。日本庭院将自然界的景观要素巧妙地组织到园林之中，创造出超凡脱俗，可供静思、漫游的富有哲理的园林。其主要具有以下特点：

① 在日本，除极少数皇家宫廷园林外，都是不规则的自然式院林，通过庭院中山、水的营建，表现海、山、瀑布、溪流等自然景观，创造寓身自然的意境，唤起宁静脱俗的心境。

② 日本庭院大多运用缩景技巧，对主要造景树木进行自然修剪造型，使得其小而姿态古雅，在不大的空间中可配置较多的植物。

③ 园内的置石和理水常遵循一定的法式，山石一般不堆叠，以石组的形式布置，并依据不同的庭院大小和地形灵活运用，因此使造园技术易于普及，广泛流传。

④ 园中植物造景常以绿篱或墙垣围绕或作背景，地被植物除草皮外，常用苔藓或小竹，一般不种草花。

⑤ 园中十分重视园路铺装的应用以及步石、汀步、桥、栏杆、雨落、洗手钵的造型艺术，石灯笼成为日本园林的代表装饰物。

⑥ 园中景观建筑采用散点式布置，平面自由灵活，外墙的纸格扇可以拉开，使内外空间连成一体，利于通风和观赏园景。建筑风格素雅，屋面多用草、树皮、木板覆盖，墙面以素土抹灰，整个建筑格调细腻而雅致。

1.4.2.2 法国园林

16世纪末期，法国在和意大利的频繁战争中，接触到了意大利文艺复兴的新文化。在建筑和园林艺术方面开始受其影响，使法国园林发生了巨大变化。在继承法国传统园林形式的同时，根据法国地形平坦和自然条件的特点，吸收意大利等国园林艺术成就，创造出具有法国民族特色的精致开朗的规则式园林艺术风格。其代表作是当时法国最杰出的造园艺术家勒诺特为路易十四设计和主持营造的凡尔赛宫苑。

凡尔赛宫苑是法国古典建筑与山水、丛林相结合的一座规模宏大的园林。在理水方面，运用水池、运河及喷泉等形式，水边有植物、建筑、雕塑等，丽景映池，增加园景的变化。在植物处理上，充分利用乡土阔叶落叶树种，构成天幕式丛林背景；应用修剪整形的常绿植物作图案树坛；用花卉构成图案花坛，色彩较为丰富；常采用大面积草坪等作为衬托，行道树多为悬铃木。

勒诺特园林形式的产生，开创了西方园林史的新纪元。正如意大利文艺复兴所产生的影响一样，法国规则式园林，成为当时整个欧洲园林建筑都在模仿的建园形式。

1.4.2.3 意大利园林

意大利是古罗马帝国的中心，具有悠久的历史和丰富的文化艺术遗产，数百年前的园林古迹至今仍保存完好，是世界上著名的园林古国之一。意大利园林在继承古罗马传统的同时又注入了新的人文主义，形成了独特风格的园林形式——台地园。

文艺复兴时期，意大利的佛罗伦萨、罗马、威尼斯等地建造了许多别墅园林，以别墅为主体，利用意大利的丘陵地形，开辟成整齐的台地。园林中轴线突出，采用几何对称式平面布局形式，通过逐步减弱规则式风格的手法达到布局整齐的园地和周围自然风景环境的过渡。

逐层配置灌木，并把它修剪成图案形的种植坛，而很少用色彩鲜艳的花卉。多采用树墙、绿篱等，园路非常注意遮阴。顺山势运用各种水法，如流泉、壁泉、瀑布、喷泉等，雕塑成为水池或喷泉的中心。建筑上，多用曲线和曲面，多用雕刻、装饰，讲究细部形态设计，如台阶、栏杆、水盘等。台地园在地形整理、植物修剪艺术和手法技术等方面都有很高的成就。

1.4.2.4 英国园林

17世纪之前，英国造园主要模仿意大利的别墅、庄园，园林的规划设计为封闭的环境，多构成古典城堡式的官邸，以防御功能为主。14世纪起，英国所建庄园转向了追求大自然风景的自然形式。17世纪，英国模仿法国凡尔赛宫苑，将官邸庄园改建为法国园林模式的整形园，一时成为其上流社会的风尚。18世纪，英国工业与商业发达，成为世界强国，其造园吸取中国园林、绘画与欧洲风景画的特色，探求本国的新园林形式，出现了自然风景园。

18世纪末，布朗的继承者雷普顿改进了风景园的设计。他将原有庄园的林荫路、台地保留下来，高耸建筑物前布置整形的树冠，如圆形、扁圆形树冠，使建筑线条与树形相互映衬。运用花坛、棚架、栅栏、台阶作为建筑物向自然环境的过渡，把自然风景作为各种装饰性布置的壮丽背景。这样做迎合了一些庄园主对传统庄园的怀念，而且将自然景观与人工整形景观结合起来，可以说也是一种艺术综合的表现。

1.4.2.5 美国园林

由于美国的地理环境及气候条件较好，森林与植物资源丰富，具有发展天然公园的良好自然基础，所以美国的现代公园和庭园比较注重自然风景。园林中的园路和水池形状为自然曲线形，植物设计采取自然式种植，建筑物周围逐步用规则式绿篱或半自然的花径作为过渡，园林中较注意草坪铺设，以防止尘土飞扬，改善小气候。在私人庭园中，运用较多花卉，以点缀草坪和庭园，有时也常用枯树、雕塑、喷泉、水池等来增加园林景观。美国第一个国家公园是黄石国家公园。它位于美国西部怀俄明州的北落基山，占地面积8900 km^2，崇山峻岭，广布温泉，数百个间歇泉中，有的喷出几十米高的水柱，有的水温高达85℃，风光绮丽，为美国之最，也是世界上第一个国家公园。美国其他类型的公园游览地，如国家名胜、国家海岸、历史名胜、花园路等多种形式，其园林景观都极为优美，如瀑布、温泉、火山、原始森林、草原、珍奇的野生动植物等。这些形式的园林游览地，组成了美国的国家公园系统。

1.4.3 世界园林的发展趋势

世界园林经过了漫长的孕育、发展、交融、成熟过程，到20世纪末，已基本形成了以中国园林为主调的自然山水式园林，以欧式水景园林为主调的规则式园林，以英国庭园为主调的混合式园林三大模式。但是，随着生产力水平的不断提高和人们对生态环境质量要求不断提高的今天，园林规划必须贯彻生态原则，运用生态学和生态系统原理，对园林景观要素进行生态配置，为城市居民提供舒适、优美、生态的环境。园林绿化是基础，美化是园林的一种重要功能，而生态化则是现代园林进行可持续发展的根本出路，是 21 世纪社会发展和人类文明进步不可缺少的重要一环。世界园林绿化的发展总趋势表现在以下几个方面：

① 各国既保持自己优秀的传统园林艺术和特色，又不断地相互学习、借鉴。

② 综合运用各种新技术、新材料、新工艺、新艺术、新手段，对园林进行科学规划、科学施工，创造出丰富多样的新型园林。

③ 园林绿化的生态效益与社会效益、经济效益的相互结合、相互作用将更加紧密，向更高程度发展，在经济发展、物质与精神文明建设中发挥更大、更广的作用。

④ 在园林绿化的科学研究与理论建设上，将园艺学与生态学、美学、建筑学、心理学、社会学、行为学、电子学等多种学科有机结合起来，并不断取得新的突破与发展。

⑤ 在公园的规划布局上，普遍以植物造景为主，建筑比例逐渐缩小，追求真实、朴素的自然美。

⑥ 在园林规划设计和园容的养护管理上广泛采用先进的技术设备和科学的管理方法，植物的养护、管理一般都实现了机械化，广泛运用电脑进行监控、统计和辅助设计。

⑦ 园林界世界性的交流越来越多。各国纷纷举办各种性质的园林、园艺博览会、艺术节等活动，极大地促进了园林绿化事业的发展。

小 结

园林是人类社会发展到一定阶段的产物，中国被誉为"世界园林之母"，是世界上最早出现园林的国家。东方园林以中国为主要代表，具有优秀的造园传统和艺术风格，形成了以山水为骨架的自然式园林；西方园林以法国和意大利为主要代表，在园林中以建筑为主体，强调轴线对称，形成了以几何图案的美学原则为基础的规则式园林。随着东西方文化的交流，科技的发展，各国园林相互学习、取长补短，从而又形成了混合式园林和自由式园林。总之，中西方的园林相互影响，有同有异；在建筑形式上追求的完全是两种迥异的效果：一个曲直交替、错落有致，别有一番韵味；一个严密规整、富丽堂皇，尽显气势恢宏。西方园林追求物质形式的美、人工的美、几何布局的美、一览无余的美；中国园林追求意韵的美、自然与人和谐的美、浪漫主义的美、抑扬迭宕的美。如果把西方园林比作油画，那么中国园林则可以被比作山水画，中国园林比西方园林更贴近自然。

思考与练习

1. 举例说明我国古典园林有哪几种类型？
2. 我国古典园林的风格特色有哪些？
3. 国外有代表性的园林的主要艺术风格有哪些？
4. 影响英国风景园造园风格的因素有哪些？
5. 简述美国国家公园的产生对现代园林学科发展的意义。

单元 2
园林规划设计艺术原理

学习目标

【知识目标】

了解园林中景的含义，掌握园林艺术构图法则，熟悉园林规划布局的形式，理解园林空间构成。

【技能目标】

能够灵活地应用园林规划设计原理进行园林景观创造。

2.1 园林赏景与造景

2.1.1 景的构成与类型

(1) 景的含义

所谓"景"即风景、景致，是指园林绿地中，自然的或经人为创造加工的，能引起人的美感的，供游憩欣赏的空间环境。所谓"供作游憩欣赏的空间环境"，即指"景"绝不仅是引起人们美感的画面，而是具有艺术构思而能入画的空间环境，这种空间环境能供人游憩欣赏，具有符合园林艺术构图规律的空间形象、色彩、时间等环境因素。

(2) 景的形成

① 自然景观 如泰山日出、黄山云海、桂林山水、庐山仙人洞等。

② 人工景观 如江南的古典园林、北方的皇家园林等。

③ 综合景观 如万里长城兼有自然景观和人工景观。

(3) 景的类型

① 地形为主题 陕西的华山、江西的庐山、杭州的西湖等。

② 声音为主题 杭州的"柳浪闻莺"、广州羊城新八景的"白云松涛"等。

③ 建筑为主题 北京的故宫、山东曲阜的古建筑等。

④ 植物为主题 广州的兰圃、河南洛阳的牡丹园等。

⑤ 气象要素为主题 安徽黄山的云海、甘肃天水的"麦积烟雨"等。

景有大有小，大者如万顷浩瀚的太湖，小者如庭院角隅的竹石小景。景亦有不同特色，有高山峻岭之景，有江河湖海之景；有树木花卉之景，有亭台楼阁园桥之景；有侧重于鸟、兽、虫、鱼欣赏之景，也有偏于文物古迹观览之景；有着重在园林群体观瞻之景，也有偏于个体玩味之景。

2.1.2 园林赏景

2.1.2.1 赏景的层次

园林赏景的层次可以简单概括为：观、品、悟3个阶段，是一个由被动到主动、从实境到虚境的复杂的心里活动过程。

(1) 观

园林景观是通过人的眼、耳、鼻、舌、身这5个功能器官感受的，而大多数的景主要是在视觉方面的欣赏，所以称为观景。但在园林中也有许多景必须通过耳听、鼻闻、试味以及身体活动才能感受到。且对景的感受往往不是单一的，而是随着景色的不同，如鸟语花香，月色江声，北海泛舟等均为多种感官的综合感受。

(2) 品

不同的景可引起不同的感受，即所谓触景生情。如黄山有嶙峋之感；华山有险峻之感；庐山有朦胧之感；桂林山水有秀丽之感；张家界则有神奇之感。同一景色也可能有不同的感受，这是因为景的感受是随着人的职业、年龄、性别、文化程度、社会经历和当时情绪的不同而有差异的。特别是具有诗情画意的中国园林，情绪的影响则更为深远。不同的游览观赏方法也会产生不同的景观效果，给人以不同的景的感受。

(3) 悟

悟是园林赏景的最高境界，是游人在观赏、品味、体验的基础上进行的一种思考，优秀的园林景观应该使游人对人生、历史等产生有哲理性的感受和领悟，从而达到园林景观艺术追求的最高境界。

园林赏景中"观""品""悟"是由浅入深、由外到内的欣赏过程，而在实际的欣赏过程中则是三者合一的，即边观边品边悟。园林设计应该满足游人观、品、悟3个层次的赏景需要。

2.1.2.2 赏景的方式

景可供游览观赏，但不同的游览观赏方式会产生不同的景观效果，给人以不同的景的感受。

(1) 根据观赏形态的不同

① 动态观赏　是指视点与景物位置发生变化。如看立体电影一样，一景一景不断地向后移去，成为一种动态的连续构图。使园林景观达到步移景异的效果。

② 静态观赏　是指视点与景物位置不发生变化。如看一幅立体风景画，整个画面是一幅静态构图，主景、配景、背景、前景、空间组织、构图的平衡轻重固定不变。所以静态观赏除主要方向的主要景物外，还要考虑其他方向，各有所宜。

实际上观赏任何一个园林，动态和静态观赏是不能完全分开的，常是动中有静、静中有动，主要由游人各自选择。因此，在实际情况中，往往是动静结合。在园林规划设计时，常在动的游览路线下，分别而有系统地布置各种景观。在某些景点，游人在停息之地，对四周景物可进行细致观赏。

(2) 根据视线角度的不同

① 平视观赏　视线与地面平行向前，游人头部不必上仰下俯，可以舒展地平望出去，不易疲劳，因而对景物的深度有较强的感染力。所以，平视观赏能使人产生平静、深远、安宁的感觉。为了强化这种感觉，平视和透景线要较长、较远，使气氛更加安宁。例如，西湖风景的恬静感觉与多为深远的平视景观是分不开的。

② 俯视观赏　游人视点高，景物在视点下方，必须低头俯视才能看清景物，俯视常形成开阔和惊险的风景效果，增强人们的信心、雄心。杭州六和塔、北京颐和园佛香阁顶等，都有展望河山、胸襟开阔的效果。

③ 仰视观赏　景物高大，视点距离景物很近，当仰角超过13°时，就要把头微微扬起，因而景物的高度感染力强，易形成雄伟、庄严、紧张的气氛。例如，颐和园中的佛香阁，从德辉殿仰视，佛香阁宛若神仙宫阙，高入云端，眼前石阶又如云梯，步步引导上升，如入仙境。

平视、俯视、仰视观赏，有时不能截然分开，不同观赏条件给游人的感受各异，效果不一。如登高楼峻岭，先自下而上，一步一步攀登，抬头观看是一组一组仰视景物，登上最高处展望脚下，又为俯视景观，同时攀登过程又有俯视、仰视、平视画面。因此，各种视觉的风景观赏应统一考虑，使四面八方、高低上下都有景可赏。

2.1.3　园林造景

造景指人为地在园林绿地中创造一种既满足一定使用功能又有一定意境的景区。造景要根据园林绿地的性质、功能、规模、构图要求，因地制宜地运用。

2.1.3.1　主景

主景是全园的重点、核心，是空间构图中心，往往体现园林的功能与主题，是全园视线的控制焦点，在艺术上富有感染力。

突出主景的方法有以下几点：

(1) 主体升高

为了使构图的主题鲜明，常常在空间高程上把集中反映主题的主景加以突出，使主景主体升高。如颐和园的佛香阁、北海的白塔、南京中山陵的中山灵堂、广州越秀公园的五羊雕塑等，都是运用了主体升高的手法来强调主景的。

(2) 运用轴线和风景视线的焦点

轴线是园林风景或建筑群发展、延伸的主要方向，一般把主景布置在中轴线的终点。此外，主景常布置在园林纵横轴线的交点，放射轴线的焦点或风景视线的焦点上。如广州烈士陵园将纪念碑安排在中轴线的端点来突出主景。

(3) 对比与调和

对比是突出主景的重要技法之一。可以用线条、体形、体量、色彩、明暗、动势、性格、空间的开朗与封闭、布局的规则与自然的对比来强调主景。在局部设计上，白色的大理石雕像应以暗绿色的常绿树为背景；暗绿色的青铜像，则应以晴朗的蓝天为背景；秋天的红枫应以暗绿色的油松为背景；春天红色的花坛应以绿色的草地为背景。

(4) 动势向心

一般四面环抱的空间，如水面、广场、庭院等，其周围次要的景色往往具有动势，趋向于视线集中的焦点上，主景最宜布置在这个焦点上。为了不使构图呆板，主景不一定正对空间的几何中心，而是偏于一侧。例如，西湖四周景物，由于视线易达湖中，形成沿湖风景的向心动势。因此，西湖中的孤山便成了"众望所归"的焦点，格外突出。杭州玉泉观鱼，则是利用这种环拱空间动势向心的规律，突出了观鱼的水池。

(5) 渐层

在色彩中，色彩由不饱和的浅级到饱和的深级，或由饱和的深级到不饱和的浅级，由暗色调到明色调，由明色调到暗色调所引起的艺术上的感染，称为渐层感。园林景物，由配景到主景，在艺术处理上，级级提高，步步引人入胜，也是渐层的处理手法。

颐和园佛香阁建筑群，游人进入排云门时，看到佛香阁的仰角为28°；进一层到了排云殿后，看佛香阁仰角为49°，石级上升90步；再进一层，到德辉殿后，看佛香阁时，仰角为62°，石级上升114步。游人与景物之间的关系步步拉近，佛香阁主体建筑的雄伟感则随着视角的上升而步步上升。把主景全置在渐层和级进的顶点，将主景步步引向高潮，是强调主景和提高主景艺术感染力的重要处理手法。此外，空间的进一重又一重，所谓"园中有园，湖中有湖"的层层引人入胜的手法，也是渐层的手法。例如，杭州的三潭印月，为湖中有湖、岛中有岛，颐和园的谐趣园为园中有园。

(6) 作为空间构图的重心

为了强调和突出主景，常常把主景布置在整个构图的重心处。规则式园林构图，主景常居于构图的几何中心，如天安门广场中央的人民英雄纪念碑，居于广场的几何中心。自然式园林构图，主景常布置在构图的自然重心上。如中国传统假山，主峰切忌居中，即主峰不设在构图的几何中心，而是有所偏，但必须布置在自然空间的重心上，四周景物要与其配合。

(7) 抑扬

在中国园林艺术的传统中，反对一览无余的景色，主张"山重水复疑无路，柳暗花明又一村"的先藏后露的构图。中国园林的主要构图和高潮，并不是一进园就展现在眼前，而是采用欲"扬"先"抑"的手法，来提高主景的艺术效果。如苏州拙政园中部，进入腰门以后，对门就布置了一座假山，把园景屏蔽起来，使游人有"疑无路"的感觉。假山是曲折的山洞，仿佛若有光，游人穿过了山洞，所得的景象豁然开朗，别有洞天的境界，使主景的艺术感染力大大提高。

2.1.3.2 借景

有意识地把园外的景物"借"到园内来，称为借景。借景是中国园林艺术的传统手法。一座园林的面积和空间是有限的，为了扩大景物的深度和广度，丰富游赏的内容，造园者常常运用借景的手法，收无限于有限之中。

(1) 借景的内容

① 借形组景　主要采用对景、框景等构图手法，把有一定景观价值的远、近建筑物，以至山、石、花木等自然景物纳入画面。

② 借声组景　自然界声音多种多样，园林中所需要的是能激发感情、怡情养性的声音。包括借雨声组景、借风声组景、借水声组景、借鸟语声组景等。在我国园林中，林中

鸟语，雨打芭蕉，玄武湖的松涛声，溪谷泉声等，均可为园林空间增添几分诗情画意。

③ 借色组景　在园林中对月色借景十分重视。如杭州西湖的"三潭印月""平湖秋月"，避暑山庄的"月色江声""梨花伴月"等，都以借月色组景而得名。植物的色彩也是组景的重要因素，如白色的树干、红色的树叶、黑色的果实等。

④ 借香组景　在造园中如何运用植物散发出来的幽香以增添游园的兴致是园林设计中不可忽视的因素。如广州兰圃、苏州拙政园中"荷风四面亭"、杭州的"曲院风荷"等都是借花香组景的佳例。

(2) 借景的方法

① 远借　把园林远处的景物组织进来，所借物可以是山、水、树木、建筑等。如北京颐和园远借西山及玉泉山之塔，济南大明湖远借千佛山等。要充分利用园内的有利地形，开辟透视线，也可堆假山叠高台，山顶设亭或高敞建筑。

② 邻借（近借）　就是把园子邻近的景色组织进来。周围景物只要是能够利用成景的都可以利用，不论亭、阁、山、水、花木、塔、庙。如苏州沧浪亭园内缺水，而临园有河，则沿河做假山、驳岸和廊，不设封闭围墙，就是很好的借景。

③ 仰借　指利用仰视借取园外景观，以借高处景物为主，如古塔、高层建筑、山峰、大树，包括碧空白云、明月繁星、翔空飞鸟等。如北京的北海借景山，南京玄武湖借鸡鸣寺均属仰借。仰借视觉较易疲劳，观赏点应设亭台座椅。

④ 俯借　居高临下俯视观赏园外景物，登高四望，四周景物尽收眼底，就是俯借。如江湖原野、湖光倒影等。

⑤ 应时而借　指利用园林中有季相变化或时间变化的景物。由大自然的变化和景物配合而成。如日出朝霞、晓星夜月；春天的百花争艳，夏天的浓荫覆盖，秋天的层林尽染，冬天的树木姿态，这些都是应时而借的素材。

2.1.3.3　对景

凡位于园林绿地轴线及风景透视线端点的景叫作对景。为了观赏对景，要选择最精彩的位置，设置供游人休息逗留的场所，作为观赏点。

(1) 正对景

位于轴线一端的景叫作正对景，正对景给人雄伟、庄严、气势宏大的感觉，使人一目了然。在规则式园林中常成为轴线上的主景，如西安的大雁塔位于雁塔路的最南端，成正对景。

(2) 互对景

在轴线或风景视线的两个端点都有景称作互对景。互对景给人自由、灵活的感觉，适于静态观赏。互对景不一定有严格的轴线，如颐和园佛香阁建筑与昆明湖中龙王庙岛上涵虚堂成为互对景。

2.1.3.4　障景

在园林绿地中凡是抑制视线、引导空间的屏障景物叫作障景。常用山、石、植物、建筑等，多数用于入口处，或自然式园路的交叉处，或河湖港汊转弯处，使游人在不经意间视线被阻挡和组织到引导的方向。障景一般采用突然逼进的手法，视线较快受到抑制，因而必须改变空间引导方向，而后逐渐展开园景，达到豁然开朗的境界，即所谓"欲扬先抑，欲露先藏"的手法。如拙政园中部入口处为一小门,进门后迎面是一组奇峰怪石,绕过假山石,或从假山的山洞中出来,方是一泓池水,远香堂、雪香云蔚亭等历历在目。障景还能隐藏不美观和不求暴露的局部,而本身又成一景。障景是我国造园的特色之一,障景务求高于视线,否则无障可言。

2.1.3.5　隔景

凡将园林绿地分隔为不同空间、不同景区的手法称为隔景。它不单抑制某一局部的视线,而是组成各种封闭或可以流通的空间,可以用实隔、虚隔、虚实隔等。如墙、山丘、建筑群、山石为实隔;水面、漏窗、通廊、花架、疏林为虚隔;水堤曲桥、漏窗墙为虚实隔。中国园林利用多种隔景手法,创造多种流通空间,使园景丰富,各有特色。同时园景构图多变,游赏其中深远莫测,从而创造出"小中见大"的空间效果(图1-2-1)。

图1-2-1　隔　景

图1-2-2　框　景

2.1.3.6　框景

凡利用门框、窗框、树框、山洞等,有选择地摄取另一空间的优美景色,称为框景(图1-2-2)。框景的作用在于把园林绿地的自然美、绘画美与建筑美高度统一,最大限度地发挥自然美的多种效应。由于有简洁的景框为前景,可使视线集中于画面的主景上,同时框景讲求构图和景深处理,又是生气勃勃的天然画面,从而给人以强烈的艺术感染力。框景必须设计好入框之景。如先有景而后开窗,则窗的位置应朝向最美的景物;如先有窗而后造景,则应在窗的对景处设置;窗外无景时,则以"景窗"代之。观赏点与景框的距离应保持在景框直径的2倍以上,视点最好在景框中心。

2.1.3.7　夹景

为了突出优美的景色,人的视线被左右两侧的树丛、树列、土山或建筑物等加以屏障,形成左右较封闭的狭长空间,这种左右两侧的前景叫作夹景。夹景是运用透视线、轴线突出对景的方法之一,还可以起到障丑显美的作用,增加园景的深远感。同时也是引导游人注意的有效方法。夹景突出轴线或端点的主景或对景,美化园林风景构图,同时增加景物的深度,给人以幽深幽静感,达到了引人入胜的效果。

2.1.3.8　漏景

漏景由框景发展而来,框景景色全现,漏景景色则若隐若现,有"犹抱琵琶半遮面"的感觉,含蓄雅致,是空间渗透的一种主要方法。漏景的材料有漏窗、漏花墙、漏屏风、疏林树干,所对景物则要色彩鲜艳,亮度较大为宜。

2.1.3.9 添景

当风景点与远方对景之间没有其他中景、近景过渡时,为求对景有丰富的层次感,加强远景的感染力,常做添景处理。添景可用建筑小品、树木花卉、山石等。如在湖边看远景时,常有几丝垂柳枝条作为近景的装饰就很生动。

2.1.3.10 题景

我国园林根据性质、用途,结合空间环境的景象和历史,高度概括,常做出形象化、诗意浓、意境深的园林题名。常采用匾额、对联、石碑、石刻等。如万寿山、知春亭、爱晚亭、南天一柱、迎客松、兰亭、花港观鱼、纵览云飞、碑林等。不但丰富了景的欣赏内容,增加了诗情画意,点出了景的主题,给人以艺术联想,还有宣传装饰和导游的作用。

2.2 园林艺术构图

2.2.1 园林艺术构图的含义

园林绿地构图是在工程、技术、经济可能的条件下,组合园林物质要素(包括材料、空间、时间),联系周围环境,并使其协调,取得美的绿地形式与内容高度统一的创作技法,也就是规划布局。园林绿地的内容,即性质、功能用途是园林绿地构图艺术的依据,园林绿地建设的材料、空间、时间是构图的物质基础。

2.2.2 园林艺术构图的特点

(1) 园林构图是一种空间艺术

园林绿地构图是以自然美为特征的空间环境规划设计,绝不是单纯的平面构图和立面构图。因此,园林绿地构图要善于利用山水、地貌、植物、园林建筑、构筑物,并以室外空间为主又与室内空间互相渗透的环境创造景观。

(2) 园林构图是综合的造型艺术

园林美是自然美、生活美、艺术美的综合。它是以自然美为特征,有了自然美,园林绿地才有生命力。因此,园林绿地常借助各种造型艺术以加强其艺术表现力。

(3) 园林构图与时间的关系

园林绿地构图的要素,如园林植物、山、水等景观都随着时间、季节而变化,春、夏、秋、冬植物景色各异,山水变化无穷。

(4) 园林构图受自然条件的制约性很强

不同地区的自然条件,如日照、气温、湿度、土壤等各不相同,其自然景观也不相同,园林绿地只能因地制宜,随势造景,景因境出。

2.2.3 园林艺术构图的基本法则

2.2.3.1 园林美的特征

园林美是指应用天然形态的物质材料,依照美的规律来改造、改善或创造环境,使之更自然、更美丽、更符合时代社会审美要求的一种艺术创造活动。园林美是设计者对生活(自然)的审美意识和优美的园林形式的有机统一，是自然美、生活美、艺术美的高度融合。

(1) 园林艺术中的生活美

园林艺术中的生活美使其能保证游人在游园时感到非常舒适。

① 应保证园林的空气清新，不受烟尘污染，卫生条件良好，水体清洁。

② 园林应该创造最适于人生活的小气候，使温度、湿度、气流综合作用所形成的环境达到比较理想的要求。冬季要防风，提高气温，夏季则又要有良好的气流交换的规划和降温措施，规划一定的水面、空旷草地及大面积庇荫的密林。

③ 应该有方便的交通、完善的生活服务设施，有广阔的户外活动场地，有安静休息和开展各种体育活动的设施，能开展各种展览、舞台艺术音乐演奏等丰富的文化生活。

(2) 园林艺术中的自然美

园林中的自然美是园林中自然事物、自然现象的美，如自然山水、树木花草、假山叠石，乃至物候天象等，这些自然事物是构成园林艺术作品的基础。将这些造园材料精心设计，巧为安排，创造出一个优美的园林景观。园林中山清水秀、桃红柳绿、鸟语花香，处处呈现出生机盎然的自然美景。园林中的自然美可归纳为以下几点：

① 天象美 大自然的晦明、阴晴、晨昏、昼夜、春秋以及风云雨雪、日月星辰等能产生虚实相生、扑朔迷离的美感。天象美是一种特殊的表现形态，给游赏者留有较大的虚幻空间和思维余地。

② 声音美 园林中的声音也是一种自然美，园林里的声音是很多的，例如，从水景上看海潮击岸咆哮声，瀑布发出的轰然如雷鸣声，峡谷溪涧的哗哗声，清泉石上流的淙淙声，雨打芭蕉、小河潺潺、滴潭咯咯；山里的空谷传声、风摇松涛、林中蝉鸣、树上鸟语、池边蛙奏、麋鹿长啸等，都是大自然的演奏家给予游人的声音美的享受。

③ 色彩美 色彩具有联想性、象征性和感情性，园林植物色彩丰富，如红色意味着热情、奔放、活泼、勇敢等，使人联想到红日、鲜血与火等；蓝色使人联想到蓝天和碧海，显得平和、稳重、冷静；绿色在色感上居于两者之间，"绿杨烟外晓寒轻"，给人以安宁、清爽、放松的感觉，是生命和友谊的象征。

④ 姿态美 园林中的植物自然形成了各种各样优美的姿态，如黄山松的奇特、大王椰子的挺拔、雪松的秀丽等。

⑤ 芳香美 园林中还有很多香花、香叶植物，它们能产生特性各异的芳香气味，如茉莉花的清香、兰花的幽香、含笑的甜香、桂花的浓香、紫罗兰的醉香等，还有松柏类、桉树、樟树等树木散发出来的香气，都能给游人带来美好的嗅觉感受。

(3) 园林艺术中的艺术美

运用种种造园手法和技巧，合理布置造园要素，巧妙安排园林空间，灵活运用形式美的法则，来传达人们的特定思想感受，抒写园林意境，创造艺术美。园林艺术中的艺术美包括造型艺术美、联想艺术美等内容。

① 造型艺术美 园林中的建筑、雕塑、瀑布、喷泉、植物等都讲求造型，常常运用艺术造型来表现某种精神、象征、标志、纪念意义以及某种体形、线条美(图1-2-3)。

② 联想意境美 重视意境的创造是中国古典园林美学上的最大特点。中国古典园林

图 1-2-3　造型艺术美　　　　　图 1-2-4　联想意境美

的美可以说主要是园林意境的美。例如，拙政园西部的扇面亭名为"与谁同坐轩"，仅一几两椅，但却借宋代大诗人苏轼"与谁同坐？明月、清风、我"的佳句，抒发出一种高雅的情操与意趣（图 1-2-4）。

园林在处理生活美、自然美和艺术美等因素时，必须作为一个整体来考虑，它不是各种造园素材单体美的简单拼凑，更不能理解为生活美、自然美和艺术美的累加，而是一个综合的美的体系。各种素材的美、各种类型美的相互融合，构成一种特殊的美的形态——园林美。

③ 建筑艺术美　为了满足游人休息、驻足赏景、园林管理等功能的要求和造景的需要，修建园林建筑。如亭、廊、花架、栏杆、厕所等，往往成景起到画龙点睛的作用。

④ 文化景观美　园林借助人类文化中诗词、书画、对联、匾额、题咏、石刻、文物古迹、历史典故、神话传说等创造诗情画意的境界。

⑤ 工程设施美　园林中，道路廊桥、假山水景、电照光影、给水排水、挡土墙等各种设施必须配套，并应在艺术处理上区别于一般的市政设施，在满足工程需要的前提下进行适当的艺术加工，形成独特的园林美景。

2.2.3.2　形式美的表现形态

自然界常以其形式美取胜而影响人们的审美感受。各种景物都是由外形式和内形式组成的。外形式由景物的材料、质地、线条、体态、光泽、色彩和声响等因素构成；内形式由上述因素按不同规律而组织起来的结构形式或结构特征构成。如园林建筑是由基础、柱梁、墙体、门窗、屋面组成，但是运用不同的建筑材料，采用不同的结构形式，使用不同的色彩配合，就会表现出不同的建筑风格，满足不同的使用功能，从而产生丰富多彩的风景建筑形式。形式美的表现形态可概括为线条美、图形美、体形美、光影色彩美、朦胧美等方面。

① 线条美　线条是构成景物的基本因素。基本线型包括直线和曲线。直线又分为垂直线、水平线、斜线；曲线又分为几何曲线和自由曲线。人们从自然界中发现了各种线型的性格特征，它有力度和稳定感。直线给人以单纯庄重感。水平线给人以平和寂静的感觉，垂直线给人以挺拔、崇高感；斜线给人以速度和危机感。曲线具有丰满、柔和、优雅、细腻感。几何曲线具有对称和规整感；自由曲线具有自由和细腻感。线条是造园的主

要手法，用它可以表现起伏的地形、曲折的道路线、蜿蜒的驳岸线、丰富的林冠线等。

② 图形美　图形是由各种线条围合而成的平面形，一般分为规则式图形和自然式图形两类。它们是由不同的线条采用不同的围合方式形成的。规则式图形是指局部彼此之间以一种有序的方式组成的形态，其特征是稳定、有序，有明显的规律变化，有一定的轴线关系，庄重肃穆，秩序井然；不规则图形是指各个局部在性质上都不相同，一般是不对称的，表达了人们对自然的向往，其特征是自然、流动、不对称、活泼、抽象、柔美和随意。

③ 体形美　体形是由多种界面组成的空间实体。风景园林中包含着绚丽多姿的体形要素，表现在山石、水景、建筑、雕塑、植物造型等。不同类型的景物有着不同的体形美，同一类型的景物，也具有多种状态的体形美，如现代雕塑艺术不仅体现了景物体形的一般外在规律，还表现了景物的内涵。

④ 光影色彩美　色彩是造型艺术的重要表现手法之一，通过光的反射，色彩能引起人们的生理和心理感应，从而获得美感。色彩表现的具体要求是对比与和谐，人们在风景园林空间中对景物色彩的冷暖、光影的虚实都能产生丰富的联想和精神满足。

⑤ 朦胧美　自然界中的朦胧美有雾中景、雨中花、烟云细柳等，它是形式美的一种特殊的表现形态，能产生虚实相生、扑朔迷离的美感。它能够给人留有较大的空间和思维余地，在风景园林中常常利用烟雨或半隐半现的手法给人以朦胧的美感。如承德避暑山庄的"烟雨楼"、北京北海公园的"烟云尽志"等。

2.2.3.3　形式美的法则

(1) 多样与统一

多样是指园林构成整体的各个部分形式因素的差异性；统一是指这种差异性的协调一致。多样统一是客观事物本身所具有的特性。在园林中就是要各景物之间存在差异性，同时又具有一定的协调性。园林艺术应用统一的原则是要求园林中的组成部分的体形、体量、色彩、线条、形式、风格等有一定程度的相似性或一致性，给人以统一的感觉。由于一致性的程度不同，引起统一感的强弱也不同。十分相似的一些园林组成部分可以产生整齐、庄严、肃穆的感觉，但过分一致又会显得呆板、单调、乏味。所以园林中常要求统一中有变化，或是变化中有统一，使人感到优美而自然。每一种具有明显特性的风景，都给人以不同的感受和情感反应，真正使人感到愉快的风景，它的各个组成部分之间都具有明显的协调统一。

① 内容与形式的统一　不同的内容要以一定的形式表现出来，一定的形式能够反映内容，两者是相辅相成的。首先，应当明确园林的主题与格调，然后确定切合主题的局部形式，选择对这种表现主题最直接、最有效的素材。如在西方规则式园林中，常运用中轴对称，修剪成整齐的树木来创造园林，元素与园林、局部与总体之间便表现出形状上的统一；在自然式园林中，园林建筑必须围绕"自然"的性质，作自然式布局，自然的池岸、曲折的小径、树木的自然式栽植和自然式整形，以求得风格的协调统一。

② 材料与质地的统一　园林中非生物性的造景材料，以及由这些材料形成的景物，也要求统一。如堆叠假山的石料、指路牌、灯柱、宣传画廊、座椅、栏杆、花架等，常常是具有功能和艺术两重效果，点缀在园内都要求制作的材料是统一的。如一座假山、一堵

图 1-2-5　线条的统一

墙面、一组建筑，无论是单个或是群体，它们在选材方面既要有变化，又要保持整体的一致性。这样才能显示出景物的本质特征。如堆置假山时湖石和黄石的用材就不能混杂，一组建筑的木构、石构、砖构必有一主，一定不能等量混杂。

③ 线条的统一　在假山上尤其要注意线条的统一，成功的假山是用一种材料堆成的，它的色调比较统一，外形比较接近，但是堆叠在一起，就要注意整体的线条（图1-2-5）。自然界的石山，表面的纹理相当统一，人工假山也要遵循这个规律，求得线条的统一。苏州耦园的东园假山全部用黄石堆叠，在横线条的统一上是比较成功的案例。

④ 园林植物的多样与统一　园林中除了建筑、假山叠石等均要求多样化统一外，花木也要求多样化的统一。例如，杭州花港观鱼公园，全园应用了200多个树种，但在全园的树种上，选用了常绿大乔木广玉兰作为基调树，全园分布数量最多，园林的树种布局形成了多样统一的构图。

⑤ 局部与整体的统一　在同一园林中，景区景点各具特色，但就全园来说，其风格造型、色彩变化都应该保持与全园整体基本协调，在变化中求完整。局部是为整体服务的，整体是由局部组成的，要使局部与整体在变化中求协调。如在纪念性园林中，一般建筑采用中轴对称布局，植物采用行列式种植，而且园中必须要有纪念性设施或纪念性标志物。

(2) 对比与调和

对比与调和是艺术构图的一个重要手法，它是运用布局的某一因素程度不同的差异，取得不同艺术效果的表现形式；或者是利用人的错觉来互相衬托的表现手法。对比与调和是布局中运用多样与统一的基本规律。

① 对比　是运用两种或多种性状有差异的景物之间的对照，使彼此不同的特色更加明显，提供给观赏者一种新鲜兴奋的景象，以给人生动鲜明的印象，从而增强作品的艺术感染力。园林设计中的对比手法主要应用于形象对比、空间对比、虚实对比、疏密对比、体量对比、方向对比、色彩对比、布局对比、质感对比等。

图 1-2-6　形象对比

形象对比：园林布局中构成园林景物的点、线、面和空间都具有不同的形状，如高与低、长与宽、大与小等，给人们造成视觉上的错觉。园林中应用形象对比是比较多的，如草坪上种植高大的乔灌木、广场上的纪念碑等（图1-2-6）。

体量对比：体量大小相同的景物，在不同的环境中进行比较，能给人不同的感觉。在大环境中显得小，在小环境中显得大。在园林中常常利用景物的这种对比关系来创造"小中见大"的园林效果，如颐和园佛香阁的体量很大，但周围建筑的体量较小，形成了很好的对比效果（图1-2-7）。

图1-2-7　体量对比

方向对比：在园林的空间、形体和立面处理中，常常运用垂直竖向与水平横向的对比来丰富园林景观效果，打破了只有垂直竖向的生硬感或只有水平横向的呆板感。山势高耸是垂直方向，水面平坦是水平方向，山水结合形成方向的对比。如湖面设岛、草地上种植高大乔灌木等。

空间对比：在园林空间处理上，将两个明显不同的空间安排在一起，通过两者的对比而突出各自的特点（图1-2-8），即开敞空间与闭锁空间对比，如空旷的草地与密林空间对比，从草地进入密林给人引人入胜的感觉，从密林来到空旷的草地给人豁然开朗的感觉。苏州留园出入口的处理，是空间对比的佳例。留园的入口既曲折又狭长，且十分封闭，但由于处理得巧妙，充分利用其狭长、曲折、忽明忽暗等特点，应用对比的手法，使其与园内主要空间构成强烈的反差，使游人经过封闭、曲折、狭长的空间后，到达园内中心水池时，感到空间豁然开朗。

图1-2-8　开朗风景与闭锁空间

虚实对比：虚给人以轻松之感；实给人以厚重之感。虚也可以说是空或者无；实就是实在、结实。后者相对有形、具象，容易被感知；前者则多少有些飘忽不定、空泛，不易为人们所感知。但虚与实是相辅相成又相互对立的两个方面，虚实之间互相穿插而达到虚中有实、实中有虚，使园林的景观变化万千、玲珑生动。山与水，山表现为实，水表现为虚，所谓虚实对比，就是通过山与水的关系处理来表现的。通常所说的山环水抱，就是指虚实两种要素的萦绕与结合。水中建岛是常见的虚实对比手法。古典园林中，构成建筑物立面的要素也可以分为虚、实两大类。实的部分主要是墙垣，虚的部分主要是门窗孔洞以及透空的廊子，它与墙之间所构成的虚实对比异常强烈。

疏密对比：在园林艺术中，疏与密的对比突出表现在景点的聚散上，聚处则密，散处便疏。如苏州留园，其建筑分布很不均匀，疏密对比极其强烈，它的东部以石林小院为中心建筑高度集中，景观内容繁多，步移景异，因而人的心理和情绪必将随之兴奋而紧张。但有些部分的建筑则稀疏、平淡，空间也显得空旷和缺乏变化，人的心情自然恬静而松弛。疏密对比反映在树木的配置方面则表现在群植、丛植与孤植的关系处理上。密林、疏林、草地，就是疏密对比手法的具体应用，如杭州花港观鱼公园中的雪松草地，草地中有树丛，树丛中又间留出小的草地，就是疏密对比、疏密变化手法的应用。

色彩对比：色彩在园林中最容易引起游人的注意，常常需要重点处理。色彩的对比包括同一色对比、类似色对比、互补色对比。如我国皇家园林的红色宫墙和绿色树木的对比就往往给人以鲜明的印象。色彩的对比一般是在为了引起游人的注意、使景物具有强烈的动感或为了强调主景而突出背景时用，如"万绿丛中一点红"。

质感对比：在园林绿地中，可利用山石、水体、植物、道路、广场、建筑等不同的材料质感，形成对比，强调景观效果。不同材料给人不同的感受，光滑细腻的质地给人轻盈柔和之感，粗糙厚重的质地给人稳定坚固之感。如园林雕塑基座与上部材料质地的对比。

② 调和　是指事物和现象的各方面相互之间的联系与配合达到完美的境界和多样化中的统一。在园林中协调的表现是多方面的，如体形、色彩、线条、比例、虚实、明暗等，都可作为要求协调的对象。景物的相互协调必须相互关联，而且包含共同的因素，甚至相同的属性。协调可分为以下几种：

相似协调：形状基本相似的几何形体、建筑物、花坛、树木等的大小或排列上有变化称为相似协调。例如，一个大圆形的花坛中排列一些小圆形的花卉图案和圆形的水池等，即产生一种协调感。

近似协调：如两种近似的体形重复出现，可以使变化更为丰富并有协调感（图1-2-9）。如方形与长方形的变化、圆形与椭圆形的变化都是近似协调。

局部与整体的协调：局部与局部之间、局部与整体之间、整体与园林之间的种种协调关系。如假山局部用石的材料、纹理必须服从总体用石材料、纹理走向。

在园林中只强调对比会使园林景观显得零乱，只强调调和会使园林景观显得平淡，缺乏生气。所以必须处理好对比与调和之间的关系。

(3) 均衡与稳定

① 均衡　园林景物前与后、左与右呈现轻重关系构图，称为均衡，在园林布局中均衡可以分为对称均衡和不对称均衡。

对称均衡：在主轴线两边以相等距离、体量、形态均衡称为对称均衡（图1-2-10）。

对称是轴线左右两边的景物到轴线的距离相等，给人以稳定的统一，具有整齐、单纯、寂静、庄严的优点。对称均衡又可以分为绝对对称和相似对称。绝对对称是轴线两边的物体从质感和量感上完全相同，并且到轴线的距离完全相等；相似对称是轴线两边的物体到轴线的距离相等，但在体量大小上或作用和实质上有所差别。

单元2 园林规划设计艺术原理

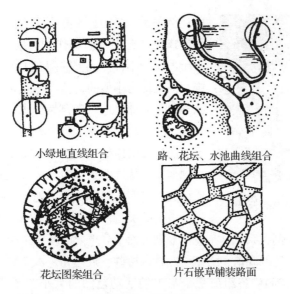

图 1-2-9 近似协调

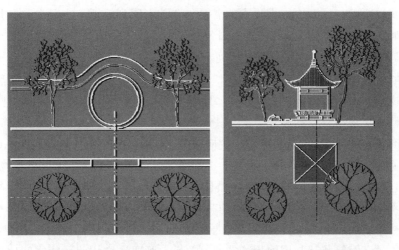

图 1-2-10 对称均衡　　　　图 1-2-11 不对称均衡

不对称均衡：是主轴不在中线上，两边景物的形体、大小、与主轴的距离都不相等，但景物又处于动态的均衡中（图1-2-11）。

② 稳定　是指园林建筑、山石和园林植物等上下、大小所呈现的轻重关系构图。在园林布局上，往往在体量上采用下面大，向上逐渐缩小的方法来取得稳定坚固感；在园林建筑和山石处理上常常采用材料、质地给人以不同的重量感来获得稳定感。园林中以稳定题材而闻名的景点很多，石柱、石洞、一线天等景观为数最多，建筑次之，它们常常成为舒缓的园林节奏中的特强音律。

(4) 比例与尺度

① 比例　是指园林中的景物在体形上具有适当的关系，其中既有景物本身各部分之间长、宽、高的比例关系，又有景物与景物、景物与整体之间的比例关系，这两种关系并不一定用数字来表示，而是属于人们感觉上、经验上的审美概念。在园林空间中具有和谐

图 1-2-12　景物与环境的关系

的比例关系，是园林美必不可少的重要特征，它对园林的形式美具有决定性的作用。例如，日本的古典园林，由于面积较小，传统上的配置无论树木、山石或其他装饰小品，都是小型的，使人感到亲切合宜。中国的古典园林要于方寸之地展现自然山水，也十分讲究比例的运用（图 1-2-12）。如花木与山石的比例关系，花木的高度不应超过假山顶部，树小就显得山势高峻。所以，从局部到整体，从近期到远期，从微观到宏观，相互之间的比例关系与客观的需要恰当地结合起来，是园林艺术上设计成败的关键。园林各区的大小既要符合功能要求，又要服从整体面积的比例关系，这是总体规划方面十分重要的环节。园林设计若能使各个景物体型匀称，功能分区比例和谐，将赋予园林以协调一致性和艺术完整性。

② 尺度　指园林空间中各组成部分与人的活动范围的大小关系或者与某种特定标准的大小关系。功能、审美和环境特点决定着园林设计的尺度。园林是供人休憩、游乐、赏景的现实空间，所以，尺度要能满足人的需要，令游人感到舒适、方便，这种尺度可称为适用尺度。如踏步一般高为 15cm，栏杆高 80cm，坐凳高 40cm，月洞门高 2m，儿童坐凳高 30cm 等，都是按一般人体的常规尺寸确定的尺度。另外一种是夸张尺度，园林里经常用到。夸张尺度往往是将景物放大或缩小，以达到造园意图或造景效果。体量较大的景物与较小的景物并列，便会使较大景物的尺寸显得更大。设计比人的习惯稍大些的景物单元，则常常产生壮观和崇高的感觉。

园林建筑的比例与尺度问题，一般原则应该是：在园中有一个主体建筑，不论其性质如何，设计者应该以主体建筑的体形、高矮、大小等因素，作为考虑全园其他景物的出发点，从比例关系上突出主体建筑，其中包括作配景的其他建筑物、小品、道路、植物配置、水面，甚至分区规划等，都要服从主体建筑的"统治"，否则一物不当就可能破坏全局的和谐。

研究园林建筑的尺度，除要推敲本身的尺度外，还要考虑它们彼此间的尺度关系。关于园林建筑的尺度问题及其与周围景物的比例关系，既要注意相邻景物之间比例关系的协调，同时要注意考虑建筑的功能尺度。

(5) 节奏与韵律

节奏和韵律目前已被运用到众多的艺术门类，成为产生协调美的共同因素。园林的韵律是多种多样的，可分为简单韵律与节奏、交替韵律与节奏、渐变韵律与节奏和交错韵律与节奏等（图 1-2-13）。

① 简单韵律与节奏　指一种组成部分的连续使用和重复出现的有组织排列所产生的韵律感。例如，路旁的行道树用一种树木等距离排列便可形成连续韵律。栏杆、长廊也是连续韵律。颐和园乐寿堂粉墙上形形色色的景窗，距离相等，体量相似，但图案不同，方形、五角形、六边形、圆形、宝瓶状、书卷状……每个图案都不重复，但总体感觉是多而不乱，多样统一于连续韵律的构图之中。

② 交替韵律与节奏　是运用各种造型因素做有规律的纵横交错、相互穿插等，形成丰富的韵律感。行道树选用两种树木，如悬铃木和海桐相间种植，便构成交替韵律，这显

单元2 园林规划设计艺术原理

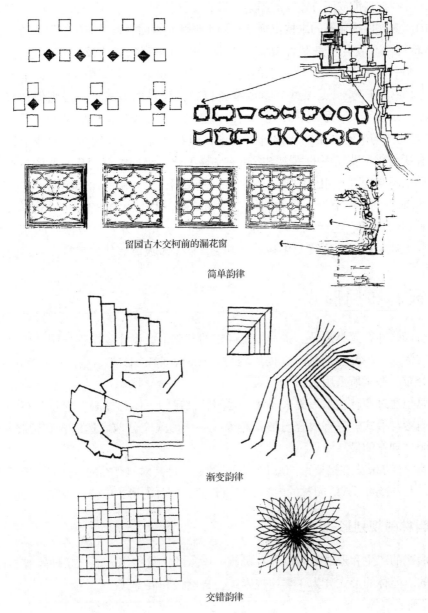

留园古木交柯前的漏花窗

简单韵律

渐变韵律

交错韵律

图 1-2-13 韵律的形式

然要活泼丰富得多。

③ 渐变韵律与节奏 是某些造园要素在体量、高矮、宽窄、色彩浓淡等方面做有规律的增减，以造成统一和谐的韵律感。例如，我国古式桥梁中的卢沟桥，桥孔跨径就是按渐变韵律设计的；颐和园十七孔桥的桥孔，从中间往两边逐渐由大变小，形成递减趋势；西安的大雁塔、小雁塔，杭州的六和塔等和十七孔桥的原理是一样的，也是渐变韵律的具体应用。中国木结构房屋的开间一般是中间最大，向旁边依次减小。从一端看来是小—中—大—中—小的韵律。

④ 交错韵律与节奏 是利用特定要素的穿插而产生的韵律感。例如，中国传统的铺装

道路，常用几种材料铺成四方连续的图案，形成交错韵律。人们可一边步游，一边享受这种道路铺装的韵律。传统建筑的木棂窗则是利用水平和垂直的木条纵横交织形成韵律感。

⑤ 旋转韵律与节奏　是某种要素或线条，按照螺旋状方式反复连续进行，或向上，或向左右发展，从而产生旋转感很强的韵律。常见于图案、花纹或雕塑设计中。

⑥ 自由韵律与节奏　是某些要素或线条以自然流畅的方式，不规则但却有一定规律地婉转流动，反复延续，呈现自然优美的韵律感，类似云彩或溪水流动的表现方法。

⑦ 拟态韵律与节奏　相同元素重复出现，但在细部又有所不同。如连续排列的花坛在形状上有所变化，花坛内的植物图案也有细微变化，统一中有变化；我国古典园林的漏窗也是将形状不同而大小相似的花窗等距离排列在墙面上，统一而不单调。

⑧ 起伏曲折韵律与节奏　景物构图中的组成部分以较大的差别和对立形式出现，一般是通过景物的高低、起伏、大小、前后、远近、疏密、开合、浓淡、明暗、冷暖、轻重、强弱等无规定周期的连续变化和对比方法，使景观波澜起伏，丰富多彩，变化多样。

2.3　园林布局形式

园林布局，即在园林选址、主题思想确定的基础上，设计者在创作园林作品过程中所进行的思维活动。主要包括选取、提炼题材，酝酿、确定主景、配景，功能分区，景点、游赏路线分布，探索所采用的园林形式。

主题思想通过园林艺术形象来表达，是园林创作的主体和核心。立意和布局实质上就是园林的内容与形式。只有内容与形式高度统一，形式充分地表达内容和园林主题思想，才能达到园林创作的最高境界。

园林的内容是其内在诸要素的总和，园林的形式是其内容存在的方式。没有无形式的内容，也没有无内容的形式。园林的内容决定其形式，园林的形式依赖于内容，表达主题。

2.3.1　园林的规划形式

园林形式的产生和形成是与世界各民族、国家的文化传统、地理条件等综合因素的作用分不开的。园林的形式分为3类：规则式、自然式和混合式。

(1) 规则式园林

规则式园林又可称为几何式园林、整形式园林、对称式园林和建筑式园林（图1-2-14）。西方园林主要以规则式为主，其中以文艺复兴时期意大利台地园和19世纪法国勒诺特平面几何图案式园林为代表。规则式园林的主要特征是全园在平面规划上有明显的中轴线，并大体依中轴线的左右、前后对称或拟对称布置，园地的划分大都为几何形体。全园以建筑和建筑式空间布局表现主题。如建筑物或景点之间用直线道路相连，水池或花坛的边缘、花坛的花纹、色彩的组合也用直线或曲线组成规则的几何图案。

(2) 自然式园林

自然式园林又称风景式园林、不规则式园林、山水派园林。中国园林从周朝开始，经过历代的发展，不论是皇家宫苑还是私家宅园，都是以自然山水园林为源流。保留至今的

单元2 园林规划设计艺术原理

图 1-2-14 规则式园林

图 1-2-15 自然式园林

有皇家园林，如颐和园、承德避暑山庄、圆明园；私家宅园，如苏州的拙政园、网师园等都是自然山水园的代表作品（图 1-2-15）。自然式园林的主要特征是全园在平面规划上没有明显的轴线关系，景物的布置顺其自然。全园以山体与水体空间布局表现主题。

（3）混合式园林

混合式园林主要指规则式、自然式交错组合，全园没有或无法形成控制全园的中轴线和副轴线，只有局部景区、建筑以中轴对称布局；或全园没有明显的自然山水骨架，无法形成自然格局（图 1-2-16）。一般在原地形平坦处，根据总体规划需要安排规则式布局；原地形较为复杂，具有起伏不平的丘陵、山谷、洼地等，则结合地形规划成自然式布局。

图 1-2-16 混合式园林

2.3.2 山水地形的布局形式

2.3.2.1 规则式园林山水地形的布局

(1) 地形

在较开阔平坦地段，由不同高程的水平面及缓倾斜的平面组成；在山地及丘陵地段，由阶梯式的大小不同的水平台地、倾斜平面及石级组成，其剖面均为直线。

(2) 水体

其外轮廓均为几何形，主要是圆形和长方形（图1-2-17），水体的驳岸多整形、垂直，有时加以雕塑；水景的类型有整形水池、喷泉、壁泉及水渠运河等，古代神话雕塑与喷泉构成水景的主要内容。

图1-2-17 规则式园林的水体

2.3.2.2 自然式园林山水地形的布局

(1) 地形

自然式园林的创作讲究"相地合宜，构园得体"。主要的处理地形手法是"高方欲就亭台，低凹可开池沼"。自然式园林的主要特征是"自成天然之趣"，所以，在园林中，要求再现自然界的山峰、山巅、崖、岗、岭、峡、岬、谷、坞、坪、洞、穴等地貌景观。在平原，要求有自然起伏、和缓的微观地形，地形的剖面为自然曲线。

(2) 水体

园林的水体讲究"疏源之去由，察水之来历"。园林水景的主要类型有湖、池、潭、沼、汀、泊、溪、涧、洲、渚、港、湾、瀑布、跌水等。水体要再现自然水景，水体的轮廓自然曲折，水岸为自然曲线，驳岸主要用自然山石驳岸、石矶等形式。在建筑附近或根据造景需要也可以部分用条石砌成直线或折线驳岸（图1-2-18）。

图1-2-18 自然式园林水体

2.3.3 园林建筑的布局形式

2.3.3.1 规则式园林建筑的布局

(1) 园林建筑

主体建筑组群和单体建筑多采用中轴对称均衡设计，多以主体建筑群和次要建筑群形成与广场、道路组成的主轴、副轴系统，形成控制全园的总格局(图1-2-19)。

图1-2-19 规则式园林的建筑

(2) 园林小品

园林雕塑、瓶饰、园灯、栏杆等装饰、点缀了园景。西方园林的雕塑主要采用人物雕塑布置于室外，并且多配置于轴线的起点、交点和终点，并常与喷泉、水池构成水景主景。

从另一角度看，规则式园林的规划手法，园林轴线多被看作是主体建筑室内中轴线向室外的延伸。一般情况下，主体建筑的主轴线和室外园林的轴线是一致的。

2.3.3.2 自然式园林建筑的布局

(1) 园林建筑

单体建筑多为对称或不对称的均衡布局；建筑群或大规模建筑组群，多采用不对称均衡的布局。全园不以轴线控制，但局部仍有轴线的处理。中国自然山水园的建筑类型有亭、廊、榭、舫、楼、阁、轩、馆、台、塔、厅、堂、桥等(图1-2-20)。

图1-2-20 自然式园林的建筑

(2) 园林小品

园林小品有假山、石品、盆景、石刻、砖雕、木刻等。一般位于风景视线的交点或焦点处。

2.3.4 园林道路广场的布局形式

2.3.4.1 规则式园林道路广场的布局

(1) 园林道路

道路均为直线形、折线形或几何曲线形。

(2) 园林广场

广场多呈规则对称的几何形,主轴线和副轴线上的广场形成主次分明的系统。
广场与道路构成方格形式、环状放射形、中轴对称或不对称的几何布局。

2.3.4.2 自然式园林道路广场的布局

(1) 园林道路

道路的走向、布列多随地形,道路的平面和剖面多由自然的起伏曲折的平曲线和竖曲线组成。

(2) 园林广场

除建筑前广场为规则式外,园林中的空旷地和广场的外轮廓为自然式。

2.3.5 园林植物的布局形式

(1) 规则式园林植物的布局

配合中轴对称的总格局,全园树木配置以等距离行列式、对称式为主,树木修剪整形多模拟建筑形体、动物造型,绿篱、绿墙、绿门、绿柱为规则式园林较突出的特点。园内常运用大量的绿篱、绿墙和丛林划分和组织空间,花卉常布置成以图案为主要内容的花坛和花带,有时布置成大规模的花坛群(图1-2-21)。

图1-2-21 规则式园林植物

(2) 自然式园林植物的布局

自然式园林种植要求反映自然界的植物群落之美,不成行成列栽植。树木不修剪,以配置孤植、丛植、群植、密林为主要形式。花卉的布置以花丛、花群为主要形式。庭院内也有花台的应用(图1-2-22)。

图 1-2-22 自然式园林植物

2.4 园林空间构成与应用

2.4.1 园林空间的含义及分类

2.4.1.1 园林空间的含义

园林空间通常包括山、水、建筑、植物等许多因素,如不同大小、不同场景的各种形式的空间组合。同时,园林空间根据时间的变化会产生相应的改变,所以,园林空间不是三维空间,而是一个包含时间的四维空间,这主要表现在植物的季相变化方面。园林空间艺术布局是在园林艺术理论指导下对所有空间进行巧妙、合理、协调、系统的安排,目的在于构建一种既完整又富于变化的美好境界。

在地平面上,以不同高度和不同类型的景物来暗示园林空间的边界。首先,空间的封闭程度随着景物体量的大小、布局疏密以及植物种植形式而有所不同。其次,景物的高低也影响着空间的闭合感。最后,景物还能限制甚至改变一个空间的顶平面,限制伸向天空的视线,并影响着垂直面上的尺度(图 1-2-23)。

图 1-2-23 植物、建筑、水体组织的园林空间

2.4.1.2 园林空间的分类

(1)开敞空间

开敞空间是指在一定区域范围内,人的视线高于四周景物的空间。这个空间没有覆盖

面的限制,其大小空间形式只是由基面和垂直分隔面来决定,一般用低矮的灌木、地被植物、草本花卉、草坪形成开敞空间。在较大面积的开阔草坪上,除了低矮的植物以外,高大乔木点缀其中,并不阻碍人们的视线,也称得上开敞空间,但是,在庭园中,由于尺度较小,视距较短,四周的围墙和建筑高于视线,即使是疏林草地的配置形式也不能形成有效的开敞空间。开敞空间在开放式绿地、城市公园等园林类型中非常多见,如草坪、开阔水面等,视线通透,视野辽阔,但在这个空间内,只以地被植物和较为低矮的灌木作为空间的限制因素(图1-2-24)。

图 1-2-24　大草坪形成的开敞空间

(2)半开敞空间

半开敞空间是指在一定区域范围内,四周并不全开敞,而是有部分视角被园林景观阻挡了。根据功能和设计的需要,开敞的区域有大有小。从开敞空间到封闭空间的过渡就是半开敞空间。它也可以借助地形、山石、小品等园林要素与植物配置共同完成。半开敞空间的封闭面能够抑制人们的视线,从而引导空间的方向,达到"障景"的效果。例如,从公园的入口进入另一个区域,设计者常会在开敞入口的某一朝向用园林小品来阻挡人们的视线,待人们绕过障景物,进入另一个区域后就会豁然开朗(图1-2-25)。

图 1-2-25　植物结合地形做了空间的围合形成半开敞空间

(3)覆盖空间

覆盖空间通常位于景观下面与地面之间,可通过植物树干的分枝点高低和浓密的树冠来形成空间感。高大的常绿乔木是形成覆盖空间的良好材料,此类植物不仅分枝点较高,树冠庞大,而且具有很好的遮阴效果。孤植或群植,均可为人们提供更大的活动空间和遮

图 1-2-26　乔木、草坪的组合形成了亲和的覆盖空间

阴休息区(图 1-2-26)。此外,攀缘植物利用花架、拱门、木廊等攀附于其上生长,也能够构成有效的覆盖空间。

(4) 纵深空间

窄而长的纵深空间因两侧的景物不可见,更能引导人们的方向,人们的视线会被引向空间的一端。在现代景观设计中,经常见到运用植物材料来营造的纵深空间,如溪流、峡谷等两边种植着高大的乔木形成密林,道路两旁整齐地种植着高大挺拔的行道树(图 1-2-27)。

图 1-2-27　两侧植物的配置起到了很好的视线导向作用

(5) 垂直植物空间

垂直面被植物封闭起来,顶平面开敞,中间空旷,便能形成向上敞开的植物空间。分支点低、树冠紧密的小型和中型乔木形成的树列,修剪整齐的高大绿篱,都可以构成一个垂直植物空间。这种空间只有上方是开放的,使人仰视,视线被引导向空中(图 1-2-28)。

(6) 郁闭空间

垂直的植物能构成竖向上紧密的空间边界,当这种植物和低矮型平铺生长的植物或灌木搭配使用时,人的视线被完全闭锁。大型乔木作为上层的覆盖物,整个空间就会变得完全封闭。这种空间类型在风景名胜区、森林公园或植物园中最为常见,一般不作为人的游览活动范围(图 1-2-29)。

2.4.2　园林静态空间布局

静态空间布局是指相对固定空间范围内的审美感受。按照活动内容,静态空间可分为

图1-2-28　直立向上的树形成了垂直空间

图1-2-29　湖岸用乔灌草密植形成空间封闭

生活居住空间、游览观光空间、安静休息空间、体育活动空间等；按照地域特征分为山岳空间、台地空间、谷地空间、平地空间等；按照开朗程度分为开朗空间、半开朗空间和闭锁空间等；按照构成要素分为绿色空间、建筑空间、山石空间、水域空间等；按照空间的大小分为超人空间、自然空间和亲密空间；依其形式分为规则空间、半规则空间和自然空间；根据空间的多少又分为单一空间和复合空间等。在一个相对独立的环境中，有意识地进行构图处理就会产生丰富多彩的艺术效果。

(1) 园林静态空间构成

以平地(或水面)和天空构成的空间有旷达感，使人心旷神怡。以树丛和草坪构成比例大于等于1:3的空间有明亮亲切感。以大片高大乔木和低矮地被组成的空间给人以荫浓景深的感觉。一个山环水绕、泉瀑直下的围合的空间给人以清凉世界之感。一组山环树抱、庙宇林立的复合空间给人以人间仙境的神秘感。一处四面环山、中部低凹的山林空间给人以深奥幽静感。中国古典景园的咫尺山林，给人以小中见大的空间感；大环境中的园中园则给人以大中见小的感受。由此可见，巧妙地利用不同的风景界面组成关系，进行园林空间造景，将给人们带来静态空间的多种艺术魅力。利用人的视觉规律，可以创造出丰富的艺术效果。

(2) 静态空间的视觉规律

① 最佳视距　正常人的清晰视距为25~30m，明确看到景物细部的视距为30~50m，

能识别景物类型的视距为150~270m，能辨认景物轮廓的视距为500m，能明确发现物体的视距为1200~2000m，但这已经没有最佳的观赏效果。

② 最佳视域　人的正常静观视域，垂直视角为130°，水平视角为160°。但根据人的视网膜鉴别率，最佳垂直视角小于30°，水平视角小于45°，即人们静观景物的最佳视距为景物高度的3倍或宽度的1.2倍。在静态空间内对景物观赏的最佳视点有3个，即垂直视角为18°（景物高的3倍距离）、27°（景物高的2倍距离）、45°（景物高的1倍距离）。如果是纪念雕塑，则可以在上述3个视点为游人创造较开阔平坦的休息场地。

2.4.3　园林动态空间布局

2.4.3.1　园林动态空间构成

园林对于游人来说是一个流动空间，一方面表现为自然风景的时空转换；另一方面表现为游人步移景异的过程。不同的空间类型组成有机整体，并构成丰富的连续景观，就是园林景观的动态序列。

2.4.3.2　景观序列的手法

（1）景观序列的主调、基调、配调和转调

景观序列是由多种风景要素有机组合，逐步展现出来的，在统一基础上求变化，又在变化之中见统一，这是创造风景序列的重要手法。以植物景观要素为例，作为整体背景或底色的树林为基调，作为某序列前景和主景的树种为主调，配合主景的植物为配调。处于空间序列转折区段的过渡树种为转调。过渡到新的空间序列区段时，又可能出现新的基调、主调和配调。如此逐渐展开就形成了风景序列的调子变化，从而产生不断变化的观赏效果。

（2）景观序列的起结开合

景观序列的起结开合，可以是地形起伏，水系环绕，也可以是植物群落或建筑空间，无论是单一的还是复合的，总应有头有尾，有放有收，这也是创造景观序列常用的手法。以水体为例，水之来源为起，水之去脉为结，水面扩大或分支为开，水之溪流又为合。如北京颐和园的后湖、承德避暑山庄的分合水系、杭州西湖的聚散水面。

（3）景观序列的断续起伏

这是利用地形地势变化而创造景观序列的手法之一，多用于风景区或郊野公园。一般风景区山水起伏，游程较远，将多种景区景点拉开距离，分区段设置，在游步道的引导下，景序断续发展，游程起伏高下，从而取得引人入胜、渐入佳境的效果。例如，泰山风景区从山门开始，路经斗母宫、柏洞、回马岭来到中天门，就是第一阶段的断续起伏。从中天门经快活三里、步云桥、对松亭、异仙坊、十八盘到南天门是第二阶段的断续起伏。又经过天街、碧霞祠，直达玉皇顶，再去后石坞等，这是第三阶段的断续起伏。

（4）园林植物景观序列的季相与色彩布局

园林植物是景观的主体，然而植物又有其独特的生态规律。在不同的立地条件下，利用植物个体与群落在不同季节的外形与色彩变化，再配以山石水景、建筑道路等，必将出现绚丽多姿的景观效果和展示序列。如扬州个园内春植翠竹配以石笋，夏种广玉兰配以太湖石，秋种枫树、梧桐配以黄石，冬植蜡梅、南天竹配以白色英石，并把四景分别布置在游览线的4个角落，在咫尺庭园中创造了四时季相景序。一般园林中，常以桃红柳绿表春，浓荫白花主夏，红叶金果属秋，松竹梅花为冬。

(5) 园林建筑群组的动态序列布局

园林建筑在园林中所占比重小，但它是某园区的构图中心，起到画龙点睛的作用。由于使用功能和建筑艺术的需要，对建筑群体组合本身以及对整个园林中的建筑布置，均应有动态序列的安排。对一个建筑群组而言，应该有入口、门庭、过道、次要建筑、主体建筑的序列安排。对整个园林而言，从大门入口区到次要景区，最后到主景区，都有必要将不同功能的景区有计划地排列在景观序列轴线上，形成一个既有统一展示层次，又有多样变化的组合形式，以达到应用与造景之间的完美统一。

小　结

园林美是人们在社会生活中对事物的审美不断积累形成的，对园林形式和风格的形成影响深远。园林艺术作品，不论其内容如何，必定有一个完善的艺术形式来表现它的内容，形式与内容要协调一致。园林艺术按照形式美的规律来创造园林景观，形式美法则在园林艺术设计中具有重要意义。园林风景是在园林绿地上，以自然美为特征的经人为加工的游憩空间环境。游人对园林景观的欣赏方式可自由选择，但观赏方式的适当与否对观赏效果影响较大。园林景观处理是园林设计的基础，适宜的造景手法能对园林布局起到锦上添花的作用。

思考与练习

1. 简述园林美的特点以及园林美在园林中的表现。
2. 简述园林构图的基本要求。
3. 什么是形式美的原则？
4. 园林构图中怎样运用尺度原则？
5. 简述节奏韵律的表现形式及其特征。
6. 园林空间布局的基本形式有那些？
7. 举例说明平视、仰视、俯视的景观效果及其在园林中的应用。
8. 简述借景的内容及形式。
9. 简述题景手法在园林中的作用。
10. 园林中的色彩有哪几类？

单元 3
园林各组成要素规划设计

学习目标

【知识目标】
(1) 了解园林构成要素的类型、功能和作用；
(2) 掌握园林各构成要素的设计原则；
(3) 掌握园林各构成要素的设计要点和方法。

【技能目标】
能够进行园林各构成要素的独立设计及综合设计。

3.1 园林地形设计

3.1.1 地形设计

园林地形是指园林绿地中各种起伏形状的地貌，在规则式园林中一般表现为不同标高的地坪、层次。

3.1.1.1 园林地形的功能与作用

(1) 骨架作用

地形是园林景观的基本骨架。植物、建筑、水体等景观常常以地形作为依托。地形的起伏产生了林冠线的变化，形成了跌宕起伏的建筑立面和丰富的视线变化。借助于地形的高差建造跌水、瀑布或溪流等，具有自然感。

(2) 分隔空间

利用地形可以有效地划分空间，使之形成具有不同功能或特点的区域。利用地形不仅能分隔空间，还能获得空间大小对比的艺术效果。

(3) 控制视线

在景观中，利用地形可以起到控制视线的作用。若地形比周围环境高，则视线开阔，具有延伸性，空间呈发散状，可组织成为园林观景，高处的景物明显，又可成为造景之地。若地形比周围环境低，则视线较封闭，空间呈积聚性，低凹处能聚集视线，可精心布置景物。

(4) 美学功能

地形的起伏不仅丰富了园林景观，还创造了不同的视线条件，形成了不同性格的空间。地形可以产生美感，能在光照和气候的影响下产生不同的视觉效应。

(5) 改善小气候

地形可以影响园林绿地某一区域的光照、温度、湿度、风速等生态因子，在景观中可用于改善小气候。

3.1.1.2 园林地形的主要类型

根据地形的不同功能和竖向变化，园林地形可分为陆地和水体两类，陆地又可分为平地、坡地和山地。

(1) 平地

平地是指坡度比较平缓的地形，在视觉上给人以强烈的连续性和统一性。该地形便于园林绿地设计和施工、园林建筑的建造、草坪的整形修剪，便于组织集会及文体活动等。园林绿地中的平地大致有草地、广场、建筑用地、体育活动用地等。为了利于排水，平地一般也要保持0.5%~2%的坡度。

(2) 坡地

坡地是倾斜的地面。根据地面的倾斜角度不同可分为缓坡、中坡和陡坡。坡地一般用作种植观赏，围合空间，提供界面，塑造多级平台等。在园林绿地中，坡地常见的表现形式有土丘、丘陵、山峦等。坡地常作为山地与平地间的过渡地形，从缓坡逐渐过渡到陡坡与山体连接；在临水的一面以缓坡逐渐深入水中，在园林中常运用这样的地形变化形成丰富的景观，是游人游览休息、欣赏风景的好去处。

(3) 山地

山地包括自然的山地和人工的堆山叠石。山地可以构成自然山水园的主景，组织空间，丰富园林的观赏内容，提供建筑和种植需要的不同环境，改善小气候。在园林中能起到主景、背景、障景、隔景等作用。园林中常用挖湖堆山的方法改变地形。人工堆叠的山称为假山，不同于自然景观中的真山，但它是自然景观的浓缩、提炼和概括，力求达到"一峰则太华千寻，一勺则江河万里"的效果。

(4) 水体

水是园林的灵魂，相当于人体的血液，是重要的园林要素。水体具有流动性和可塑性，是一系列连续的凹面地形，具有方向性，常伴有水池、溪涧、湖泊、瀑布、喷泉以及湿地等地形特征。园林水体充分体现着动中有静、静中有动，具有丰富的动态美和声音美，能渲染园林气氛和烘托园林空间。

3.1.1.3 园林地形设计的一般原则

(1) 因地制宜，顺其自然

因地制宜就是要以利用为主"高方欲就高台，低凹可开池沼"，结合造景及使用需求进行适当的改造，减少土方工程量，降低工程造价。

(2) 满足园林的功能要求

地形设计应满足各种使用功能的需求。在园林绿地中，开展的活动丰富多样。不同类型、不同使用功能的园林绿地对地形的要求各异。如游人集中的地方和体育活动场所，要求地形平坦；安静休息和游览观赏则要求有山林、溪流等。

(3) 满足园林的景观要求

在地形设计时，要考虑利用地形组织空间，创造不同的空间景观效果。地形的变化可将空间划分成大小不等的开朗或封闭的类型，使景观的立面轮廓富于变化。山水之间是相依相抱、水随山转的自然依存关系，要达到"虽由人作，宛自天开"的艺术效果。

(4) 满足园林工程技术的要求，土方尽量平衡

地形设计要符合稳定合理的技术要求。土方最好就地平衡，根据需要和可能，全面分析，使土方工程量达到最小限度，以节约成本。

3.1.1.4 园林地形的处理方法

(1) 地形的利用与改造

在地形设计中首先必须考虑的是对原有地形的利用。合理安排各种坡度要求的内容，使之与基地地形条件相吻合。如利用地形起伏，形成"隔景"；适当加大高差至超过人的视线高度，设置"障景"。地形改造应与园林总体布局同时进行，使改造的基地形条件满足造景的需要，满足各种活动和使用的需要。

(2) 排水和坡面稳定

地形起伏应适度，坡长应适中。当地形过陡、空间局促时可设挡土墙；较陡的地形可在坡顶设排水沟，在坡面上种植树木，覆盖地被物，布置一些有一定埋深的石块；若在地形谷线上，石块应交错排列。

(3) 坡度适宜

地形坡度不仅关系到地表水的排水、坡面的稳定，还关系到人的活动、行走和车辆的行驶。一般来讲，坡度小于1%的地形易积水，不太适合安排活动和使用的内容，若稍加改造即可利用；坡度介于1%~5%的地形排水较理想，适合安排绝大多数的内容，特别是需要大面积平坦地的内容，如运动场、停车场等；坡度介于5%~10%之间的地形仅适合于安排用地范围不大的内容，但这类地形的排水条件很好，而且有起伏感；坡度大于10%的地形只能局部小范围地加以利用。

(4) 地形造景

将地形改造与造景结合起来，在有景可赏的地方可利用坡面设置坐憩、观望的台阶；将坡面平整后做成主题或图案的模纹花坛或树篱坛；利用挡土墙做成落水或水墙等水景，挡土墙的墙面应充分利用起来，设计成与主题有关的叙事浮雕、图案(图1-3-1)。

3.1.2 园林平地设计

平地园林是园林中坡度较缓的用地，坡度范围在3%以下。在园林设计中，平地必须占有一定的比例，在园林中根据功能要求必须有足够的平地，以满足群众性的集散活动和风景游览的要求，地形平坦具有景观空间的连续性和方向的扩张感。所以，园林设计中平

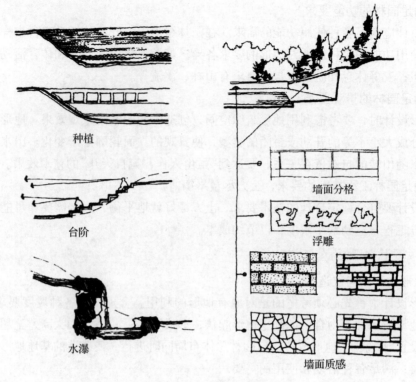

图 1-3-1 地形处理的措施与造景

地必不可少。园林中的平地有草坪、铺装广场等。

3.1.3 园林坡地设计

坡地就是倾斜的地面，坡地打破了单调感，使地形具有明显的起伏变化，园林空间具有方向性和倾向性。坡地根据倾向度不同可分为缓坡、中坡和陡坡。

(1) 缓坡

坡度范围在 3%~10%，道路和建筑的设计不受地形的控制。缓坡可以设计集散活动场地、游憩草坪、疏林草地等。可以在缓坡上种植彩叶植物或花灌木，以充分体现植物色彩美和丰富的季相变化，如红枫林、紫叶李林、银杏林等。

(2) 中坡

中坡坡度范围在 10%~25%，一般不适宜开展群众性集散活动。若设计园路，要采用台阶或梯道的形式，一般要顺着等高线设置；需进行一些改造地形的土方工程，才能修建房屋。

(3) 陡坡

陡坡坡度范围在 25%~50%，一般不允许游人入内，一般作为种植用地。坡度范围在 25%~30% 主要以草地为主，坡度范围在 25%~50% 主要以树木为主。

3.1.4 园林山地设计

园林山地是指坡度较大的地形，包括自然山地和人工堆山。根据材料不同可分为土山、石山和土石山。

(1) 土山

土山坡度较缓，坡度范围在1%~33%。土壤自然安息角在30°以内，可以直接用园内土堆置。工程造价低，土山占地面积大，不宜设计太高，获得艺术效果的难度大。

(2) 石山

石山坡度较陡，坡度范围在50%以上。可以构成各种陡峭之势，占地面积小，艺术效果好，但工程造价高。

(3) 土石山

土石山以土为主，其中土占到70%，石占到30%，石材选择应做到：青（青石为主）、瘦（形体苗条）、挺（挺拔）、秀（秀丽）。土石山可分为土包石和石包土两种，无论采用哪种形式都必须做到"露骨"，也就是要把石头露出来。

① 土包石　以土为主体，在山脚、山腰、山顶等适当位置点缀山石，以增加山势，但占地面积大，不宜太高。

② 石包土　土山的外围包一层山石，坡度较大，占地面积小，可以堆得高些。

3.1.5　园林假山设计

假山是以自然山体为蓝本，经过人工加工与提炼所形成的山体，通常所说的假山包括堆山（掇山）和叠石（置石）。

3.1.5.1　堆山

(1) 堆山的应用

堆山可作为主景、障景或隔景、背景、眺望点。

(2) 堆山的类型

① 根据材料不同　可分为土山、石山和土石山。

② 根据形状不同　可分为长条形、团聚形和其他形状。

③ 根据数量不同　可分为独山、群山和丘陵。

(3) 堆山的设计与绿化营造

① 主景　应突出山体高耸、雄伟、高大之势，山体的走向应为东西走向，即坐南朝北，采用全园构图中心法、主体升高法、缩短视距法、增大观赏仰角法，高度为10~30m。绿化营造时应体现山体高大雄伟之势，可以在山顶种植松柏类植物。

② 障景或隔景　屏障视线，引导园林空间，分隔园林空间，增加园林空间的中间层次。采用长条形山体，造型宜蜿蜒、自由、灵活，体量不宜过高。绿化营造时应体现山体的层次感，可以在山腰和山脚种植植物，但是应注意色彩的层次变化，多选用常绿植物和和彩叶植物。

③ 背景　以群山当背景，绿化营造时应体现山体的深层感，做到"露脚不露顶，露顶不露脚""露顶不露头，露头不露脚"。即山脚要露出来，则应在山顶上种植物；反之，若山顶要露出来，则应在山脚种植物。

3.1.5.2 置石

置石是在园林面积受到限制时直接用山石造景的手法。包括点石成景和整体构景两种。

(1) 点石成景

点石成景是把山石零星地放置在园林中,以体现山石的个体美或局部组合美。

① 特置(单点)　是在园林中单独放置一块山石的手法。主要是为了体现山石的个体美,选择的山石要求:瘦、漏、皱、透、奇。在园林中可作主景、障景、点景等,可以布置在路边、草坪上、院落中央、水边、大树下、建筑物旁,可以直接放在地上,或一部分埋于土中,或者放置在基座上。

② 对置　将两块山石布置在相对的位置上,相互呼应、相互对称的方式。对置可以是对称的也可以是不对称的。一般可以布置在庭院门前两侧、路口两侧、园路转弯处的两侧、河口两岸等。

③ 群置　是把几块山石按照一定的构图关系放置的形式。主要是为了展现山石放置在一起的组合美。在放置时要做到:相邻的3块山石不能在一条直线上,应大小不等、距离不等,不能对称放置。群置石的布置很多,如建筑物旁和园林角隅处,道路的转弯处等。

④ 散置　是把许多山石零星散布在园林中的形式。主要是为表现山石的群体美。放置时要做到:大大小小、高高低低、有疏有密、断断续续、左顾右盼、前后呼应。散置布置的位置很广,可以布置在山脚、山坡、山顶、湖边、溪涧河流、林地中、花境中及园路旁。

(2) 整体构景

整体构景是把许多山石堆叠在一起,作为一个整体表现出来。主要是为表现山石的整体美,在园林中可作主景和背景。在设计时必须遵循"二宜、四不、六忌"原则。

① 二宜　造型宜朴素,不故意做作;手法宜简洁,不过于繁琐。

② 四不　石不能杂;块不宜匀;纹不可乱;缝不可多。

③ 六忌　忌似香炉蜡烛;忌似笔架花瓶;忌似刀山剑术;忌似铜墙铁壁;忌似城郭堡垒;忌似鼠穴蚁蛭。

3.1.6　园林水体设计

3.1.6.1　园林水体的作用

水是园林中最活跃的要素,极富有变化和表现力。在设计地形时,应该同时考虑山和水,使山水相依,山得水活,水依山转,相得益彰。

(1) 静态水体效应

静态水体是指不流动、相对平静状态的水体,通常表现为湖泊、池塘或流动缓慢的河流。这种状态的水开阔、坦荡、宁静、平和,同时还能映出周围景物的倒影,丰富景观层次,扩大景观的视觉空间(图1-3-2)。

（2）动态水体效应

动态水体常见于天然河流、瀑布、溪水和喷泉。水的动势和声响能引起人们的注意，吸引人们的视线。通常将水景安排在向心空间的交点、轴线的交点、空间的醒目处，使其突出并成为焦点。可以作为焦点布置的水景有喷泉、瀑布、水墙、壁泉等。动态水体的声响，如瀑布和喷泉的跌落声、湖水的拍岸声、雨打芭蕉等，既能完善水体景观，又能影响人们的情感，可以使人们产生兴奋、激动、沉思等情绪（图1-3-3）。

图1-3-2 静 水

图1-3-3 动 水

（3）纽带效应

纽带效应包括线型纽带作用（即水景具有将不同的园林空间、景点连接起来产生整体感的作用）和面型纽带作用（即水景具有将散落的景点统一起来的作用）（图1-3-4）。如扬州瘦西湖的带状水面绵延数千米，众多的景点或依水而建，或伸向水面，或几面环水，整个水面和两侧景点似一条翡翠项链，这就是线型纽带作用的表现；苏州拙政园，众多景点均以水面为底，许多建筑的题名都反映了与水面的关系，这就是面型纽带作用的表现。

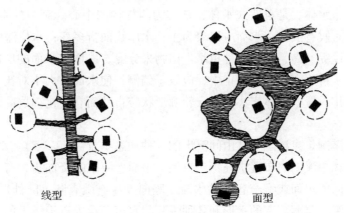
图1-3-4 水体的纽带效应示意图

（4）小气候效应

由于水体的热容量、导热率等不同于陆地，使得水域附近的气温变化和缓、湿度增加，小气候更加宜人，尤其是在夏季，故有"夏地树常荫，水边风最凉"之说。

3.1.6.2 园林水体的类型

(1) 自然式水体

自然式水体指边缘不规则、自然变化的水体。如保持天然的或人工模拟天然形状再造的河、湖、溪、涧、泉、瀑布等，水体在园林中随地形变化，有聚有散，有直有曲，有动有静。

(2) 规则式水体

规则式水体指外形轮廓为有规律的直线或曲线闭合而呈几何形的水体。如规则式水池、运河、水渠，以及几何体的喷泉、跌水、壁泉、瀑布等，常与山石、雕塑、花坛、花架等园林小品组合成景。

(3) 混合式水体

混合式水体是规则式水体与自然式水体有机结合的一种水体类型，吸收了前两种水体的特点，富于变化，比规则式水体更灵活自由，又比自然式水体更易于与建筑空间环境相协调。

3.1.6.3 水景设计要点

(1) 池

水池属于静水，有人工、天然两种，多按自然式布置，外形轮廓可以是规则的几何形状和不规则形状。在园林中布置水池有两个目的：一是利用水中的倒影，扩大视觉空间，增加空间韵味，形成"虚幻之境"。在种植上应注意不能让水生植物占据整个水面，以免妨碍倒影的产生，选用水生植物的种类宜简不宜杂。二是水池、喷泉、雕塑、假山石等配合，水位深度为20~80cm。进水口和出水口都应设计得相当隐蔽，尽量不被游人发现。

(2) 湖泊

湖泊属于静态水体，是自然式水体，常作为园林构图中心。湖泊的水面宜有聚有分，聚分得体，湖面有收有放，小水面应以聚为主；水岸线曲折多变；水位深度为80~150cm。较大的湖泊中可设堤、岛、桥，或种植水生植物来分隔，以增加水面的层次与景深，扩大空间感。堤、岛、桥不宜设在水面正中，应设于偏侧，使水面有大小对比变化。岛的数量不宜过多且忌成排设置，形体宁小勿大，轮廓形状应自然而有变化，数量最多2~3个。

(3) 溪涧

自然界中，溪涧是泉瀑之水从山间流出的一种动态水景(图1-3-5)。水流平缓者为溪，湍急者为涧。园林中溪涧的布置讲究师法自然，平面上要求蜿蜒曲折，有分有合，有收有放，形成大小不同的水面或宽窄各异的水流。竖向上应有缓有陡，陡处形成跌水或瀑布，落水处可构成深潭。溪涧多变的水形和各种悦耳的水声，给人以视听上的双重感受。在设计时，还要注意对溪涧的源头进行隐蔽处理，使游览者不知其源于何处，流向何方。凡急水奔流的水体都为岩岸，以防止水土流失；静水或缓流的岸可以是草岸或卵石浅滩。

(4) 瀑布

把水聚集到高处，让水从高处横断面突然向下倾泻的水景称为瀑布(图1-3-6、图1-3-7)。主要是欣赏水从上向下落下时的动态美和声响美。自然界的瀑布一般由5个部分构成：上游水流、落水口、瀑身、承水潭、下游泄水。其中，瀑布景观取决于落水口的形态

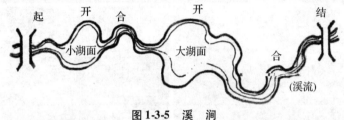

图 1-3-5 溪涧

图 1-3-6 宽瀑　　　　　　　　图 1-3-7 细瀑

特征，当然也受水量大小的影响。因此，在瀑布的设计上，通过水泵来设计水量，设定落水口的大小，从而设计瀑布景观。

瀑布按其形象和态势可分为直落式、叠落式、散落式、水帘式、喷射式；按其大小可分为宽瀑、细瀑、高瀑、短瀑、涧瀑。

(5) 喷泉

喷泉是由压力水喷出后形成各种喷水姿态，用于观赏的动态水景(图1-3-8)。城市园林绿地中的喷泉以人工喷泉为主，一般布置在城市广场、交通绿岛中心和公共建筑前庭中心等。喷泉是以喷射优美的水形取胜，整体景观效果取决于喷头嘴形及喷头的平面组合形式。现代喷泉的水姿多种多样，有水幕形、半球形、圆弧形、斜坡形、牵牛花形、蒲公英形等。随着现代技术的发展，出现光控、电控、声控以及电脑自动控制的喷泉，如音乐喷泉、间歇喷泉、激光喷泉等。喷泉的设计包括水池的设计、喷头的设计、管线布置、供水设备确定。

(6) 河流

园林中的河流应有宽有窄，有收有敛，有开阔和郁蔽之分。应有意识地在两岸安排一些对景、夹景等，并留出一定的透视线，使沿岸景致丰富。河流可多用土岸，配置适当的

图 1-3-8 喷 泉

植物，形成丰富的植物群落；局部可设置整形的条石驳岸和台阶。窄处可架桥，从纵向看，能增加景深和层次感。

(7) 驳岸

驳岸是一面临水的挡土墙，用以维持地面和水面的固定关系，防止地面被冲刷。不同形式的驳岸，可丰富水景的立面层次，增强景观的艺术效果。驳岸一般有自然山石驳岸、土石基草坪驳岸、钢筋混凝土驳岸、木桩驳岸等类型。

3.2 园路与广场设计

3.2.1 园路设计

3.2.1.1 园路的作用

(1) 组织交通

园路承担着游人的集散、疏导等组织交通的作用。此外，还满足园林绿化建设、养护管理的需要。

(2) 划分空间

园林中常常利用道路把全园划分成各种功能不同的景区，同时又通过道路，把各景区景点联系成一个整体。

(3) 引导游览

园路中的主路和一部分次级路被赋予明显的导游性，能引导游人按照预定路线进行游赏，使景观像一幅连续的画卷呈现在游人面前。

(4) 构成景观

利用园路的铺装形式进行某种园林意境的创造。如在一些古典园林中，通过中国化的吉祥图案铺地，带给人美好的祝愿。

3.2.1.2 园路的类型

(1) 主路

主路是联系园内各个景区、主要景点和活动设施的路。宽约6m左右，转弯半径较大，路线相对较直，中小型绿地一般路宽3~5m，大型绿地一般路宽6~8m。

(2) 支路

支路是设在各个景区内的路，它联系各个景点，对主路起辅助作用。考虑到游人的不同需要，在园路布局中，还应为游人开辟从一个景区到另一个景区的捷径。宽2~3m，自然曲度稍大，有优美舒展的曲线线条。

(3) 小路

又叫游步道，是深入到山间、水际、林中、花丛供人们漫步游赏的路，宽0.8~2m。

(4) 园务路

园务路是为便于园务运输、养护管理等而建造的路。这种路往往有专门的入口，直通公园的仓库、餐馆、管理处、杂物院等处，并与主路相通，以便把物资直接运往各景点。在古建筑、风景名胜处，园务路的设置还应考虑消防的要求。

3.2.1.3 园路设计要点

(1) 回环性

园林中的路多为四通八达的环行路，游人从任何一点出发应该都能遍游全园，不走回头路。

(2) 疏密适度

园路的疏密度同园林的规模、性质有关，公园内道路占总面积的10%~12%；动物园、植物园或小游园内，道路网的密度可以稍大，但不宜超过25%。

(3) 因景筑路

园路与景相通，所以在园林中是因景得路。

(4) 曲折性

园路随地形和景物而曲折起伏，若隐若现，以丰富景观，延长游览路线，增加层次感和景深，活跃空间气氛。

(5) 多样性

园林中路的形式是多种多样的。在人流集聚的地方或在庭院内，路可以转化为场地；在林间或草坪中，路可以转化为步石或休息岛；遇建筑，路可以转化为廊；遇山地，路可以转化为盘山道、磴道、石级、岩洞；遇水，路可以转化为桥、堤、汀步等。路又以它丰富的体态和情趣来装点园林，使园林又因路而引人入胜。

(6) 园路的铺装设计

园路的铺装设计，包括铺装的艺术形式、图案设计、材料设计、结构设计等。常见的

图 1-3-9　园路的铺装形式

园路铺装材料有石材、砖块、瓦、水泥预制块等。常见的园路铺装形式有花街铺地、卵石路面、雕砖卵石路面、嵌草面、块料路面、整体路面等。中国园林强调"寓情于景"，在面层设计时，要有意识地根据不同主题的环境采用不同的纹样、材料来加强意境。路面上可铺有以寓言故事、民间剪纸、吉祥用语、花鸟鱼虫等为题材的图案来装饰园林（图1-3-9）。

3.2.1.4　台阶、蹬道

台阶、蹬道是游人在变化的地形中游览时的重要游览路线，可增加游人视线的竖向变化。在构图上可以分隔空间，打破水平构图的单调感，产生美好的韵律感。

(1) 类型

① 开敞式　一般设置在景观效果较好的位置，游人在行走的过程中，随着视点的升高，周围的景物不断发生变化，有步移景异之感。

② 半开敞式　一般设置在地势较险要的位置，一侧为其他物体所遮挡，而另一侧则设有围栏，游人可通过此面观赏景色。

③ 全封闭式　主要设置在山体的中部，两面均为山石，视线封闭，常常会营造出"山重水复疑无路，柳暗花明又一村"的景观效果。

(2) 设计要点

当路面坡度超过12°时应设台阶，超过20°时必须设台阶，而且应有所提示，超过35°时应在其一侧设扶手栏杆，超过60°时应做蹬道。一般踏面宽为28～38cm，步高15cm左右，但不得低于10cm或高于16cm。若坡面较长、坡度较小而又必须设置台阶，可加大踏面宽度。考虑到排水、防滑等问题，踏面应稍有坡度，其适宜的坡度在1%左右。蹬道上升15～20级，应留出1～3m作为平台供游人小憩。

3.2.1.5 园桥、汀步

园桥是跨越水面及山涧的园路；汀步是园桥的特殊形式，也可看作点（墩）式园桥。

(1) 园桥

园桥按照建筑材料的不同可分为木桥、竹桥、石桥、铁桥、钢筋混凝土桥；按建筑形式的不同又可分为平桥、拱桥、曲桥、亭桥、廊桥、吊桥、铁索桥、浮桥等。

在园林中，园桥的位置、材料和体型都应与周围环境相协调。园桥最好设置在水面最窄处，桥身与岸线应垂直。一般大水面下方要过船或欲让桥成为园中一景时多选拱桥，宜宏伟壮丽，重视桥的体型和细部的表现；小水面多选平桥，宜轻盈质朴，简化其体型和细部；引导游览或丰富水中观赏内容时多选曲桥。水面宽广或水流湍急者，桥宜较高并加设栏杆；水面狭窄、水深较浅或水流平缓者，桥宜低并可不设栏杆。水陆高差相近处，平桥贴水，过桥有凌波信步之感；水位不稳定的可设浮桥。

(2) 汀步

汀步又称步石。浅水中以游人步伐为尺度，按一定的间距布设块石，微露水面，供游人信步而过。汀步有时用钢筋混凝土制作成荷叶形、树桩或仿石板形，质朴自然，别有一番情趣。

3.2.2 园林广场设计

园林广场是为了满足人们在园林中多种活动的需求，以建筑、道路、山水、地形等围合或限定的，由多种景观构成的户外公共活动空间。

3.2.2.1 园林广场的作用

园林广场有交通集散，组织集会，为游人提供游览休息、锻炼等活动场所的作用。

3.2.2.2 园林广场的类型

(1) 根据功能和性质分类

① 交通集散性广场　公园出入口处人流量较大，为了组织交通，保证广场上的游人互不干扰、畅通无阻所设置的场地。

② 休闲娱乐性广场　园林中供人们休憩、游玩和进行各种娱乐活动的场所。广场上可设置台阶、座椅等供人休息，也可以设置花坛、雕塑、喷泉、水池等供人观赏。

③ 生产管理性广场　专门用于园林管理和园林生产的一些场地。一般设置在便于与园务管理专用出入口、花圃、苗圃等取得联系的地方。

(2) 根据平面布局形式分类

① 规则式园林广场　一般位于园林出入口或规则式建筑空间中及建筑前。

② 自然式园林广场　一般位于自然式园林中的林荫下、水池旁或花架前。

③ 混合式园林广场　一般位于混合式园林中。

(3) 根据标高分类

① 平面型园林广场　广场的地面与周围道路地表标高相同，如一般出入口的集散型广场、普通的休闲娱乐广场等。

② 立体型园林广场　广场的地面与周围道路地表标高不同，有两种形式：上升式园林广场和下沉式园林广场。上升式园林广场也称高台广场，即在升高的地形上建平台，在平台举行仪式、活动和表演。下沉式园林广场是为了开展群众性集会和娱乐活动而建，广场的地面远远低于道路地面高度，中心处也可设喷泉、雕塑等，周围多设台阶看台，供游人观赏、休息。

3.2.2.3　园林广场的设计方法

(1) 园林广场的布局设计

① 与环境协调，布局新颖　园林广场总体上要在布局形式、艺术构图、各要素色彩选择及交通性等方面与周围环境相协调，体现特色。

② 比例合适，满足功能　广场的规模与尺度要结合周围园林景观和建筑的尺度、造型和功能进行综合考虑，要与周围景观相协调。

③ 合理布局，小品独特　园林广场的小品既要有艺术趣味性，又要满足功能性，还要在技术上充分考虑安全性，满足照明、排水等要求。

(2) 园林广场的设计原则

园林广场作为游人活动的重要场地，既是园林中的多功能性公共活动空间，也是园林中最能体现园林文化和艺术的景观空间，所以，在设计时应遵循以下4个原则：

① 以人为本原则　园林广场是为游人服务的，必须做到让人可达、可游、可留，体现以人为本的原则。首先要有足够的活动空间和硬质铺装，以供游人活动；其次要有丰富的生态景观和由植物提供的遮阴空间；最后要有必要的园林小品和服务设施。园林广场要布局合理、环境优美、功能齐全，能够满足游人休闲娱乐的需要。

② 园林特色原则　园林广场是以其个性化的特征来体现其生命力。首先，每个广场要体现人文精神、历史文化、地域风格等特色来区别于其他园林广场，避免千园一面；其次，在同一个园林中的每个广场应有其自身的特点，避免雷同。

③ 突出主题原则　园林广场是蕴含文化、最能反映园林主题的空间，园林中不同的广场空间应与各区域的园林景观和文化相结合，并围绕主题思想进行布局和设计。

④ 考虑效益原则　园林广场的布局要考虑园林的生态效益、社会效益和经济效益。在进行广场布局设计时，植物的布置，应注意生态环境效益；在广场植物造景时，应考虑突出园林的意境创造，展示园林的知识性和对游人的文化熏陶，注意社会效益；在园林广场的建设中，要充分考虑建造的成本，在节约的前提下构建节约型园林和园林广场，注意经济效益。

(3) 园林广场的铺装设计

园林广场的铺装是最能体现园林文化内涵和户外艺术风格的元素，所以，在园林广场设计时要重视其平面构图和色彩艺术。如园林入口广场与道路相接的一般为规则式铺装，这样显得大气、规整，同时也容易与周围环境相协调。

3.3 园林建筑与小品设计

3.3.1 园林建筑与小品的作用和类型

3.3.1.1 作用

(1) 构景

园林建筑常常作为园林的构景中心,控制全园。园林建筑在园林景观构图中常起着画龙点睛的作用。

(2) 观景

园林建筑常常也作为观景的场所,因此园林建筑的位置、建筑朝向、门窗位置和大小等均要考虑观景的要求。

(3) 组织游览

用建筑围合空间,以道路结合建筑的穿插,营造具有导向性的游动观赏效果。

(4) 围合园林空间

利用建筑围合一定的空间,将园林划分为若干空间层次。园林空间组合与布局是园林设计的重要组成部分,空间的变化可以给人不同的感觉。

3.3.1.2 园林建筑的类型

(1) 服务建筑

服务建筑主要为游人提供一定的服务,同时具有一定的观赏性,如摄影服务部、小卖部、茶馆、餐厅、厕所等。

(2) 游憩性建筑

游憩性建筑主要是指具有较强的公共游憩、休息功能和观赏作用的建筑,如亭、台、楼、阁、轩、榭、舫、廊、塔等。

(3) 专用建筑

专用建筑主要是指使用功能较为单一,为满足某些功能而专门设计的建筑,如办公室、展览馆、博物馆、仓库等。

3.3.2 园林建筑与小品设计要点

(1) 确定主题

确定主题就是设计者根据功能要求、艺术布局要求和环境条件等因素,综合考虑其设计的意图,并作为设计过程中采用各种构图手法的根据。我国传统造园的立意重点考虑园林意境的创造,寓情于景,使人触景生情,达到情景交融。

(2) 园林布局

园林建筑在布局上,要因地制宜,巧于因借,善于利用地形,结合自然环境,与山石、水体、植物之间相配合,与自然融为一体。同时园林建筑的位置和朝向要与周围景物构成巧于因借、相互对比的关系。

(3) 空间处理

空间布局要求灵活多变，追求空间变换、虚实穿插、相互渗透，力求曲折变化、层次错落，形成不同空间的对比，增加空间层次，具有扩大空间的效果。

(4) 造型轮廓

园林建筑注重造型的美观，建筑轮廓、体形要有表现力，能增加园林画面的美感，建筑体量的大小和体态都要与园林景观协调统一。造型要力求表现园林特色、环境特色和地方特色。体量宜轻巧，形式宜活泼，力求简洁、明快、通透有度，达到功能与景观的有机统一。

(5) 比例尺度

园林建筑的尺度不仅要符合建筑本身的功能要求，还要考虑到建筑与空间环境之间的尺度关系。

(6) 色彩质感

利用色彩和质感组成各种构图的变化，可以增加园林空间的艺术感染力，同时获得好的艺术效果。

3.3.3 常见园林建筑与小品

3.3.3.1 亭

亭，特指一种有顶无墙的小型建筑，是供人停留休息之所。亭的空间构成的最大特点就在于它的"空"，即"虚"，这是一种内心境界。亭作为人与自然空间的媒体，使人充分融于大自然中，是一种沟通自然景物和人的内心感受的中介空间。

(1) 亭的功能

亭是供游人休憩和观景的园林建筑，主要是为了满足人们在游赏活动中驻足休息、纳凉避雨、眺望景色的需要，同时又是园中一景。

(2) 亭的类型

根据亭的平面形状可分为正多边形、不等边形、曲边形、不规则形平面亭以及半亭、双亭、组合亭等(图1-3-10)。

(3) 亭的位置

① 山上建亭　视野开阔，适于登高远眺。小山建亭，亭宜设在山顶，以丰富山形轮廓，但不宜设在山形几何中心之顶；中等高度的山建亭，宜在山脊、山顶、山腰处；大山建亭，宜在山腰台地、次要山脊、崖旁峭壁之顶、蹬道旁等处。

② 临水建亭　小水面建亭宜低临水面；大水面建亭，宜设置临水高台，在台上或较高的石矶上建亭。

③ 平地建亭　一般建于道路的交叉口、路侧的林荫之间。有的为一片花木山石所环绕，形成一个小的私密性空间；有的则在自然风景区的路旁或路中筑亭，以此作为进入主要景区的标志。

六角亭——拙政园荷风四面亭

圆亭——拙政园笠亭

半亭——网师园冷泉亭

欧式亭

图 1-3-10　亭

3.3.3.2　廊

廊是亭的延伸，是上有屋顶，周无围蔽，下无居处，供人行走的立体的路。

(1) 廊的功能

在园林中，廊作为联系各个建筑的通道，能引导视角多变的导游路线，成为园林内游览路线的组成部分。它既有遮阳避雨、休憩、交通联系的功能，又能划分景区空间，丰富空间层次，增加景深，本身也可作为园中之景。

(2) 类型

① 按位置分　分为平地廊、水走廊、桥廊、爬山廊等（图 1-3-11）。

② 按平面形式分　分为直廊、曲廊、回廊等。

③ 按剖面分　分为双面空廊、单面空廊、双层廊、暖廊、复廊、单支柱廊等。

(3) 体量尺度

廊开间不宜过大，宜在 3m 左右，而一般廊净宽在 1.2~1.5m，现在也有在 2.5~3.0m 之间，以适应客流量增长的需要。廊顶为平顶、坡顶、卷棚均可。廊柱一般柱径 150mm，柱高 2.5~2.8m，柱距为 3m，方柱截面控制在 150mm×150mm~250mm×250mm，长方形截面柱长边不大于 300mm。

平地廊　　　　　　　　　水走廊

桥廊　　　　　　　　　爬山廊

图 1-3-11　廊

3.3.3.3　榭

榭是建在岸边紧贴水面的小型园林建筑，是在水边架起平台，平台一部分架在岸上，一部分深入水中。平台跨水部分以梁、柱凌空架设于水面之上，临水围绕低平的栏杆或设靠椅供休息依凭。平台靠岸部分建有长方形的单体建筑，建筑四周开敞通透，或四面做落地长窗。

(1) 榭的功能

供人休息、观赏风景，用平台深入水面，以提供身临水面的开阔视野。

(2) 榭的设计要点

水榭应尽可能地突出于池岸，造型与水面、池岸结合，以强调水平线条为宜，宜尽可能贴近水面。位置宜选在水面有景可借之处，并以在湖岸线突出的位置为佳，要考虑好确切的对景、借景视线；建筑朝向切忌朝西，因建筑物深向水面，且又四面开敞，难以得到绿树遮阴尤其夏季为游览旺季，切忌西晒；建筑地坪以低临水面为佳，当建筑地面离水面较高时，可将平台做上下两层处理，以取得低临水面的效果，榭的建筑风格应以开朗、明快为宜。要求视线开阔，立面设计应充分体现这一特点 (图 1-3-12)。

3.3.3.4　花架

花架是园林中以绿化材料作顶的廊，是攀缘植物的棚架，是建筑与植物结合的构筑物 (图 1-3-13)。

图 1-3-12　榭

(1) 形式

① 单片式　其主要作用是为攀缘植物提供支架。高度可根据需要而定，在长度上可以任意延长，材料可用木材或钢铁制作，一般布置在面积较小的环境中，特别是一些庭院。

② 单挑式　一排柱子支撑棚架，但柱不在格子条的中间，柱间或周围设计座椅供人就坐休息。

③ 双柱式　这是园林中最为常见的形式。先立柱，再沿柱子排列的方向布置梁，在两排梁上按照一定的间距布置花架条，两端向外挑出悬臂，在柱与柱之间布置坐凳或花窗隔断，不但可供游人休息，还具有良好的装饰效果。

④ 组合式　一般是直廊式花架与亭、景墙或独立式花架结合，形成一种更具观赏性的组合式建筑。

(2) 位置

① 地形起伏处布置花架，随地形变化，形成一种类似山廊的效果。

② 环绕花坛、水池、山石布置圆形的单挑花架，可为中心的景观提供良好的观赏点。

③ 园林或庭院中的角隅布置花架。

④ 与亭廊、大门结合，形成一组内容丰富的小品建筑，使之更加活泼。

(3) 设计要点

① 花架与植物的搭配　在设计花架时，应注意环境与土壤条件，使其适应植物生长的要求；要考虑植物与花架的适应性，合理设置花架的高度、栅格的粗细、间距以及种植池的位置及大小，以利于植物的生长和攀缘。

② 花架的材料　常用的材料有竹、木、石、钢筋混凝土、金属材料等；植物材料多为蔓性且有观赏价值的植物，如紫藤、凌霄、葡萄、金银花等。

③ 花架尺度与空间　花架尺度要与所在空间和观赏距离相适应，每个单元的大小要与总的体量相配合。

④ 花架造型　花架式样要与环境建筑相协调，如环境为西式建筑，花架可用柱式的造型。为了结构稳定及形式美观，柱间要考虑设花格与挂落等装饰，同时也能有助于植物的攀缘。

单片式花架　　　　　　　　单挑式花架

双柱式花架　　　　　　　　组合式花架

图 1-3-13　花　架

3.3.3.5　景门、景窗

(1) 景门的形式

① 仿生形　如月洞门、葫芦门、梅花门、汉瓶门、如意门等。

② 几何形　如圆门、方门、多角形门等(图 1-3-14)。

图 1-3-14　景　门

(2) 景窗的类型

① 空窗　指不装漏花的空洞，常作为景框，与其后的竹丛、花木、山石等形成框景，起到扩大空间、增加景深的作用(图1-3-15)。

② 漏窗　指在窗洞中设分格，透过漏窗观景给人一种空间似隔非隔、景物似隐非隐的效果，增添园林的意境。漏窗可分为花纹式和主题式(图1-3-16)。

(3) 设计要点

形式的选择应从寓意出发，兼顾人流量的大小。尺度上要同所在建筑物相关部分的尺度相协调，与周围环境相统一，丰富景观效果。

图1-3-15　空　窗

图1-3-16　漏　窗

3.3.3.6　园凳、园桌

(1) 功能

园桌、园凳不仅是休息、赏景的设施，还能点缀园林环境，成为园林装饰性小品。

(2) 位置

① 在路的两侧设置时，宜交错布置，切忌正面相对，以免影响游人的交谈。

② 在园路的拐弯处设置坐凳时，应开辟出一小空间，以免影响游人的通行。

③ 在规则式广场设置坐凳时，宜布置在周边，以免影响他人的活动。

④ 在路的尽头设置坐凳时，应在尽头开辟一小场地，将园凳布置在场地周边。

⑤ 在选择园凳位置时，必须考虑游人的使用要求，特别是在夏季。例如，在北方园凳应安排在落叶阔叶树下，以便夏季乘凉，冬季晒太阳。

(3) 设计要点

常见的园凳形式有长条直凳、圆凳、仿动植物造型凳、自然山石桌凳等(图1-3-17)。

图 1-3-17 园 凳

为了互不干扰，坐凳间一般要保持 10cm 以上的距离。可利用地形、植物山石等适当分隔空间，创造一些相对独立的小环境，以满足各类游人的需要。坐凳的尺度要适当，符合人体的尺度，高度宜在 30cm 左右，使人感到舒适。

3.3.3.7 园林围栏

(1) 功能

园林围栏不仅具有防护功能，还能点缀装饰园林环境，满足园林景观的需要；分隔园林空间，组织疏导人流及划分活动范围；改善城市园林绿地景观效果，从视觉上扩大绿地空间，美化市容。

(2) 设计要点

园林围栏的材料常见的有竹材、钢筋混凝土、木材、金属材料等。围栏的尺寸包括围栏的高度和每组围栏的长度。以防范作用为主的围栏应高一些，一般为 1.5~2.0m；用于分区边界及危险处、水边、山崖边的，高 0.8~1.2m；以观赏或陪衬作用为主的围栏可低一些，一般为 0.3~0.5m。围栏的长度分为单组长度和总长度，总长度和高度要求保持一定的比例关系。一般来讲，如果总体长度较长且高度在 1m 以上，要求每组围栏的长度在 2.5~3m 左右；而高度较低的每组长度要短些，可以在 1.5~2m。

3.3.3.8 园林雕塑

园林雕塑以观赏性、装饰性为主性，是一种具有三维空间、有强烈感染力的造型艺术。现代园林中，多利用雕塑艺术充实造园意境。雕塑的题材不拘一格，形体可大可小，刻画的形象可具体、可抽象，表达的主题可严肃、可轻松，应根据园林造景的性质、环境条件而定。

(1) 类型

① 具象雕塑　是一种较易被接受和理解的艺术形式，基本上以写实和再现客观对象为主，也可以在保证真实形象的基础上，适当夸张变形。具象雕塑具有形象语言明晰，指导意义确切，容易与观赏者沟通的特点 (图 1-3-18)。

② 抽象雕塑　指打破自然中的真实形象，多运用点、线、面、体块等抽象符号加以组合，具有强烈的感情色彩和视觉震撼力的一种艺术形式（图1-3-19）。

（2）设计要点

① 应考虑与周围环境的关系，既要保持协调，又要有良好的观赏距离和角度。园林雕塑可配置于规则式园林的广场、花坛、林荫道上，也可点缀在自然式园林的山坡、草地、池畔或水中。

② 尺度要有合适的比例，并考虑雕塑本身的朝向、色彩及背景关系，使雕塑与园林环境相得益彰。

图1-3-18　具象雕塑

图1-3-19　抽象雕塑

3.4　园林植物种植设计

园林设计是以植物造景为主体的环境景观设计，植物造景是园林工程的主要手段。植物种植设计是植物造园的基本手法，园林植物种植设计包括两个方面：一方面是各种植物之间的艺术配植，另一方面是园林植物与其他园林各要素（如山石、水体、园林建筑和小品、园路等）之间的巧妙配合。

3.4.1　园林植物的作用

（1）生态作用

植物能在园林绿地中创造舒适的小气候，形成良好的小气候环境，即：能够调节温度、调节湿度、调节气候；能够对城市环境起到保护和改善的作用，维护二氧化碳和氧气的平衡，吸收有害气体，吸滞尘埃，净化空气，减少噪音，净化水体，防止水土流失。香味等都能产生独特和丰富的景观效果。

（2）造景作用

① 在园林中可以作为主景，充分表现园林植物的观赏性。

② 可以作背景，与其他园林要素形成鲜明的对比，从而突出园林植物的群体效果和整体感。

③ 园林植物能够组织和分隔空间，利用园林植物屏障，分隔和引导视线。

④ 园林植物能够对园林建筑物和构筑物起到立体的装饰作用，能达到软化线条的效果。

3.4.2 园林植物种植设计的一般原则

（1）满足园林绿化的性质和功能要求

各类园林绿地常具有不同的性质和功能，如街道绿地的目的是遮阴、美化街景、组织交通等，植物种植要满足其功能。

（2）满足园林艺术的构图需要

① 要符合园林的总体布局要求　园林的总体布局为规则式，则园林植物常常采用规则式的布局手法，如乔灌木对植、行植、列植等；而园林植物在自然式布局中则采用丛植、群植、林植等形式。

② 要考虑园林季相景观效果　园林植物的景观要随季节的变化而变化。在不同的季节中有不同的植物景观，即表现出园林植物特有的艺术效果。尽量达到春花、夏荫、秋实、冬绿的四季景观效果。

③ 要充分展现园林植物的观赏特征，追求园林的意境　园林植物的观赏特征是多方面的，如观形、观花、观果、观叶、闻味、听声等。

④ 要注重园林景观层次的设计　园林植物的种植设计不仅要考虑个体植物的观赏效果，还要考虑植物群体的景观效果，从而形成丰富的林冠线和林缘线；同时还需要考虑园林植物与其他园林组成要素之间的相互协调，使之成为一个完整的统一体。

（3）满足园林植物生长的生物学特性和生态习性

为了创造良好的园林植物景观效果，必须保证园林植物能够正常生长。因此，要因地制宜，做到适地适树，使园林植物的生态习性与栽植地的生态条件相符。在种植设计时要对所选植物的生态习性和栽植地的生态环境进行全面了解，尽量选择乡土树种，合理选用外来植物，才能达到理想的种植效果。

（4）满足合理的种植密度

园林植物的种植密度直接影响到功能的发挥。从长远考虑，要根据成年树木的树冠大小来确定种植间距；从近期景观考虑可计划密植，到一定时期再进行疏植，从而使园林植物达到合理的生长密度。同时，在确定密度时还应该兼顾速生树与慢生树、常绿树与落叶树之间的比例，以保证在一定的时间内园林植物群落的稳定性。

（5）注重植物造景的经济条件

在进行植物种植设计时，一定要注意经济原则，考虑园林景观的经济效率。在规划设计时尽量保留园林绿地原有树种，慎重使用大树造景，合理使用珍贵树种，大量应用乡土树种等，同时还要考虑养护管理费用。

3.4.3 乔、灌木的配置与应用

乔、灌木是园林植物中的骨干材料，在园林绿化工程中起着骨架支柱作用。乔、灌木具有较长的寿命，独特的观赏价值、经济生产作用和卫生防护功能，且乔、灌木的种类多样，既可单独栽植，也可与其他材料组成丰富多变的园林景观，在园林绿地中占的比重较大。

3.4.3.1 孤植

孤植树又称为独赏树、标本树或园景树。孤植是指乔木或灌木的孤立种植类型，但并非只能栽种一棵树，也可将2~3株同种树木紧密地种在一起（必须是同一树种且栽植距离小于1m），形成一个单元。孤植在园林中是为了体现个体美，作主景或为构图需要而种植。

(1) 功能

孤植是园林中广泛采用的一种自然式种植形式。在设计中多处于绿地平面的构图中心或构图的自然重心上而成为主景，可起到引导视线的作用，并可烘托建筑、假山或水景，具有强烈的标志性、导向性和装饰作用。如选择得当、配置得体，孤植树可起到画龙点睛的作用（图1-3-20、图1-3-21）。

图1-3-20 开敞草坪中的孤植树常成为主景　　图1-3-21 孤植树在植物丛中作主景

(2) 树种选择

孤植树作为景观主体、视觉焦点，一定要具有与众不同的观赏效果。适宜作孤植树的树种，一般需高大雄伟，树形优美，具有特色，且寿命较长，通常具有美丽的花、果、树皮或叶色。因此，在树种选择时，可以从以下几个方面考虑：

① 树形高大，树冠开展，如槐树、悬铃木、银杏、油松、合欢、香樟、榕树、无患子、七叶树等。

② 姿态优美、寿命长，如雪松、白皮松、金钱松、垂柳、龙爪槐、蒲葵、椰子、海枣等。

③ 开花繁茂，芳香馥郁，如白玉兰、樱花、广玉兰、栾树、桂花、梅花、海棠、紫薇等。

④ 硕果累累，如木瓜、柿树、柑橘、柚子、枸骨等。

⑤ 彩叶树种，如枫香、黄栌、银杏、白蜡、五角枫、三角枫、鸡爪槭、白桦、紫叶李等。

(3) 布置场所

① 开朗的大草坪或林中空地的构图重心上　开朗的大草坪是孤植树定植的最佳地点，但孤植树一般不宜种植在草坪的几何中心，而应偏于一端，种植在构图的自然重心上，与草坪周围的景物取得均衡与呼应，以增强其雄伟感，满足景观构图的需要。

② 开阔的水边或可眺望远景的山顶、山坡　孤植树以明亮的水色作背景，游人可以在树冠的庇荫下欣赏远景或活动(图1-3-22)。孤植树配置在山顶或山岗上，既有良好的观赏效果，又能起到改造地形、丰富天际线的作用。

③ 自然园路转弯处和花坛中心　孤植树可作为自然式园林的诱导树、焦点树，起到诱导游人的作用(图1-3-23)。

图1-3-22　水边的孤植

图1-3-23　园路转弯处的孤植

孤植树作为园林构图的一部分，必须与周围的环境和景物相协调。开阔空间，如开敞宽广的草坪、高地、山岗或水边，应选择高大乔木作为孤植树，并要注意树木的色彩与背景的差异性；狭小的空间如小型林中草坪、较小水面的水滨以及小庭园中，应选择体形与线条优美、色彩艳丽的小乔木或花灌木作为主景。

3.4.3.2　对植

对植是指两株或两丛相同或相似的树，按照一定的轴线关系，相互对称或均衡的种植方式。

(1) 功能

对植常用于建筑物前、广场入口、大门两侧、桥头两旁、石阶两侧等，起烘托主景的作用，给人一种庄严、整齐、对称和均衡的感觉，或形成配景、夹景，以增强透视的纵深感。对植的动势向轴线集中。

(2) 树种选择

对植多选用树形整齐优美、生长缓慢的树种，以常绿树为主，但很多花色、叶色或姿态优美的树种也适于对植。常用的有松柏类、南洋杉、云杉、大王椰子、假槟榔、苏铁、桂花、白玉兰、广玉兰、香樟、槐树、银杏、蜡梅、碧桃、西府海棠、垂丝海棠、龙爪槐等，或者选用可进行整形修剪的树种进行人工造型，以便从形体上取得规整对称的效果，如整形的黄杨、大叶黄杨、石楠等也常用作对植。

(3) 栽植形式

① 对称栽植　将树种相同、体型大小相近的乔木或灌木对称配置于中轴线两侧，两树连线与轴线垂直并被轴线等分。这种对植常在规则式种植构图中应用，多用于宫殿、寺庙、纪念性建筑前，体现一种肃穆的气氛。

② 非对称栽植　树种相同或近似，大小、姿态、数量有差异的两株或两丛树木在主轴线两侧进行不对称均衡栽植。动势向中轴线集中，于中轴线的垂直距离是大树近、小树远。非对称栽植常用于自然式园林入口、桥头、假山蹬道、园中园入口两侧，既给人以严整的感觉，又有活泼的效果，布置比对称栽植灵活。

3.4.3.3　列植

列植是乔木或灌木按照一定的株距成行栽植的种植形式，有单行、环状、顺行、错行等类型。列植形成的景观比较整齐、单纯，气势庞大，韵律感强，如行道树栽植、基础栽植、"树阵"布置。

(1) 功能

列植在园林中可发挥联系、隔离、屏障等作用，可形成夹景或障景，多用于公路、铁路、城市道路、广场、大型建筑周围、防护林带、水边，是规则式园林绿地中应用最多的基本栽植形式。

(2) 树种选择

列植宜选用树冠体形比较整齐、枝叶繁茂的树种，如树冠为圆形、卵圆形、椭圆形等。行道树要求有较强的抗污染能力，在种植上要保证行车、行人的安全，还要考虑树种的生态习性、遮阴功能和景观功能。常用的树种中，大乔木有油松、圆柏、银杏、槐树、白蜡、元宝枫、毛白杨、悬铃木、香樟、臭椿、合欢、榕树等；小乔木和灌木有丁香、红瑞木、黄杨、月季、木槿、石楠等；绿篱多选用圆柏、侧柏、大叶黄杨、雀舌黄杨、金边大叶黄杨、红叶石楠、水蜡、小檗、蔷薇、小蜡、金叶女贞、黄刺玫、小叶女贞、石楠等。

(3) 构图要求

列植分为等行等距和等行不等距两种形式。等行等距的种植，从平面上看是正方形或正三角形，多用于规则式园林绿地或混合式园林绿地中的规则部分。等行不等距的种植，从平面上看呈不等边三角形或四边形，多用于园林绿地中规则式向自然式的过渡地带，如水边、路边、建筑旁等，或用于规则式栽植到自然式栽植的过渡。

(4) 栽植要求

株行距取决于树种的种类、用途和苗木的规格以及所需要的郁闭度。一般情况下，大乔木的株行距为5~8m，中、小乔木为3~5m；大灌木为2~3m，小灌木为1~2m；绿篱的种植株距一般为30~50cm。

3.4.3.4　丛植

丛植是由两株到十几株同种或异种的乔木或灌木组合而成的种植类型。在园林绿地中广泛应用，是园林绿地中重点布置的种植类型，组成园林空间构图的骨架。丛植是具有整体效果的植物群体景观，主要反映自然界小规模植物群体的（群体美）形象美。这种群体美又是通过植物个体之间的有机组合与搭配来体现的（图1-3-24）。丛植除可作为局部空间的观赏主景外，也可起到庇荫、诱导、配景等作用。可布置在大草坪的中央、水边、土丘等处作为主景，还可以布置在出入口、园路的交叉口和转弯处，诱导游人赏景。丛植应注意当地的自然条件和总的设计意图，掌握树种个体和主景的相互关系，选择树种少，保持树丛的稳定，以达到理想效果。丛植的几种基本形式有：两株配合、三株配合、四株配合、五株配合等。

图 1-3-24 丛 植

(1) 功能

丛植是自然式园林中最常用的方法之一，它以反映树木的群体美为主，这种群体美又要通过个体之间的有机组合与搭配来体现，彼此之间既有统一的联系、又有各自的形态变化。在景观空间构图上，树丛常作为局部空间的主景或配景、障景、隔景等，还兼有分隔空间和遮阴的作用。

树丛常布置在大草坪中央、土丘、岛屿等处做主景或点缀在草坪边缘、水边；也可布置在园林绿地出入口、道路叉口和弯曲道路的部分，诱导游人按照设计路线赏景；可用在雕像后面，作为背景和陪衬，烘托景观主题，丰富景观层次，活跃园林气氛；运用写意手法，几株树木丛植，姿态各异，相互趋承，便可形成一个景点或一个特定空间。

(2) 树种选择

以遮阴为主要目的，树丛常选用乔木，并多用单一树种，如香樟、朴树、榉树、国槐，树丛下也可适当配置耐阴花灌木。以观赏为目的的树丛，为了延长观赏期，可以选用几种树种，并注意树丛的季相变化，最好将春季观花、秋季观果的花灌木和常绿树配合使用，并可于树丛下配置耐阴地被。

(3) 造景形式

① 两株配合　两株树必须既有调和又有对比，使两者成为对立的统一体。因此，两株配合首先必须有通相，即采用同一种树或外形相似的树种；同时，两株树必须有殊相，即在姿态、大小动势上有差异，使两者构成的整体活泼起来。如明朝画家龚贤所论"二株一丛，必一俯一仰，一欹一直，一向左一向右，一有根一无根，一平头一锐头，二根一高一下"。两株树的间距应该小于两树冠半径之和，以使之成为一个整体（图 1-3-25、图 1-3-26）。

图 1-3-25　两株树丛植构图与分组形式　　　　图 1-3-26　两株树丛植动势的呼应

② 三株配合　相同树种：3 株树分成两组，数量之比是 2∶1，体量上有大有小。单株成组的树木在体量上不能为最大，以免造成机械均衡而无主次之分（图 1-3-27）。

不同树种：如果是两种树，最好同为常绿树，或同为落叶树；或同为乔木，或同为灌木。3 株树的配置分成两组，数量之比是 2∶1，体量上有大有小，其中大、中者为一种树，距离稍远，最小者为另一种树，与大者靠近。

3 株树的平面构图为任意不等边三角形，不能在同一直线上或呈等边三角形、等腰三角形。

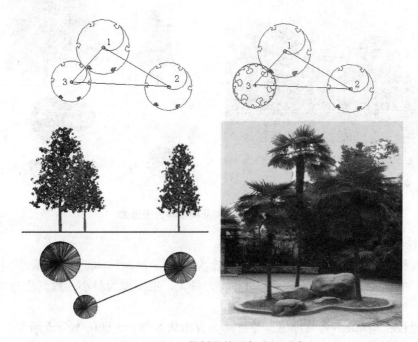

图 1-3-27　三株树丛构图与分组形式

③ 四株配合　相同树种：4 株树木分为两组，数量之比为 3∶1，切忌 2∶2，体量上有大有小，单株成组的树木既不能为最大，也不能为最小（图 1-3-28）。

不同树种：最多为两种树，并且同为乔木或灌木。4 株树木的配置分成两组，体量上有大有小，树种之比是 3∶1，切忌 2∶2。单株树种的树木在体量上既不能为最大，也不能为最小，不能单独成组，应在三株一组中，并位于整个构图的重心附近，不宜偏置一侧。

4 株树的平面构图为任意不等边三角形和不等边四边形，构图上遵循非对称均衡原则，忌 4 株呈一直线、正方形、菱形或梯形。

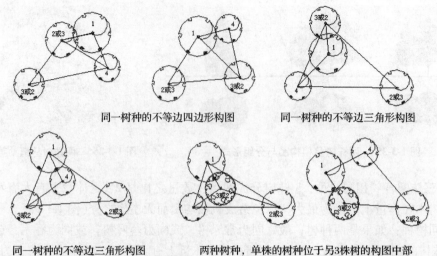

同一树种的不等边四边形构图　　同一树种的不等边三角形构图

同一树种的不等边三角形构图　　两种树种，单株的树种位于另3株树的构图中部

图 1-3-28　四株树丛构图与分组形式

④ 五株配合

相同树种：5株树木分为两组，数量之比为4:1或3:2，体量上有大有小。数量之比为4:1时，单株成组的树木在体量上既不能为最大，也不能为最小；数量之比为3:2时，体量最大一株必须在三株一组中（图1-3-29）。

不同树种：5株最多为两种树，并且同为乔木或灌木。5株树木分成两组，数量之比为4:1或3:2，每株树的姿态、大小、株距都有一定的差异。如果树种之比为4:1，单株树种的树木在体量上既不能为最大，也不能为最小，不能单独成组，应在四株一组中；如果树种之比为3:2，两种树种的树木应分散在两组中，体量大的一株应该是三株树种的树木（图1-3-30）。

五株配合的平面构图为不等边三角形、不等边四边形和不等边五边形，忌5株排成一条直线或成正五边形。

⑤ 六株以上配合　实际上就是二株、三株、四株、五株几个基本形式的组合。6~9株树木的配置，其树种数量最好不要超过2种。10株以上树木配置，其树种数量最好不要超过3种。

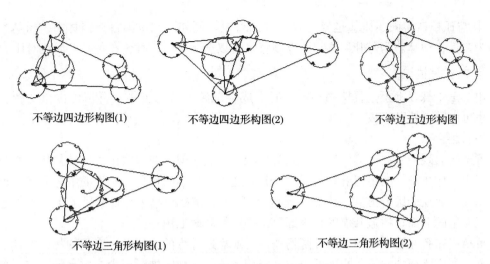

图 1-3-29　五株同种树丛构图与分组形式

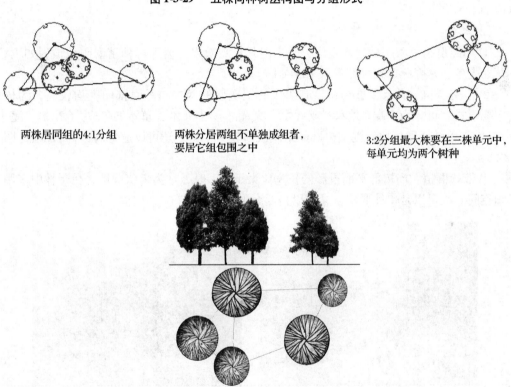

图 1-3-30　五株不同种树丛构图与分组形式

(4) 注意事项

① 树丛应有一个基本的树种，树丛的主体部分、从属部分和搭配部分清晰可辨。

② 树木形象的差异不能过于悬殊，但又要避免过于雷同。树丛的立面在大小、高低、层次、疏密和色彩方面均应有一定的变化。

③ 种植点在平面构图上要达到非对称均衡，且应在树丛周围给观赏者留出合适的观赏点和足够的观赏空间。

④ 与孤植树相同，树丛也要选择合适的背景。例如，在中国古典园林中，树丛常以白墙为背景；树丛若为彩叶植物组成，则背景可以选用常绿树种，在色彩上形成对比。

3.4.3.5 群植

由二三十株以上至数百株的乔木、灌木成群配置时称为群植。群植可由单一树种组成，也可由数个树种组成。

(1) 功能

群植所表现的主要为群体美，其观赏功能与树丛相似，在园林中可作背景用，在自然风景区中可作主景。两组树群相邻时又可起到透景、框景的作用。树群的组合方式一般采用郁闭式、成层的组合方式，群植内部通常不允许游人进入，因而不利于作庇荫休息之用，但群植的北面，树冠开展的林缘部分，仍可作庇荫之用。

群植应布置在有足够面积的开阔场地上，如靠近林缘的大草坪、宽阔的林中空地、水中小岛、宽广水面的水滨、小山的山坡、土丘上等，其观赏视距至少为树高的4倍，树群宽度的1.5倍以上。

(2) 类型

① 单纯群植　由一种树木组成，为丰富其景观效果，树下可种植耐阴地被，如玉簪、萱草、麦冬、常春藤、蝴蝶花等（图1-3-31）。

② 混交群植　具有多重结构，有明显的层次性的水平与垂直郁闭度均较高，为树群的主要形式。可分为5层（乔木、亚乔木、大灌木、小灌木、草本）或3层（乔木、灌木、草本）。与单纯树群相比，混交树群的景观效果较为丰富，还可以避免病虫害的传播（图1-3-32）。

③ 带状群植　当树群平面投影的长宽比大于4:1时，称为带状群植，在园林中多用于组织空间。既可以是单纯群植，又可以是混交群植。

图1-3-31　单纯群植

图1-3-32　混交树群

(3) 注意事项

① 树木种类不宜太多，骨干树种1~2种，并有一定数量的乔木和灌木作为陪衬，种类不宜超过10种，否则会显得凌乱。

② 树群栽植标高应高于草坪、道路、广场，以利于排水。

③ 群植属多层结构，水平郁闭度大，林内不适宜游人休息，因此，不应该在树群里安排园路。

④ 应选择高大、外形美观的乔木构成整个树群的骨架，以枝叶密集的植物作为陪衬，选择枝条平展的植物作为过渡或者边缘栽植，以求取得连续、流畅的林冠线和林缘线。乔木层选用的树种一般要有特别丰富的树冠姿态，亚乔木层选用开花繁茂或叶色艳丽的树种，灌木一般以花木为主，草本植物则以宿根花卉为主。

⑤ 布置方法。群植多用于自然式园林中，植物栽植应有疏有密，不宜成行、成列或等距栽植。林冠线、林缘线要有高低起伏和婉转迂回的变化，树群外围配置的灌木花卉都应成丛分布，错综交叉，有断有续，树群的某些边缘可以配置一两个树丛及几株孤植树，在构图设计时注意长度应小于50m，树木种植距离疏密有致，任意3株构成斜三角形，且忌成行、成排、成带状种植。单纯群植由同种树种组成，林下可配植耐阴的宿根花卉或地被植物作点缀。

3.4.3.6 林植

成片、成块地大量栽植乔、灌木称为林植，构成林地或森林景观的称为风景林或树林。

(1) 功能与布置

风景林的作用是保护和改善环境大气候，维持环境生态平衡；满足人们休息、游览与审美要求；适应对外开放和发展旅游事业的需要；生产某些林副产品。在园林中可充当主景或背景，起着空间联系、隔离或填充的作用。此种配置方式多用于风景区、森林公园、疗养院、大型公园的安静区及卫生防护林等。

(2) 风景林设计

风景林设计中，应注意林冠线的变化、疏林与密林的变化、林中树木的选择与搭配、群体内及群体与环境间的关系，以及按照园林休憩游览的要求留有一定大小的林间空地等，特别是密度变化对景观的影响。

① 密林　水平郁闭度在0.7~1.0，阳光很少透入林中，土壤湿度很大。地被植物含水量高，经不起踩踏，容易弄脏衣物，不便于游人活动。密林又有单纯密林和混交密林之分。

单纯密林：是由一个树种组成的，它没有垂直郁闭度景观美和丰富的季相变化（图1-3-33）。密林单纯应选用观赏价值高而生长强健的乡土树种，简洁、壮观，适于远景观赏。在种植时，结合地形的起伏变化，同样可以使林冠得到变化，林下配置一种或多种开花的耐阴或半耐阴草本花卉，以及开花繁茂的低矮耐阴灌木。为了提升林下景观的艺术效果，水平郁闭度不可太高，最好在0.7~0.8，以利于林地下植被的正常生长和增强可见度。

混交密林：是一个具有多层结构的植物群落，不同植物类型根据各自的生态要求，形成不同的层次，其季相变化比较丰富。供游人欣赏的林缘部分的垂直层构图要十分突出，但也不能全部塞满，影响游人欣赏林下特有的幽邃深远之美（图1-3-34）。密林中可以有自然路通过，但沿路两旁垂直郁闭度不可太大，必要时可以留出空旷的草坪，或利用林间溪流水体，种植水生花卉，也可以附设一些简单构筑物，以供游人做短暂的休息或躲避风雨之用。

图1-3-33 单纯密林　　　　图1-3-34 混交密林

密林种植，大面积的可采用片状混交，小面积的多采用点状混交。要注意常绿与落叶、乔木与灌木的配合比例，以及植物对生态因子的要求等。混交密林中一般常绿树占40%~80%、落叶树占20%~60%、花灌木占5%~10%。

单纯密林和混交密林在艺术效果上各有特点，前者简洁壮观，后者华丽多彩，两者相互衬托，特点突出，因此不能偏废。从生物学的角度看，混交密林比单纯密林好，园林中纯林不宜太多。

② 疏林　水平郁闭度在0.4~0.6，常与草地结合，故又称草地疏林，是园林中应用最多的一种形式。疏林中的树种应具有较高的观赏价值，树冠应开展，树荫要疏朗，生长要强健，花和叶的色彩要丰富，枝条要曲折多变，树干要美观，常绿与落叶树搭配要合适。树木的种植要三五成群，不污染衣服，尽可能让游人在草坪上活动，作为观赏用的嵌花草地疏林，应该有路可通，不能让游人在草地上行走，为了能使林中花卉生长良好，乔木的树冠应疏朗一些，不宜过分郁闭。

3.4.3.7 绿篱

凡是由灌木或小乔木以近距离的株行距密植，栽成单行或双行的，其结构紧密的规则种植形式，称为绿篱或绿墙。

(1) 功能

① 防护与界定功能　最古老、最原始、最普遍的作用是防范作用。绿篱的防护和界定功能是绿篱最基本的功能，一般采用刺篱、高篱或围篱形式，一般不用整形，但观赏要求较高或进出口附近仍然应用整形式。绿篱可在不能通行的地段用作组织游览路线，如观赏草坪、基础种植、果树区、规则种植区等用绿篱加以围护、界定，通行部分则留出路线（图1-3-35）。

② 分割空间和屏障视线　作为规则式园林的区划线，规则式园林中常以中绿篱作为分界线，以矮篱作为花境的镶边、花坛和观赏性草坪的图案花纹。作为屏障和组织空间之用。园林中常以绿篱屏障，分隔组成不同功能的空间，园林的空间有限，往往又需要安排多种活动用地，为减少互相干扰，常用绿篱或绿墙进行分区和屏障视线，以便分割成不同的空间。这种绿篱最好选用常绿树组成高于视线的绿墙。如把综合性公园中的儿童游乐区、露天剧场、体育运动区与安静休息区分割开来，这样才能减少相互干扰（图1-3-36）。

③ 作为花境、喷泉、雕像的背景　园林中常将常绿树修剪成各种形式的绿墙。作为喷泉和雕像的背景，其高度一般要高于主景，色彩方面则以没有反光的暗绿色树种为宜；

图 1-3-35　绿篱防护与界定

图 1-3-36　绿篱将活动空间与其他区域分割开来

作为花境背景的绿篱，一般为常绿的高篱和中篱。

④ 美化挡土墙或建筑物墙体　绿篱可美化挡土墙，在园林绿地中，常在有高差的两地间的挡土墙前面种植绿篱，以避免其立面上的单一，美化挡土墙的立面，起到立体的装饰作用。在各种绿地中，为避免挡土墙和建筑物墙体的单调，常在其前方栽植绿篱，避免硬质的墙面影响园林景观（图 1-3-37）。一般用中篱或矮篱，可以是一种植物，也可以是两种以上植物组成高低不同的色块（图 1-3-38）。

图 1-3-37　绿篱作基础装饰　　图 1-3-38　绿篱美化建筑物墙体

(2) 分类及其特点

① 根据高度不同分类

绿墙：高度在 1.8m 以上，主要功能是替代实体墙用于空间围合，多用于绿地的防范、屏障视线、分隔空间等。可选择龙柏、法国冬青、女贞、山茶、石楠、侧柏、圆柏、榆树等。

高绿篱：高度1.2~1.8m，主要功能是划分空间，遮挡视线，构成背景，组成专类园。植株较高，群体结构紧密，质感强，可选择法国冬青、大叶女贞、圆柏、榆树、锦鸡儿等。

中绿篱：高度0.5~1.2m，主要功能是分割空间、防护、围合、建筑基础种植。枝叶密实，观赏效果较好，可选择栀子、金叶女贞、小蜡、海桐、火棘、枸骨、红叶石楠、洒金桃叶珊瑚、变叶木、绣线菊、胡颓子、茶梅等。

矮绿篱：高度在0.5m以下，主要功能是构成地界，形成植物模纹，如组字、构成图案；花坛、花境镶边。植株低矮，观赏价值高，或色彩艳丽，或香气浓郁，或具有季相变化，可选择小叶黄杨、矮栀子、六月雪、紫叶小檗、月季、夏鹃、龟甲冬青、雀舌黄杨、金山绣线菊、金焰绣线菊、金叶莸、金叶女贞等。

② 根据功能要求与观赏要求不同分类

常绿篱：主要功能是阻挡视线、空间分割、防风，宜选择枝叶密集、生长速度较慢、有一定的耐阴性的常绿植物。可选择侧柏、圆柏、龙柏、大叶黄杨、翠柏、冬青、珊瑚树、蚊母树、小叶黄杨、海桐、月桂、茶梅、杜鹃花等。

落叶篱：主要功能是分割空间、围合、建筑基础种植。宜选择春季萌芽较早或萌芽力较强的植物，可选择榆树、丝绵木、小檗、紫穗槐、沙棘、胡颓子等。

花篱：主要功能是观花、划分空间、围合、建筑基础种植。多选用开花灌木、小乔木或者花卉材料，最好兼有芳香或药用价值，可选择绣线菊、锦带花、金丝桃、迎春、黄馨、栀子、木槿、紫荆、米兰、九里香、月季、贴梗海棠、棣棠、珍珠梅、溲疏等。

彩叶篱：主要功能是空间分割、围合、建筑基础种植。以彩叶植物为主，主要为红叶、黄叶、紫叶和斑叶植物，能改善园林景观，在少花的秋冬季节尤为突出，可选择金叶女贞、紫叶小檗、洒金桃叶珊瑚、金边大叶黄杨、红叶石楠、'金森'女贞、金山绣线菊、金叶小檗、金边桑、黄斑变叶木、红桑、'彩叶'杞柳等。

果篱：主要功能是观果、吸引鸟雀、空间分割、阻挡视线等。植物果形、果色美观，最好经冬不落，并可以作为某些动物的食物，可选择枸杞、冬青、枸骨、火棘、枸桔、忍冬、沙棘、荚蒾、紫杉等。

刺篱：主要功能是避免人、动物的穿越，强制隔离，防范。可选择玫瑰、月季、黄刺玫、山皂荚、枸骨、山花椒等。

蔓篱：主要功能是划分空间，需事先设置供攀附的竹篱、木栅栏或铁丝网篱。可选择金银花、凌霄、山荞麦、蔷薇、茑萝等。

编篱：主要功能是分隔和划分空间。宜选择枝条韧性较好的灌木，如紫穗槐、枸杞、雪柳。

③ 根据是否修剪分类

整形绿篱：绿篱修剪成具有几何形体的形式，称为整形篱。一般选用生长慢，分枝点低，结构紧密，不需大量修剪或耐修剪的常绿小乔木或灌木。常用于规则式园林中。

不整形绿篱：一般不加修剪或仅作一般修剪，分枝点低，下部枝叶保持茂密，呈半自然生长。多用于自然式的园林中。

(3) 绿篱的设计

① 整形绿篱　把绿篱修剪成具有几何形体的绿篱，其断面常剪成正方形、长方形、梯形、圆顶形、城垛、斜坡形等。整形式绿篱修剪的次数因树种生长情况及地点不同而各异。

② 不整形绿篱　仅做一般修剪，保持一定的高度，下部枝叶不加修剪，使绿篱半自然生长，不塑造几何形体。

(4) 绿篱植物的选择和养护

① 绿篱植物的选择　从本地区的环境条件（气温，日照，土壤条件）出发，选择生长旺盛、抗性强、容易繁殖、生长速度缓慢、分枝点低、株丛紧密、萌蘖能力强、耐修剪的植物做绿篱。植物材料本身应适合密植，在紧密栽植的条件下仍能正常生长或开花，枝叶茂密；耐修剪和萌芽力强，修剪以后能较快布满枝叶，保持旺盛的生长势。一般绿篱的株距为 0.3~0.5 m，行距为 0.4~0.6 m；绿墙的株距为 1~1.5 m，行距为 1.5~2 m。

② 绿篱植物的养护　栽植绿篱前要整地，施底肥。放样后挖出种植沟，一般深度为 30~50cm。常绿树种在春季及梅雨季节栽植较为安全；落叶树种宜在萌动前和落叶后栽植。每年最少修剪两次，才能维持较稳定的造型，根据绿篱植物的生态习性不同，通常在春季、雨季或晚秋进行。但对于花篱和果篱来说，则要根据开花习性来确定修剪时间。

3.4.4　花卉的配置与应用

花卉种类繁多，色彩鲜艳，易繁殖，生育周期短，因此，花卉是园林绿地中常用作重点装饰和色彩构图的植物材料。可作为出入口、广场的装饰，公共建筑附近的陪衬和道路两旁及转角、树林边的点缀。花卉的种植形式有：专类花园、花坛、花境、花丛和花群、花台和花池以及活动花坛等。

3.4.4.1　专类花园

(1) 类型

① 把同一属内不同种或同一个种内不同品种的花卉，按照它们的生态习性、花期早晚的不同以及植株高矮和色彩上的差异等种植在同一个园子中，常见的有：月季园、丁香园、牡丹园、鸢尾园、杜鹃花园等（如图 1-3-39）。

② 把同一科或不同科，但具有相同生态习性或花期一致的花卉，种植在同一个园子里。常见的有：岩石园或高山植物专类园、水生植物专类园、多浆类植物专类园等（图 1-3-40）。

(2) 设计要点

专类花园通常根据所搜集植物种类的多少而设计成不同的形式，建成独立性的专类公园；也可在风景区或公园里专辟一处，成为一独立景点或园中园。我国的一些专类花园还常用富有诗意的园名点题，来突出赏花意境，如用"曲院风荷"描绘出赏荷的意境。专类花园的整体规划，应以植物的生态习性为基础，进行适当的地形调整或改选；平面构图可根据需要采用规划式、自然式或混合式。在景观上既能突出个体美，又能展现同类植物的群体美。在种植设计上，要把不同花期、不同园艺品种的植物进行合理搭配来延长观赏期，还可运用其他植物与之搭配，加以衬托，从而达到四季有景可观的效果。专类花园在景观

图 1-3-39 专类花园(1)

图 1-3-40 专类花园(2)

上独具特色，能在最佳观赏期集中展现同类植物的观赏特点，给人以美的感受。

3.4.4.2 花坛

花坛是一种古老的花卉应用形式。花坛是在具有几何形轮廓的种植床内种植各种色彩的花卉，利用花卉的群体效果来体现图案纹样，或观赏盛花时绚丽景观的一种花卉应用形式。它以突出鲜艳的色彩或精美华丽的纹样来体现其装饰效果。花坛在环境中可作为主景，也可作为配景。

(1) 花坛的类型

① 根据规划设计形式分类　可分为独立花坛、花坛群、花坛组群、带状花坛群、连续花坛群。

独立花坛：在园林构图中作为局部的主体，常布置在建筑广场的中心，公共建筑正前方，公园出入口的空旷处，道路的交叉口等处(图 1-3-41)。独立花坛的平面构成常常是对称的几何形状，有单面对称，也有多面对称的。独立花坛以观赏为主，花坛内不设道路，所以为了使观赏纹样清晰，其面积也不宜过大，其位置可选在平面或斜坡上。

图 1-3-41　独立花坛

花坛群：是指由多个个体花坛组成的一个不可分隔的构图整体。个体花坛间为草坪或铺装地，且个体花坛间的组合有一定的规则，表现为单面对称或多面对称，其构图中心可以是独立花坛，还可以搭配其他园林景观小品，如水池、喷泉、纪念碑、园林雕塑等。常布置在建筑广场中心，大型公共建筑前或规则式园林的构图中心(图 1-3-42)。

图 1-3-42　花坛群

花坛组群：由几个花坛群组合成为一个不可分割的构图整体时，这个构图整体就称为花坛组群。花坛组群的规模要比花坛群更大。花坛组群通常布置在城市大型建筑广场上，大型公共建筑前。在大规模规则式园林中，花坛组群的构图中心是大型的喷泉、水池、假山、雕像(图 1-3-43)。

带状花坛群：是指宽度在 1m 以上，长度为宽度 4 倍以上的长条形花坛。带状花坛群是连续构图，在连续风景中带状花坛群可作为主体来运用，也可作为配景、草坪花坛的镶边、道路两侧或建筑墙基的装饰(图 1-3-44)。带状花坛可以是模纹式、花丛式或标题式的。

连续花坛群：多个独立花坛或带状花坛，呈直线排列成一行，组成一个有节奏规律的不可分割的构图整体时，称为连续花坛群。通常布置在两侧为通路的道路、林荫道、大型铺装广场、草地上等。连续构图中，要有起点、高潮、结束等安排，常用水池、喷泉、雕

图1-3-43　花坛组群

图1-3-44　带状花坛群

图1-3-45　连续花坛群

塑、园林小品等来强调装饰(图1-3-45)。

②按表现主题不同分类　可分为盛花花坛、模纹花坛、标题花坛、装饰物花坛。

盛花花坛以观花草本植物花朵盛开时，花卉本身群体的华丽色彩为表现主题。选择的花卉必须开花繁茂，在花朵盛开时，植物的枝叶最好全部为花朵所掩盖，花卉的花期必须一致。盛花花坛可以是由一种花卉组成，也可以由几种花卉组成。盛花花坛根据平面的长宽比不同又可以分为以下几种：

- 花丛式花坛：花坛的长宽比在1:1~1:3之间，可以是平面的，也可以是立体的。这种花坛一般作为主景应用，布置在广场中央、建筑物正前方。
- 带状花丛花坛：作为配景或连续风景中的独立构图，其宽度一般在1m以上。一般有一定的高出地面的种植床，种植床的周边有边缘石装饰。布置在城市街道、道路两侧。
- 花缘：花缘的宽度通常不超过1m，长轴比短轴长4倍以上。花缘由单独一种花卉做成，不作为主景处理，仅作为花坛、带状花坛、草坪花坛、草坪、花境、道路、广场基础栽植等镶边之用。

模纹花坛：包括毛毡式花坛，采结式花坛、浮雕花坛等。

• 毛毡式花坛：应用各种观叶植物，组成复杂精美的装饰图案，花坛的表面常修剪得十分平整，成为平面或和缓的曲面，整个花坛就像是一块华丽的地毯，所以称为毛毡花坛。五色苋是毛毡花坛最理想的材料。也可以选择其他低矮的观叶植物，或花期较长、花朵较小且密的低矮观花植物，植物必须高矮一致、花期一致，且观赏期长。

• 采结式花坛：纹样主要是模拟由绸带编成的绳结式样。主要选用锦熟黄杨、紫罗兰、百里香、薰衣草等，按照一定的图案纹样种植，成为绳结的纹样。要求图案的线条粗细相等。绳结与绳结之间用其他植物材料。

• 浮雕花坛：装饰纹样一部分凸出于表面，另一部分凹陷，就像木刻和大理石的浮雕一样。凸出的纹样通常由常绿小灌木组成，凹陷的平面则栽植低矮的草本植物。

标题花坛：包括文字花坛（最好设计在斜面上）、肖像花坛（技术难度最高）、图徽花坛（图徽是庄严的，设计必须严格符合比例尺寸，不能任意改动）、象征性图案花坛（图案要有一定的象征意义，但并不是像图徽花坛那样具有庄重及固定不变的意义，图案可以由设计者任意改变）等，每类都具有明确的表现主题。

装饰物花坛：具有一定的实用目的，包括日晷花坛、时钟花坛、日历花坛、毛毡瓶饰等。

③ 根据构图形式分类　可分为规则式、自然式、混合式。

④ 按空间位置分类　可分为平面花坛、斜面花坛、立体花坛（图1-3-46、图1-3-47）。

平面花坛：花坛表面与地面平行，主要观赏花坛的平面效果。

斜面花坛：花坛设置在斜坡或阶地上，也可以布置在建筑的台阶两旁或台阶上，花坛表面为斜面。

立体花坛：除了平面的表现能力外，立体花坛向空间伸展，具有竖向景观，常包括造型花坛、标牌花坛等形式。造型花坛是采用模纹花坛的手法，运用五色苋或小菊等草本观叶植物制成各种造型，如动物、花篮、花瓶、亭、塔等（图1-3-48）。标牌式花坛是用植物材料组成的竖向牌式花坛，多为一面观，使图案成为距地面有一定高度的垂直或斜面的广告宣传牌样式（图1-3-49）。

图1-3-46　平面花坛

图1-3-47　立体花坛

图1-3-48　造型花坛　　　　　　　　图1-3-49　标牌花坛

⑤ 按观赏季节分类　可分为春花花坛、夏花花坛、秋花花坛、冬花花坛。

⑥ 按观赏期长短不同分类　可分为永久性花坛、半永久性花坛、季节性花坛、节日性花坛。

永久性花坛：利用露地常绿木本植物、草坪和彩沙制作模纹花坛，是观赏期最长的花坛。这种花坛每年只要定期地修剪、施肥，可以维持10年以上。这类花坛在大面积的花坛群中比较经济，在纹样上虽然比较丰富，但色彩构图上不够华丽。

半永久性花坛：一类是以草坪花坛为主体，在草坪上用花卉点缀一些花纹或镶边。花卉是花叶兼美的露地多年生花卉，只要稍加修剪并用利刃切去草皮的边缘及灌溉、施肥等。另一类是以常绿木本植物为主体，配以花叶兼美的宿根花卉组成花坛，观赏期可达3~5年。在管理上比永久性花坛复杂，但是色彩更为华丽。

季节性花坛：这类花坛维持的时间最长是一年，一般为2~3个月，主要是由一年生草本组成。如果选用多年生草本植物，也是短期的。这是最常见的花坛形式。

节日性花坛：这是目前比较流行的一种形式，观赏期一般为15天左右，多以活动花坛的形式出现。

（2）花坛的设计

从花坛的应用方式来看有两种，即盛花花坛（突出色彩美）和模纹花坛（突出图案美）。

① 盛花花坛的设计

植物选择：以观花草本为主体，可以是一、二年生花卉，也可用球根或宿根花卉，适当选用少量常绿及观花小灌木作辅助材料。一、二年生花卉为花坛的主要材料，种类繁多，色彩丰富，成本较低。球根花卉也是盛花花坛的优良材料，色彩艳丽，开花整齐，但成本较高。适合作花坛的植物应株丛紧密，开花繁茂，花期长且开放一致，至少保持一个季节的观赏期。不同种花卉群体配合时，还要考虑花的质感相协调才能获得较好的效果，植株高度依种类不同而异，但以选用10~40cm的为宜，同时要容易移植、缓苗较快。常用的有三色堇、金盏菊、金鱼草、紫罗兰、福禄考、石竹类、百日草、一串红、万寿菊、孔雀草、美女樱、凤尾鸡冠、翠菊、菊花等以及球根花卉中的水仙类、郁金香、风信子等。

色彩设计：盛花花坛表现的主题是花卉群体的色彩美，因此，在色彩设计上要精心选择不同花色的花卉巧妙搭配。一般要求色彩鲜明、艳丽。盛花花坛常用的配色方法有对比色应用、暖色调应用、同色调应用。

图案设计：外部轮廓（即种植床）主要是几何图形或几何图形的组合。花坛大小要适度。一般观赏轴线的长度以8~10m为度。内部图案要简洁，纹样明显，要求有大色块的观赏效果。

② 模纹花坛的设计　模纹花坛主要表现植物群体形成的华丽纹样，要求图案纹样精美细致，有长期的稳定性，可供较长时间观赏。

植物选择：植物的高度和形状都与花坛图案纹样表现有密切关系，是选择植物材料的重要依据。低矮、细密的植物才能形成精美细致的华丽图案。因此，模纹花坛的材料要求以生长缓慢、枝叶细小、株丛紧密、萌蘖性强、耐修剪、耐移植、易栽培、缓苗快的观叶植物为主。通过修剪可使图案纹样清晰，并维持较长的观赏期。用于模纹花坛的植物有：五色苋类、白草、香雪球、三色堇、雏菊、半支莲、矮翠菊、孔雀草、矮一串红、矮万寿菊、荷兰菊、彩叶草及四季秋海棠等。

色彩设计：应以图案纹样为依据，用植物的色彩突出纹样，做到清晰而精美。

图案设计：模纹花坛以突出内部纹样精美华丽为主，因而种植床的外轮廓以线条简洁为宜，面积不易过大，否则在视觉上易造成图案变形。内部纹样可较盛花花坛精细复杂一些，但点缀或纹样不可过于细窄。因为花坛内部纹样过窄则难以表现图案，纹样粗宽色彩才会鲜明，图案才会清晰。

花坛的体量、大小也应与设置花坛的广场、出入口及周围建筑的高低成比例，一般不应超过广场面积的1/3，不小于1/15。花坛中心宜选用高大而整齐的花卉材料，如美人蕉、扫帚草、毛地黄、高金鱼草，也有用木材植物的，如苏铁、蒲葵、凤尾兰、雪松、云杉及修剪的球形黄杨、龙柏，花坛的边缘常用矮小的灌木绿篱或常绿草本作镶边栽植。如雀舌黄杨、紫叶小檗、葱兰、沿阶草等。

3.4.4.3　花境

花境是模拟自然界林地边缘地带多种野生花卉交错生长的状态。在园林中，不仅可以增加自然景观，还有分隔空间和组织游览路线的作用。花境在设计形式上是沿着长轴方向演进的带状连续构图，带状两边是平行或近于平行的直线或曲线。其基本构图单位是一组花丛，每组花丛通常由5~10株花卉组成，同一种花卉集中栽植。平面上看，各种花卉呈块状混植；立面上看，高低错落，犹如林缘的野生花卉交错生长。由各种花卉共同形成季相景观，每季以2~3种花卉为主，形成季相景观；植物材料以耐寒的、可在当地越冬的宿根花卉为主，间植一些：乔灌木、耐寒球根花卉或少量的一、二年生草本植物。

在园林中，花境是从规则式构图到自然式构图的一种过渡形式，它主要表现园林观赏植物本身所特有的自然美，以及观赏植物自然组合的群体美。具有季相变化丰富（南方季季有花可赏，北方三季有花可赏、四季常青）、管理粗放（栽植后一般3~5年不更换）的特点。其平面构成与带状花坛相似，种植床两边为平行的直线或几何形曲线。种植床应高出地面且产生小坡度，以利于排水。其长轴较长，短轴较短，所以景观构图是沿着细长轴方向演进的连续风景。植物的选择是以花期较长的多年生花卉及可越冬的花灌木为主，且应有丰富的季相变化。

(1) 花境的形式

① 单面观赏花境　配置成一斜面，低矮的植物种在前，高大的种在后面，常常以建筑物或绿篱作为背景，背景的高度可以超过人的视线，但也不能超过太多（图1-3-50）。

图 1-3-50　单面观赏花境　　　　　图 1-3-51　双面观赏花境

② 双面观赏花境　植株低矮的种在两边，较高的种在中间，中间植物高度不宜超过人的视线，不需要设背景(图 1-3-51)。

(2) 花境的布置

① 建筑物的墙基　建筑物与地面是垂直线与水平线构图，显得生硬，采用花境布置可以起到过渡和软化线条的作用，从而使建筑物与地面环境取得协调(图 1-3-52)。

② 道路上　在道路上适当地布置，可为环境及道路本身增加景色(图 1-3-53)。这种布置形式有以下 3 种：

图 1-3-52　花境作基础装饰

图 1-3-53　花境在道路上的布置

●在道路的中央，布置一列两面观赏花境，道路两侧可配置简单的草地和行道树或绿篱和行道树。

●在道路的两侧，分别布置一列单面观赏花境，并使两列花境动势向中轴线集中，成为一个完整的构景，其背景为绿篱和行道树。

●在道路两侧布置花境的基础上，道路中央再布置一列两面观赏花境，在连续的景观构图中，中央的一列两面观赏花境作为主调，道路两侧的两列单面观赏花境作为配景处理。

③ 花境和绿篱配置　规则式园林中或城市道路边，常应用修剪的绿篱或树墙来分隔，虽然显得整齐，但从景观上来讲略显单调，若在立面基部的前面布置单面观赏花境，便可使花境以绿篱为背景，绿篱以花境为点缀。不仅可弥补绿篱的单调，而且可构成绝妙一景，使二者相得益彰，在花境前设置园路，游人可欣赏景观。

④ 花境与花架、游廊配置　花境是一连续的景观构图，可满足游人动态观赏的要求。而城市公共绿地中的花架、游廊又较多，所以沿着花架、游廊的建筑基台来布置花境，可大大提高城市的景观效果。同时还可以在花境前设置园路，使花架、游廊内的游人和路上的游人均可观赏到景色。

⑤ 花境和围墙、挡土墙配置　城市中的围墙和挡土墙由于距离较长，立面显得单一或不美观，可以用植物进行装饰。在前面布置单面观赏花境，以墙面作为花境的背景，丰富围墙、挡土墙的立面景观。除用花境装饰外，也可用藤本植物进行绿化，效果也较美观。

⑥ 花境与草坪配合　宽阔的草坪上宜设置双面观赏花境，可丰富景观，组织游览路线。通常在花境两侧留出游步道，以便观赏。也可以在草坪四周配置单面观赏花境。通常在花境的前面设计道路或者直接与草坪相接。

⑦ 花境与宿根花卉园、家庭花园配合　在宿根花卉园或者面积较小的花园中，花境可在周边布置，这是花境最常用的布置方式。根据具体环境可设计成单面观赏、双面观赏或对应式花境。

(3) 花境的设计

① 种植床设计　花境的种植床是带状的，单面观赏花境的后边缘线多采用直线，前边缘线可为直线或自由曲线。两面观赏花境的边缘线基本平行，可以是直线，也可以是流畅的自由曲线。花境的朝向要求是：单面观赏花境可以是东西走向或南北走向，但是双面观赏花境和对应式花境则要求长轴沿南北向展开，以使左右两面的花境光照均匀，从而达到设计预期。要注意花境朝向不同，光照条件不同，因此在选择植物时要根据花境的具体位置有所考虑。

花境大小的选择取决于环境空间的大小。通常花境的长轴长度不限，但为管理方便及体现植物布置的节奏、韵律感，可以把过长的植床分为几段，每段长度以不超过20m为宜。段与段之间可留1~3m的间歇地段，设置座椅或其他园林小品。花境的短轴长度也有一定要求花境也应有适当的宽度，过窄不易体现群落的景观；过宽则超过视觉鉴赏范围造成浪费，也给管理造成困难。较宽的单面观赏花境的种植床与背景之间可留出70~80cm的小路，既便于管理，又有通风作用，并能防止作背景的乔灌木根系侵扰花卉。

种植床依环境土壤条件及装饰要求可设计成平床或高床，并且应有2%~4%的排水坡度要求。宜选择土质较好、排水力强的土壤。设置于绿篱、树墙前及草坪边缘的花境宜用平床，床面后部稍高，前缘与道路或草坪相平，给人以整洁感。在排水力差的土质上，阶地挡土墙前的花境，为了与背景协调，可用30～40cm高的高床，边缘用不规则石块镶边，使花境具有粗犷的风格；若使用蔓性植物覆盖边缘石，又会给人以柔和的自然感。

② 背景设计　单面观赏花境需要背景。花境的背景根据设置场所不同而各异。较理想的背景是绿色的树墙或高篱。也可以用建筑物的墙基及各种栅栏作背景，以绿色或白色为宜。如果背景的颜色或质地不理想，可在背景前选种高大的绿色观叶植物或攀缘植物，形成绿色屏障，再设置花境。背景是单面花境的组成部分之一，设计时应从整体加以考虑。

③ 边缘设计　花境边缘不仅确定了花境的种植范围，也便于前面的草坪修剪和道路清扫工作。高床边缘也可用自然的石块、砖头、碎瓦、木条等垒砌而成；平床多用低矮植物镶边，以15～20cm高为宜，可选用同种植物，也可用不同种植物，后者更自然。若花境前面为道路，边缘用草坪带镶边，宽度至少在30cm以上。若要求花境边缘分明、整齐，还可在花境边缘与环境分界处挖20cm宽、40～50cm深的沟，填充金属或塑料条板，防止边缘植物侵蔓路面或草坪。

④ 种植设计

植物选择：正确选择植物材料是花境种植设计成功的根本保证。花境种植设计是把植物的株形、株高、花期、花色、质地等主要观赏特点进行艺术性地组合和搭配，以营造优美的群落景观。选择植物应以能在当地露地安全越冬，不需特殊管理的宿根花卉为主，兼顾一些小灌木及球根和一、二年生花卉；花卉有较长的花期，且花期能分散于各季节。花序有差异，有水平线条与竖直线条的交叉。花色应丰富多彩，有较高的观赏价值。

色彩设计：花境的色彩主要由植物的花色来体现，宿根花卉是色彩较为丰富的一类植物，加上适当选用球根花卉及一、二年生花卉，可使得色彩更加丰富。花境的色彩设计中还应注意与周围的环境色彩相协调，与季节相吻合，避免某局部配色很好，但整个花境观赏效果差。花境色彩设计中主要有以下4种基本配色方法：

• 单色系设计：这种配色法不常用，只为强调某一环境的某种色调或满足一些特殊需要时才使用。

• 类似色设计：这种配色法常用于强调季节的色彩特征。如早春的鹅黄色，秋天的金黄色等，有浪漫的格调，但应注意与环境协调。

• 补色设计：多用于花境的局部配色，使色彩鲜明、艳丽。

• 多色设计：这是花境常用的方法，使花境具有鲜艳、热烈的气氛。但应注意根据花境大小选择花色、数量，若在较小的花境上使用过多的色彩反而会产生杂乱感。

季相设计：花境的季相变化是它的主要特征。理想的花境应四季有景可观，寒冷地区应做到三季有景。花境的季相是通过种植设计实现的，利用花期、花色及各季节所具有的代表性植物来营造季相景观。如早春的报春，夏日的福禄考，秋天的菊花等。植物的花期和色彩是表现季相的主要因素，花境中的开花植物应连续不断，以保证各季的观赏效果。花境在某一季节中，开花植物应散布在整个花境内，以保证花境的整体效果。

立面设计：花境要有较好的立面观赏效果，应充分体现群落的美感。植株高低错落有致，花色层次分明。立面设计应充分利用植株的株形、株高、花序及质地等观赏特性，创造丰富美观的立面景观。

- 植株高度：宿根花卉因种类不同，高度变化极大，从几厘米到两三米，可供充分选择。花境立面的一般设计原则是前低后高，在实际应用中高低植物可有穿插，以不遮挡视线，实现景观效果为佳。
- 株形与花序：株形与花序是与景观效果相关的两个重要因子。结合花序构成的整体外形，可把植物分成水平型、垂直型、独特型三大类。花境在立面设计上最好有这三大类植物的外形比较，尤其是平面与竖向结合的景观效果更应突出。
- 植株的质感：不同质感的植物搭配时要尽量做到协调。在设计中也可以利用粗质地的植物显得近，细质地的植物显得远等特点。

平面设计：平面种植设计采用自然块状混植方式，每块为一组花丛，各花丛大小有变化。一般花后叶丛景观较差的植物面积宜小些。为使开花植物分布均匀，又不因种类过多而显得杂乱，可把主花材植物分为数丛种植在环境的不同位置。可在花后叶丛景观差的植株前方配置其他花卉进行弥补。使用少量球根花卉或一、年生花卉时，应注意该种植区的材料轮换，以保持较长的观赏期。

3.4.4.4 花丛和花群

在园林绿地中应用极为广泛，它们可以布置在大树下、岩石旁、溪边、自然式草地中，林缘、园路边等（图1-3-54）。平面和立面均为自然式，应有疏有密，高低错落，管理粗放。花丛栽植数量少，而花群栽植的数量多，一般均没有种植床。花丛不仅要欣赏植物的色彩，还要欣赏植物的姿态。花丛在自然式的花卉布置中作为最小的组合单元使用，常布置在林缘或园路小径的两旁。一般每个花丛由3~5株组成，多则十几株，花卉可为同种，也可为不同种混植。在园林构图上，其平面和立面均为自然式布置，应疏密有致，高低错落，同一花丛的色彩应有所变化，但其种类不能太多，种植形式以块状混交为主。这也是自然风景中野生于草坡的景观在园林中的应用。适合作花丛的花卉有花大色艳或花小繁茂的宿根花卉、灌木或多年生藤本植物，如小菊、芍药、牡丹、旱金莲、金老梅、杜鹃花类，球根花卉中的郁金香类、百合类、喇叭水仙类、鸢尾类、萱草等以及匍匐性植物中的蔷薇类等。

图1-3-54 花丛和花群的应用

3.4.4.5 花台和花池

(1) 花台

在40~100cm高的空心台座中填土，在其上栽植观赏植物称为花台。在现代园林中常应用在大型园林广场、道路交叉口、建筑物入口两侧、庭园的中央或两侧角隅等（图1-3-55）。

图 1-3-55　花　台

(2) 花池

与花台相比较其高度较低，功能与布置均相同。花池、花台设计造型应与周围的地形、地势、建筑相协调。平面要讲究简洁，边缘装饰要朴素(实)，不能喧宾夺主。设计时要周密考虑，科学安排。植物可选择鸡冠花、万寿菊、一串红、郁金香、月季、天竺葵、铺地柏、南天竹、金叶女贞、迎春、麦冬、牡丹、芍药、玉簪、杜鹃花等。

3.4.4.6　活动花坛

活动花坛是指在预制的容器中把花卉培养到开花的季节，以一定形式摆设在广场、街边、道路的交叉口、公园等适当的位置组成的花坛(图 1-3-56)。

图 1-3-56　活动花坛

设计要点包括花盆设计、种植设计、摆放设计等。特点是施工快捷，可以按季节进行更换和移动，能为城市景观增加新鲜感，是各国广泛应用的形式。根据需要对种植钵、植物材料及摆设现场分别绘出图纸和提出育苗计划。

3.4.5　草坪的配置与应用

草坪具有覆盖地面、保持水土、防尘杀菌、净化空气、改善小气候等功能；同时为人们提供户外休闲活动的场地，也是园林的重要组成部分，与乔木、灌木、草花构成多层次的园林景观。

(1) 草坪的类型

① 根据用途分类

游憩草坪：供休息、散步、游戏及户外活动用的草坪。多用在公园、小游园、花园中。

观赏草坪：专供观赏，不准游人入内。绿色期较长、观赏价值高。

运动场草坪：专供体育活动之用。如高尔夫球场、足球场等。

交通安全草坪：主要设置在陆路交通沿线、立交桥、高速公路两旁、飞机场等。植物选择范围广泛。

护坡护岸草坪：用以防止水土流失，常布置在坡地、水岸，选择生长迅速、根系发达或具有匍匐性的草坪草。

② 根据草坪植物的组成分类

单纯草坪：由一种植物组成的草坪。

混合草坪：由两种以上禾本科草本植物，或由一种禾本科草本植物混有其他草本植物所组成的草坪。在各类公园绿地应用较多。

缀花草坪：在以禾本科草本植物为主体的草地上混有少量花色艳丽的多年生草本植物，这些植物一般不超过草坪面积的1/3，呈自然式分布。主要用于游憩草坪、林中草坪、观赏草坪、护坡护岸草坪等。

③ 根据草坪的规划形式分类

规则式草坪：表面平坦，采用几何图形布局的草坪。适用于运动场、城市广场及规则式绿地中（图1-3-57）。

自然式草坪：表面地形有一定的起伏，外形轮廓曲直自然，周围环境不规则的草坪。适用于公园中、路旁、滨水地带等（图1-3-58）。

图1-3-57 规则式草坪

图1-3-58 自然式草坪

④ 根据草坪与树木的不同组合分类

空旷草坪：草坪上不栽植任何乔灌木或点缀很少的树木。

稀疏草坪：在草坪上分布一些单株乔木，且株距很大，树木覆盖面积为草坪总面积的20%~30%（图1-3-59）。

图1-3-59 稀疏草坪

图1-3-60 疏林草坪

疏林草坪：草坪上种植的乔木株距在8~10m以上，其覆盖面积为草坪总面积的40%~60%（图1-3-60）。

林下草坪：在郁闭度大于70%的密林或树群内栽植的草坪。

(2) 草坪景观设计要求

以多年生和丛生性强的草本植物为主，选择具有易繁殖、生长快、耐践踏、耐修剪、绿色期长、适应性强、能迅速形成草皮的植物。合理设置坡度，满足草坪的排水要求。一般普通游憩草坪的最小排水坡度不低于0.5%，不宜有起伏交替的地形出现。草坪的坡度设计要点如下：

① 游憩草坪　自然式草坪的坡度以5%~10%为宜，一般应小于15%，排水坡度为0.2%~5%。

② 观赏草坪　平地观赏草坪坡度不小于0.2%，坡地观赏草坪坡度不超过50%，排水要求在自然安息角以下和最小排水坡度以上。

③ 足球场草坪　中央向四周的坡度以小于1%为宜，自然排水坡度为0.2%~1%。

④ 网球场草坪　中央向四周的坡度为0.2%~0.8%，纵向坡度大，横向坡度小。

⑤ 高尔夫球场草坪　发球区坡度小于0.5%，障碍区有时坡度可达15%。

⑥ 赛马场草坪　直道坡度为1%~2.5%，转弯处坡度为7.5%，弯道坡度为5%~6.5%，中央场地为15%或更高。

3.4.6　藤本植物的配置与应用

3.4.6.1　藤本植物的功能

① 藤本植物不仅能提高城市及绿地拥挤空间的绿化面积和绿量，调节和改善生态环境，还可以美化建筑、护坡、园林小品，拓展园林空间，丰富植物景观层次的变化，还可以增强城市及园林建筑的艺术效果，使之与环境更加协调统一，生动活泼。

② 藤本植物依附建筑物或构筑物生长，占地面积少而绿化效果却很大。许多攀缘植物对土壤、气候的要求并不严格，而且生长迅速，可以当年见效。篱、垣、棚架的支撑，能最大限度地扩大绿化空间。从目前城市现状来看，铺装路面约占整个城市用地的1/2~2/3，可供绿化的地面是有限的。采用篱、垣、棚架的设计形式，也可摆脱因地下管道距地表近、不宜植树的限制，有效地扩大了绿化面积。

③ 藤本植物具有降低温度、增加湿度、提高滞尘量和降低噪音等生物学效应，可以有效地提高环境质量。

3.4.6.2　藤本植物景观设计

(1) 藤本植物景观配置原则

① 选材适当，适地适树　攀缘植物种类繁多，在选择时应充分利用当地乡土树种，适地适树。应满足功能要求、生态要求、景观要求，根据不同绿化形式正确选用植物材料。缠绕类藤本，如紫藤、南蛇藤、中华猕猴桃等适用于栏杆、棚架；吸附类藤本，如爬山虎、扶芳藤、络石、凌霄等适用于墙面、山石等；卷须类藤本，如炮竹花、葡萄等适用于棚架、篱垣等；蔓生类藤本，如蔷薇、爬蔓月季、木香、叶子花、蔓长春花等适用于栏杆、篱垣、垂挂等。

② 注意植物材料与被绿化物在色彩、风格上应相协调　如红砖墙不宜选用秋叶变红的攀缘植物，而灰色、白色墙面则可选用秋叶红艳的攀缘植物。

③ 合理进行种间搭配，丰富景观层次　考虑到单一种类观赏特性的缺陷，在木本攀缘植物造景中，应尽可能利用不同种类之间的搭配以延长观赏期，营造出四季景观。如爬山虎、络石或常春藤搭配种植，络石或常春藤生于爬山虎下，既满足了其喜阴的生物学特性，又可弥补爬山虎在冬季的不足。在考虑种间搭配时，重点应利用植物本身的生物学如速生与慢生、草本与木本、常绿与落叶、阴性与阳性、深根与浅根之间的搭配，同时还要考虑观赏期的衔接。例如，爬山虎+常春藤，爬山虎+络石，爬山虎+小叶扶芳藤，紫藤+凌霄，凌霄+络石或小叶扶芳藤，黄木香+蔷薇各变种，蔷薇+藤本月季不同花色品种。

④ 尽量采用地栽形式　一般种植带宽度为 50～100cm，土层厚 50cm，根系距墙 15cm。棚架栽植时，一般株距为 1～2cm，根据棚架的形式和宽度可单边列植或双边错行列植。墙垣绿化栽植时种植带宽大于 45cm，长大于 60cm，栽植株距一般为 2～4m。为尽快收到绿化效果，可根据植物的特性适当调整种植间距。

（2）藤本植物造景形式

① 附壁式造景　附壁式为常见的垂直绿化形式，依附物为建筑物或土坡等的立面，如各种建筑物的墙面、断崖悬壁、挡土墙、大块裸岩、假山置石等（图 1-3-61）。附壁式绿化能利用藤本植物打破墙面呆板的线条，吸收夏季太阳的强烈反光，柔化建筑物的外观。附壁式以吸附类藤本植物为主，北方常用爬山虎、凌霄等，近年来常绿的扶芳藤、木香等作为北方地区垂直绿化材料也很被看好。南方多用量天尺、油麻藤、倒地铃等来展现南国风情。附壁式在配置时应注意植物材料与被绿化物的色彩、形态、质感的协调，且应考虑到建筑物或其他园林设施的风格、高度、墙面的朝向等因素。较粗糙的表面，如砖墙、石头墙、水泥砂浆抹面等可选择枝叶较粗大的种类，如具有吸盘的爬山虎，有气生根的常春卫矛、凌霄等；而表面光滑、细密的墙面如马赛克贴面则宜选用枝叶细小、吸附能力强的种类，如络石、小叶扶芳藤、常春藤、蜈蚣藤等。建筑物的正面绿化，还应注意植物与门窗的距离，在生长过程中可通过修剪调整攀缘方向，防止枝叶覆盖门窗。用藤本植物攀附假山、山石，能使山石生辉，更富自然情趣，使山石景观效果倍增。在山地风景区新开公路两侧或高速公路两侧的裸岩石壁，可选择适应性强、耐旱、耐热的种类，如金银花、葛藤、五叶地锦、凌霄等。

图 1-3-61　藤本植物附壁式造景

② 篱垣式造景　篱垣式造景主要用于篱架、矮墙、护拦、铁丝网、栏杆的绿化，它既具有围墙或屏障的功能，又具有观赏和分隔的功能（图1-3-62）。篱垣的高度有限，几乎所有的藤本植物都可用于此类绿化，但在具体应用时应根据不同的篱垣类型选择适宜的植物材料。竹篱、铁丝网、围栏、小型栏杆的绿化以茎柔叶小的木本植物为宜，如铁线莲、络石、金银花、千金藤等。栅栏绿化若为透景之用，植物选择宜以疏透为宜，并选择枝叶细小、观赏价值高的种类，如络石、铁线莲等，且种植宜稀疏；如果栅栏为分隔空间或遮挡视线之用，则应选择枝叶茂密的木本植物，包括花朵繁茂、艳丽的种类，将栅栏完全遮挡，形成绿篱或花篱，如胶州卫矛、凌霄、蔷薇等。普通的矮墙、石栏杆、钢架等，可选植物更多，如缠绕类的使君子、金银花、探春，具卷须的炮仗花，具吸盘或气生根的爬山虎、蔓性八仙花、钻地枫等。蔓生类藤本植物如蔷薇、藤本月季、云实等也极为适宜应用于墙垣的绿化。在污染严重的工矿区宜选用葛藤、南蛇藤、凌霄等抗污染植物。在矮墙的内侧种植蔷薇、软枝黄蝉等观花类藤本，细长的枝蔓由墙头伸出，可形成"春色满园关不住"的意境。城市临街的砖墙，如用蔷薇、凌霄、爬山虎等混植绿化，既可衬托道路绿化景观，达到和谐统一的绿化效果，又可延长观赏期——春季蔷薇姹紫嫣红，夏季凌霄红花怒放，秋季爬山虎红叶似锦。

图1-3-62　攀缘植物的篱垣式造景

③ 棚架式造景　棚架式造景是园林中应用最广泛的藤本植物造景方式，广泛应用于各种类型的绿地中（图1-3-63）。棚架式造景可单独使用，成为局部空间的主景，也可作为室内到花园的类似建筑形式的过渡物，均具有园林小品的装饰性特点，并具有遮阴的实用效果。棚架式的依附物为花架、长廊等具有一定立体形态的土木构架，此种形式多用于人口活动较多的场所，可供人们休息和谈心。棚架的形式不拘一格，可根据地形、空间和功能而定，"随形而弯，依势而曲"，但应在形体、色彩、风格上与周围的环境相协调。棚架式藤本植物一般选择卷须类和缠绕类，木本的如紫藤、中华猕猴桃、葡萄、木通、五味子、炮仗花等。部分枝蔓细长的蔓生种类同样也是棚架式造景的材料，如叶子花、木香、蔷薇等，但前期应当注意设立支架，人工绑缚以帮助其攀缘。若用攀缘植物覆盖长廊的顶部及侧面，以形成绿廊或花廊、花洞，宜选用生长旺盛、分枝力强、叶幕浓密且花果秀美的种类。目前北方最常用的种类为紫藤，南方为炮仗花。但实际上可供选择的种类很多，如在北方还可选金银花、木通、南蛇藤、凌霄、蛇葡萄等，在南方则有叶子花、鸡血藤、木香、扶芳藤、使君子等。花朵和果实藏于叶丛下面的种类如葡萄、猕猴桃、木通，尤其适于棚架式造景，人们坐在棚架下休息、乘凉的同时，还可欣赏这些植物的花果之

图1-3-63 藤本植物的棚架式造景

美。绿亭、绿门、拱架一类的造景方式也属于棚架式的范畴，但在植物选择上更应偏重于花色鲜艳、枝叶细小的种类，如铁线莲、叶子花、蔓长春花、探春等。

④ 立柱式造景　藤本植物的依附物主要为电线杆、路灯灯柱、高架路立柱、立交桥立柱等。吸附式的攀缘植物最适于立柱式造景，不少缠绕类植物也可应用。但由于立柱所处的位置大多交通繁忙，废气、粉尘污染严重，立地条件差，因此，应选用适应性强、抗污染且耐阴的种类。五叶地锦的应用最为普遍，除此之外，还可选用木通、南蛇藤、络石、金银花、小叶扶芳藤等耐阴性强的种类。

⑤ 悬蔓式造景　攀缘植物利用种植容器种植藤蔓或软枝植物，不让其沿引向上，而是凌空悬挂，形成别具一格的植物景观。如为墙面进行绿化，可在墙顶做一种植槽，种植小型的蔓生植物，如探春、蔓长春花等，让细长的枝蔓披散而下，与墙面向上生长的吸附类植物配合，相得益彰。或在阳台上摆放几盆蔓生植物，让其自然垂下，不仅能起到遮阳的作用，微风徐过之时，枝叶翩翩起舞，也别有一番风韵。在楼顶四周可修建种植槽，栽植爬山虎、迎春、连翘、蔷薇、蔓长春花、常春藤等植物，使它们向下悬垂或覆盖楼顶。

藤本植物有其不同的生态习性和观赏价值，所以在绿化设计时要根据不同的环境特点、设计意图，科学地选择植物种类并进行合理的布置。如大门、花墙、亭、廊、花架、栅栏、竹篱等处，可以选择蔷薇、木香、木通、凌霄、紫藤、薜荔、扶芳藤等，既美观又可以遮阴。在白墙及砖墙上，可以选择生长快、效果好的爬山虎、络石等，秋季还可观赏叶色的变化。

3.4.7　水生植物的配置与应用

水生植物是指生长在水体环境中的植物，从广泛的生态角度看还包括相当数量的沼生和湿生植物。水生植物专类园，就是以水生观赏植物和经济植物为材料，布置景点，分类种植的花园（图1-3-64）。

(1) 水生植物的作用

① 以水生植物为景点，创造园林意境　中国园林中，常运用某些水生花卉作为种植材料，并与周围的其他景物相配合，构成一种耐人寻味的意境。杭州西湖十景之一的"曲院风荷"就是立意成功的范例，是以夏景观荷而著称的专类园。从全园的布局上突出了"碧、红、香、凉"的意境，即荷叶的碧绿，荷花的粉红，熏风的清香，环境的凉爽。在植物材料的选择上，又与西湖景区的自然特点和历史古迹紧密结合，大面积栽种西湖红莲和各色荷花，使夏日呈现出"接天莲叶无穷碧，映日荷花别样红"的景观。

②扩大空间，增加景观层次　水生植物与水面形成了方向对比，四周的景观映入水面，犹如对景观进行了一次再创作。水中的倒影扩大了空间层次，使环境艺术更加完美和动人。

③科学普及，增长知识　从植物分类学上看既有低等的蕨类植物，又有单子叶植物和双子叶植物。从栽培类型上分，有宿根花卉，球根花卉和一、二年生花卉。按与水体的关系，可分为挺水植物、浮水植物、沉水植物、漂浮植物、沼生植物和湿生植物。此外，水生植物在水体中还有生物学效应，如某些沉水植物可增加水体中的氧气含量，或抑制有害藻类的繁衍能力，利于水体中的生物平衡等。

图1-3-64　水生植物专类园

（2）水生植物的类型

①挺水类　此类花卉根扎于泥中，茎叶挺出水面，花开时离开水面，甚为美丽。对水的深度因种类不同而异，有深水植物、浅水植物之分，深达1~2m，浅则为沼泽地，即沼生植物。如荷花、千屈菜、香蒲、菖蒲、水葱和水生鸢尾等。

②浮水类　此类花卉根扎于泥中，叶片漂浮在水面或略高于水面，花开时近水面，对水的深度也因种类不同而异，常见的有睡莲、王莲、萍蓬、芡实、菱和荇菜等。

③漂浮类　此类植物根漂于水中，叶完全浮于水面，可随水漂移，在水面的位置不易控制。如凤眼莲、满江红和浮萍等。

④沉水类　此类花卉根扎于泥中，茎叶沉于水中，是净化水质或布置水下景色的素材，多应用于热带鱼缸中，如玻璃藻、黑藻、莼菜和苦菜等。

（3）水生植物景观设计

园林中的水生植物可以打破园林水面的平静，丰富水面的观赏内容，减少水面的蒸发，改善水质。

应因地制宜，合理搭配，根据水面的大小、深浅，水生植物的特点，选择集观赏性、经济性、水质改良于一体的水生植物。

水生植物数量适当，有疏有密。在园林设计时要留有充足的水面，以产生倒影和扩大空间感，水生植物的面积不应超过水面的1/3。为了控制水生植物的生长，需在水中安置一些设施，如设置水生植物的种植床等。

各种水生植物原产地的生态环境不同，对水位的要求也有很大的差异，多数水生植物分布在100~150cm深的水中，挺水及浮水植物常以30~100cm深为宜，而沼生、湿生植物种类只需20~30cm深的浅水。

① 水深 30~100cm 的水生植物

荷花（*Nelumbo nucifera*）：生长的适合水位不得超过 100cm；中、小型荷花宜生长在水深 30~50cm 之间；碗莲宜生长在 20cm 以下。水位过深只长少数浮叶，不见立叶，不易开花。若立叶被淹没持续 10 天以上就会死亡。

睡莲属（*Nymphaea*）：睡莲（*N. tetragona*）、白睡莲（*N. alba*）及中大瓣粉（var. *rubra*）、大瓣白（*N. alba* × *N. odorata*）、大瓣黄（*N. alba* × *N. mexicana*）、娃娃粉（*N. alba* × *N. odorata* var. *rosea*）等为常见栽培的耐寒性睡莲，根茎可在冰冻下越冬。花期 6~8 月。需水深 30~60cm。

芡实（*Euryale ferox*）：花紫色，花托多刺，叶片直径约 130cm，我国南北各地均有分布。花期 7~8 月。

伞草（*Cyperus alternifolius*）：原为浅水植物，也可陆生，株高可达 200cm 左右，30~50cm 水深也可栽培。北方地区不能露地越冬。

香蒲（*Typha orientalis*）：我国南北各地均有分布，西北东南部、华北可露地越冬。叶片挺拔，适于水边绿化。水位宜 30~50cm。

千屈菜（*Lythrum salicaria*）：水生或陆生，但水养株丛高大。我国南北各地均有野生，宜水深 30~40cm。总状花序淡紫色，花期 7~9 月。

水葱（*Scirpus tabernaemontani*）、花叶水葱（var. *zebrinus*）：南北各地多有分布。西北东南部、华北地区露地栽培可越冬。宜水深 30~40cm。

黄菖蒲（*Iris pseudacorus*）：水生或陆生，但水生者长势尤好，花黄色，花期 5~6 月。是水景园中观花的好材料，需水深 30~50cm。适应性强，西北、华北地区可露地越冬。

芦苇（*Phragmites communis*）：常做野趣园配置，因株丛高大，也做遮视性应用。西北、华北地区可露地越冬，需水深 30~40cm。

王莲（*Victoria regia*）：原产热带，西北、华北地区作一年生栽培。成叶直径 100~250cm，占据水面较大。花白色渐变红色，直径 25~35cm。花期为夏秋季。是大型的水生观花、观叶植物。西北、华北地区不能露地越冬，常盆栽置于水池中观赏。室内专类栽培，需专设王莲池，冬季水体应进行增温，适宜水温为 30~35℃。

② 水深 10~30cm 的水生植物

荇菜（*Nymphoides peltatum*）：多年生浮水植物，小花黄色，花径约 4cm，花期 6~7 月。自繁能力强，应注意控制水面。西北、华北地区可露地越冬。

凤眼莲（*Eichhornia crassipes*）：又称水葫芦，多年生漂浮植物，花堇蓝色，花期 7~9 月。自繁能力强，生长期应控制水面。西北、华北地区不宜露地越冬，常在低温温室保留母株，晚霜过后放置于水面即可繁殖。

萍蓬草（*Nuphar pumilum*）：多年生浮水植物，小花黄色，花径约 5cm，花期 4~5 月及 7~8 月。长江流域不加保护可以越冬，西北、华北地区根茎在冰冻下越冬。

菖蒲（*Acorus calamus*）：水生或陆生多年生植物，叶片具芳香，全株入药。华北地区可露地越冬。

③ 10cm 以下的水生植物

燕子花（*Iris laevigata*）：湿生或沼生植物花蓝紫色，花期 6~8 月。

溪荪（*Iris sanguinea*）：多年生湿生或沼生植物花大，蓝色，花期 6~7 月。

花菖蒲（*Iris ensata* var. *hortensis*）：多年生草本植物，园艺品种近千种。花大，花型丰富，花期 6 月。常用于水生专类园。喜酸性土。

石菖蒲（*Acorus tatarinowii*）：多年生草本植物，株高 30~40cm，全株具香气，适于水边岩石上生长，为湿生观叶植物。

在种植设计上，除按水生植物的生态习性选择适宜的深度栽植外，专类园的竖向设计也可有一定的变化，在配置上应高低错落、疏密有致。从平面上看，应留出 1/3~1/2 的水面，水生植物不宜过密，否则会影响水中倒影及景观透视线。

小　结

城市园林绿地的类型多种多样，大到风景名胜，小到庭院绿地。但绿地的组成要素是完全相同的，都是由地形地貌、山石、水体、道路广场、建筑物、构筑物以及动植物等要素构成。这些组成要素并不是机械的拼凑，而是相辅相成，共同构成园林景观，创造出丰富多彩的园林空间。

思考与练习

1. 简述园林地形地貌的规划设计原则。
2. 简述园林地形地貌的规划设计内容。
3. 简述园林道路的作用和类型。
4. 简述园路的规划设计要求。
5. 简述园林建筑与小品的特点。
6. 简述园林建筑与小品的规划设计原则。
7. 简述园林植物造景的作用。
8. 简述园林乔灌木的种植设计形式。
9. 简述园林绿地中的花卉应用设计形式。
10. 简述园林藤木植物的绿化形式。

单元 4
园林规划设计程序

学习目标

【知识目标】
(1) 了解园林规划设计的一般程序；
(2) 熟悉园林规划设计中资料收集的内容与方法；
(3) 掌握设计说明书所包括的内容；
(4) 掌握园林规划设计应提供的图面材料种类。

【技能目标】
能够运用园林规划设计的程序进行园林设计。

园林规划设计程序是指建造一个公园或绿地之前，设计者根据建设计划及当地的具体情况，把要建造这块绿地的想法，通过各种图纸及简要说明表达出来，让大家知道这块绿地将建成什么样，以及施工人员如何根据这些图纸和说明来建造。这样的一系列规划设计工作的进行过程，称为园林规划设计程序。

整个设计程序可能很简单，只需一两个步骤就可以完成；也可能较复杂，要分几个阶段才能完成。一般地说，一块附属于其他部分的绿地，设计程序较简单，如居住区绿地、街道绿地等。但是要建造一个独立的公园就比较复杂，较复杂的公园设计一般可分为承担设计任务阶段、调查研究阶段、总体规划设计阶段、技术设计阶段。

4.1 承担设计任务阶段

明确业主需要做什么，设计方何时该做什么，以及造价问题等。与业主进行讨论后，总体确定这个项目的性质，然后根据业主的意图，起草一份详细的协议书，如果业主无意见，双方便在协议书上签字，以免以后产生误解，甚至法律上的诉讼等问题。

这是设计的前期阶段，确定建设任务的初步设想，设计师在承担设计任务后，必须在进行总体规划构思之前，认真阅读业主提供的"设计任务书"（或"设计招标书"），掌握设计任务书的精髓。

设计任务书要说明建设的要求和目的，建设的内容和项目、设计期限。设计任务书是确定建设项目和编制设计文件的重要依据,具体应说明的项目有:① 设计项目的地位、作用及服务半径、使用效率;② 基地的位置、方向、自然环境、地貌、植被及原有设施的状况;③ 基地面积、容人量;④ 设计项目的性质、政治、文化、娱乐体育活动的大项目;⑤ 建筑物的面积、朝向、材料及造型要求;⑥ 设计项目规划布局及风格上的特点;⑦ 设计项目施工和卫生条件要求;⑧ 设计项目建设近期、远期的投资估算;⑨ 地貌处理和种植规划要求;⑩ 设计项目分期实施的程序。

4.2 收集资料和调查研究阶段

合同一旦签订,设计方(即乙方)在接受设计任务后,首先要了解整个项目的概况,包括建设规模、投资规模、可持续发展等方面,特别要了解业主(即甲方)对这个项目的总体框架方向和基本实施内容。总体框架方向确定了这个项目的用地性质,基本实施内容确定了绿地的服务对象。把握这两点,规划总原则就可以正确制定了。

另外,甲方应该陪同设计人员到基地现场踏勘,收集规划设计前必须掌握的原始资料。

4.2.1 收集调查资料

只有全面、系统地收集调查规划设计前必须掌握的原始资料,包括自然环境资料、社会环境资料和设计条件资料,才能为规划设计提供细致可靠的依据。

(1) 自然环境的调查

① 气象 气温(平均、绝对最高、绝对最低)、湿度、降水量、风速、风向及风玫瑰图、无霜期、结冰期、化冰期、冻土厚度、有云天数、日照天数及特别的小气候。

② 地形地貌 地形起伏度、谷地开合度、地形山脉倾斜方向、倾斜度、沼泽地、低洼地、土壤冲刷地、土石情况。

③ 土壤 土壤的物理化学性质、种类、土层厚度、地下水位、透气性、肥沃度。

④ 地质 地质构造、断层母岩、表层地质。

⑤ 水系 河川、湖泊、水的流向、流量、速度、水质、pH 值、水底标高、常水位、最高及最低水位、地下水状况、水利工程特点(景观)。

⑥ 生物 现有野生动物数量、生态、群落,现有园林植物及古树名木的种类、数量、分布、生长情况、观赏价值。

(2) 社会环境的调查

① 城市绿地总体规划与该绿地的关系。

② 该绿地的周边环境(工厂、单位、有无风景旅游区)。

③ 该绿地现状(使用率、建筑物、交通情况、地上地下管线情况、给排水情况)。

④ 与该绿地有关的历史、人文资料。

(3) 设计条件的调查

① 甲方对设计任务的具体要求、设计标准、投资额度。

② 总平面地形图：根据面积大小，提供1∶2000、1∶1000、1∶500的总平面地形图。图纸应明确以下内容：设计范围(红线范围、坐标数字)，现有建筑、山体、水系、植物、道路，各主要点标高、坡度、等高线，周围机关、单位、居住区、道路。

③ 树木分布现状图(1∶200～1∶500)：主要标明现有树木的位置、种类、胸径、生长状况和观赏价值等，有较高价值的树木最好附有彩色照片。

④ 地上、地下管线图(1∶200～1∶500)：一般要求与施工图比例相同。图内应包括要保留和拟建的上水、雨水、污水、电信、电力、暖通、煤气、热气等管线的位置及井位等。

⑤ 局部放大图(1∶200)　主要供局部详细设计使用。

4.2.2　现场勘查

无论现场面积大小、设计项目难易，设计者都必须到现场进行认真勘查，通过实地踏查，设计者可结合业主提供的基地现状图(又称"红线图")，核对、补充所收集的资料，对基地进行总体了解；此外，设计者到现场，可以根据周围环境条件，进入艺术构思阶段，对影响的较大因素做到心中有数，今后做总体构思时，针对不利因素加以克服和避让；充分合理地利用有利因素，还要在总体和一些特殊的基地地块内进行摄影，将实地的现状情况带回去，以便加深对基地的感性认识；根据情况，如面积较大，情况较复杂，有必要时要进行多次勘查工作。

4.2.3　调查资料的分析与整理

资料的选择、分析、判断是设计的基础。收集基地现场资料后，就必须立即进行分析整理，使设计者尽可能地熟悉基地，以便于确定和评价基地的特征、存在问题以及发展潜力，以防遗忘那些较细小的却有较大影响因素的环节。细致地分析整理，有助于用地的规划和各项内容的详细设计，是协助设计者解决基地问题最有效的途径。分析与整理包括环境保护、文化娱乐、绿地景观及综合指标等内容。

4.3　总体规划设计阶段

4.3.1　总体规划设计步骤

在充分了解规划地区调查资料，确定基地的原则与目标之后，就可根据规划设计任务书的要求进行总体规划，即初步设计。总体规划设计一般包括以下步骤：

(1) 初步的总体构思

在进行总体规划构思时，要将业主提出的项目总体定位作一个构想，并与抽象的文化内涵以及深层的警世寓意相结合，同时必须考虑将设计任务书中的规划内容融合到有形的规划构图中去。

构思草图只是一个初步的规划轮廓，接下去要将草图结合收集到的原始资料进行补充、修改。经过修改，使整个规划在功能上趋于合理，在构图形式上符合园林规划设计美观、舒适的基本原则。

(2) 方案的第二次修改

经过初次修改后的规划构思，还不是一个完全成熟的方案。设计人员此时应该虚心好学、集思广益，多渠道、多层次、多次听取各方面的建议，并与之交流、沟通，以进一步提高整个方案的新意与活力。

(3) 文本的制作包装

整个方案确定以后，图文的包装必不可少。文本包装正越来越受到业主与设计单位的重视。

将规划方案的说明、投资概(估)算、水电设计的一些主要节点，汇编成文字部分；将规划平面图、功能分区图、绿化种植图、小品设计图、全景透视图、局部景点透视图，汇编成图纸部分。文字部分与图纸部分相结合，就形成一套完整的规划方案文本。

(4) 业主的信息反馈

业主拿到方案文本后，一般会在较短时间内给予一个答复。答复中会提出一些调整意见，包括修改、添删项目内容，投资规模的增减，用地范围的变动等。设计人员要在短时间内针对反馈信息对方案进行调整、修改和补充。

(5) 方案设计评审会

由有关部门组织的专家评审组，会集中一天或几天时间举行专家评审(论证)会。出席会议的人员，除了各方面专家外，还有建设方领导，市、区有关部门的领导，以及项目设计负责人和主要设计人员。

作为设计方，项目负责人一定要结合项目的总体设计情况，在有限的时间内，将项目概况、总体设计定位、设计原则、设计内容、技术经济指标、总投资估算等诸多方面的内容，向领导和专家们做一个全方位的汇报。汇报人必须清楚，自己了解项目的情况，专家们不一定都了解，因此，在某些环节上，要尽量介绍得直观透彻，且一定要具有针对性。在方案评审会上，宜先将设计指导思想和设计原则阐述清楚，然后再介绍设计布局和内容。设计内容的介绍，必须紧密结合先前阐述的设计原则，将设计指导思想及原则作为设计布局和内容的理论基础，而后者又是前者的具体化体现，两者应相辅相成，缺一不可，切不可造成设计原则和设计内容南辕北辙。

方案评审会结束后几天，设计方会收到打印成文的专家组评审意见。设计负责人必须认真阅读，对每条意见都应该给予明确的答复，对于特别有意义的专家意见，要积极听取并立即落实到方案修改稿中。

(6) 扩初设计评审会

设计者结合专家组的方案评审意见，进行进一步的扩大初步设计(简称"扩初设计")。在扩初文本中，应该有更详细、更深入的总体规划平面图，总体竖向设计平面图，总体绿化设计平面图，建筑小品的平、立、剖面图(标注主要尺寸)。在地形特别复杂的地段，应该绘制详细的剖面图。在剖面图中，必须标明几个主要空间地面的标高(路面标高、地坪标高、室内地坪标高)、湖面标高(水面标高、池底标高)。

在扩初文本中，还应该有详细的水、电气设计说明，如有较大用电、用水设施，要绘制给排水、电气设计平面图。

扩初设计评审会上，专家们的意见不会像方案评审会那样分散，而是比较集中，也更有针对性。设计负责人的发言要言简意赅，对症下药。根据方案评审会上专家们的意见，介绍扩初文本中修改过的内容和措施。未能修改的意见，要充分说明理由，争取能得到专家评委们的认可。

一般情况下，经过方案设计评审会和扩初设计评审会后，总体规划平面图和具体设计内容都能顺利通过评审，这就为施工图设计打下了良好的基础。总的来说，扩初设计越详细，施工图设计越省力。

4.3.2 总体规划设计的组成

4.3.2.1 设计说明书

总体方案除了图纸外，还要求有一份文字说明，其中全面地介绍建设方案的规划设计理念、意图、构思、设计要点等内容，具体包括以下几个方面：

① 主要依据 即批准的任务书或摘录，所在地的气象、水文、地理、风景资源、人文资源、周边环境等。

② 规模和范围 包括建设规模、面积及游人容量，分期建设情况，设计项目组成和对生态环境、游览服务设施的技术分析。

③ 艺术构思 包括主题立意，景区、景点布局的艺术效果分析和游览、休息路线的布置。

④ 地形规划概况 包括整体地形设计、特殊地段的设计分析。

⑤ 种植规划概况 包括立地条件分析、植被类型分析、植物造景分析。

⑥ 功能与效益 包括该绿地所起的功能作用及其对该城市生活影响的预测和各种效益的估价。

⑦ 技术、经济指标 包括用地平衡表、土石方概数、主要材料和能源消耗概数，以及管线、电气等的铺设。

⑧ 需要在审批时确定的问题 包括与城市规划的协调，拆迁、交通情况，施工条件，施工季节。

4.3.2.2 图纸

(1) 位置图(1∶5000~1∶10 000)

属于示意性图纸，一般要求标出该园林绿地在城市中的位置、轮廓、交通及其与周边环境的关系，要求简洁明了。

(2) 现状分析图(图1-4-1)

将收集的全部资料分析、整理、归纳后，分成若干空间，用圆圈或抽象图形将其粗略地表示出来，并对现状做出综合评价。例如，对四周道路、环境分析后，可划定出入口的范围；再如，某一方向居住区集中、人流量大、四通八达，则可划为比较开放、活动内容较多的区。

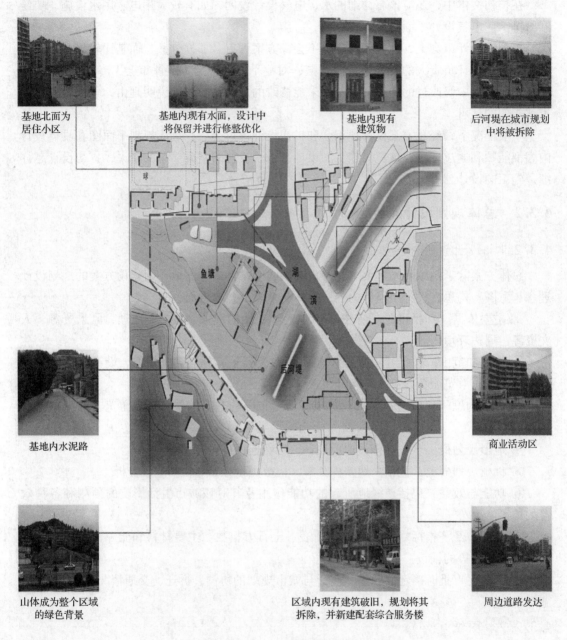

图 1-4-1　基地现状图

（3）功能分区图（图 1-4-2）

对总体规划设计原则、现状图进行分析，根据不同年龄段游人的活动特点：游人的不同兴趣爱好，确定不同的分区，划分出不同的空间，使不同空间和区域能满足不同的功能要求，并使功能与形式尽可能统一。该图属于示意说明性质，主要反映不同空间、分区之间的关系，可以用抽象图形或圆圈等图案予以表示。

单元4　园林规划设计程序

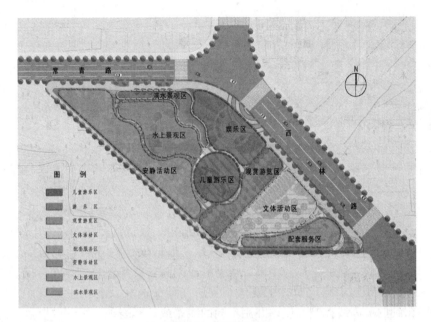

图1-4-2　功能分区图

(4) 总体规划平面图应包括以下内容(图1-4-3)
① 全园主要、次要、专用出入口的位置、形式、面积以及主要出入口处内外广场、停车场、大门等的布局。

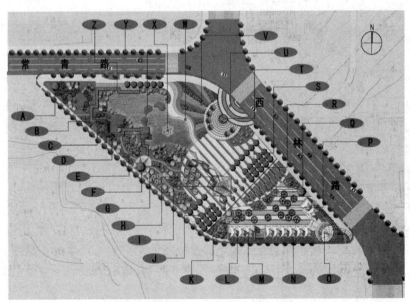

图1-4-3　总体规划平面图

A. 景墙假山　B. 竹林清响　C. 观云廊　D. 栖云台　E. 脚踏实地　F. 休息亭　G. 时光之门　H. 喷泉水系
I. 浮雕　J. 人物雕塑　K. 景观树阵　L. 公厕　M. 管理用房　N. 屋顶花园　O. 服务用房　P. 迷宫树阵
Q. 琴键绿地　R. 雕塑　S. 景观树阵　T. 雕塑涌泉　U. 主入口广场　V. 四季花海　W. 亲水平台
X. 睡莲喷泉　Y. 生态岛　Z. 亲水木栈道

② 全园地形总体规划、道路系统规划。
③ 全园建筑物、构筑物等的布局情况。
④ 全园植物分布，图上只反映密林、疏林、树丛、草坪、花坛、专类花园、盆景园等植物景观。
⑤ 全园比例尺、指北针、图例等内容。

(5) 整体鸟瞰图

可为更直观地表达公园设计的意图，更清楚地表现公园设计中各景点、景物以及景区的景观，可通过钢笔画、水彩画、水粉画、电脑制图或模型等形式来表现，都有较好的效果。

(6) 地形规划图（竖向设计图）

地形是全园的骨架，要能反映出全园的地形结构。根据规划设计原则以及功能分区图，确定需要分隔遮挡或通透开敞的地方。另外，根据设计内容和景观需要，绘出制高点、山峰、丘陵起伏、缓坡平原、小溪、河湖等；同时，要确定总的排水方向、水源以及雨水聚散地等；还要初步确定园林主要建筑物所在地的高程及各区主要景点、广场的高程，用不同粗细的等高线控制高度，并用不同的线条或色彩表现出图面效果。

(7) 道路系统规划图

① 在图上确定全园的主要出入口、次要出入口与专用出入口。
② 确定主要广场及主要环路的位置，以及消防通道；
③ 确定主干道、次干道等的位置以及各种路面的宽度、排水坡度，并初步确定主要道路的路面材料、铺装形式等。
④ 在图纸上用虚线绘制出等高线，再用不同粗细的线表示不同级别的道路及广场，并标明主要道路的控制标高。

(8) 绿化规划图

根据总体设计图的布局、设计原则以及苗木的来源情况，确定公园及各区的基调树种、骨干树种、造景树种，确定不同地点的密林、疏林、林间空地、林缘等种植方式和树林、树丛、树群、孤植等的栽植点，还有以植物造景为主的专类园，如月季园、牡丹园、盆景园、观赏或生产温室、花圃等的位置。

(9) 局部效果图

为了更好地表现方案，经常要对绿地中的重要景点、景区作出局部效果图。

(10) 管线规划图

以总体规划方案及种植规划为基础，规划出上水水源的引进方式、总用水量，消防、生活、树木喷灌管网的大致分布、管径大小、水压高低及雨水、污水的排放方式等。北方城市如果工程规模大、建筑多，冬季需要供暖，则还需考虑取暖方式、负荷量及锅炉房的位置等。

(11) 电气规划图

规划总用电量、用电利用系数、分区供电设施、配电方式、电缆的敷设以及各区各点的照明方式、广播通信等线路的位置。

4.3.3 建设概算

园林建设概算是对园林绿地营建造价的初步估算，是根据总体设计所包括的建设项目与有关定额和甲方投资的控制数字，估算出所需要的费用，确定金额余缺。

概算一般有两种方式：一种是根据总体设计的内容，按总面积的大小，凭经验粗估；另一种是按工程项目和工程量分项概算，最后汇总。

概算要求计算出每个项目的数量、单价和总价。单价包括人工费、材料费、机械设施费用和运输费用等。施工费的计算应根据各地的工程定额进行计算。

建设概算除上述费用外，还包括间接费、不可预见费（按直接费的百分数取值）和设计费等。

4.4 技术设计阶段

技术设计是根据已批准的初步设计编制的。技术设计阶段需研究和决定的问题与初步设计相同，不过是更深入、更精确的设计。

4.4.1 平面图

首先，根据公园或工程的不同分区，划分若干局部，每个局部根据总体设计的要求，进行局部详细设计。一般比例尺为1:500，等高线距离为0.5m，用不同等级粗细的线条绘制出等高线、园路、广场、建筑、水池、湖面、驳岸、树林、草地、灌木丛、花坛、花卉、山石、雕塑等。

详细设计平面图要求标明建筑平面、标高及其与周围环境的关系；道路的宽度、形式、标高；主要广场、地坪的形式、标高；花坛、水池的面积大小和标高；驳岸的形式、宽度、标高。同时还要在平面上标明雕塑、园林小品的造型。

4.4.2 纵、横剖面图

为更好地表达设计意图，在局部艺术布局最重要的部分或局部地形变化的部分，绘制出断面图，一般比例尺为1:200~1:500。

4.4.3 局部种植设计图

在总体设计方案确定后，着手进行局部景区、景点的详细设计，同时，要进行1:500的种植设计工作。一般1:500比例尺的图纸上能较准确地反映乔木的种植点、栽植数量、树种，图中主要包括密林、疏林、树群、树丛、行道树、湖岸树的位置；其他种植类型，如花坛、花境、水生植物、灌木丛、草坪等的种植设计图可选用1:300或1:200比例尺。

4.4.4 施工设计

在完成局部详细设计的基础上，才能着手进行施工图设计。施工设计图要尽量符合《建筑制图标准》的规定。图纸规格尺寸如下：A0号图841mm×189mm，A1号图594mm×841mm，A2号图420mm×594mm，A3号图297mm×420mm，A4号图297mm×210mm。A4号图不得加长，如果要加长图纸，只允许加长图纸的长边，特殊情况下，允许加长1~3号图纸的长度、宽度，零号图纸只能加长长边，加长部分的尺寸应为边长的1/8及其倍数。图纸要注明图头、图例、指北针、比例尺、标题栏及简要的图纸设计说明。图纸要求字迹清楚、整齐，不得潦草；图面清晰、整洁，图线要求分清粗实线、中实线、细实线、点划线、折断线等线型，并准确表达对象。

在施工设计阶段要绘制出施工总平面图、竖向设计图、园林建筑设计图、道路广场设计图、种植设计图、水系设计图、各种管线设计图，以及假山、雕塑、栏杆、标牌等小品的设计详图。另外，要编制苗木统计表、工程量统计表、工程预算等。

4.4.4.1 施工总平面图

标明各种设计因素的平面关系和它们的准确位置，放线坐标网、基点、基线的位置。其作用一是作为施工的依据；二是作为绘制平面施工图的依据。

施工总平面图的图纸内容包括：保留的现有地下管线（红色线表示）、建筑物、构筑物、主要现场树木等（用细线表示）。设计的地形等高线（细墨虚线表示）、高程、山石和水体（用粗墨线外加细线表示）、园林建筑和构筑物的位置（用黑线表示）、道路广场、园椅等（中粗黑线表示）、放线坐标网。

4.4.4.2 竖向设计图（高程图）

竖向设计图用以表明各设计因素间的高差关系。

(1) 竖向设计平面图

根据初步设计的竖向设计，在施工总平面图的基础上表示出现状等高线、坡坎（用细红实线表示），设计等高线、坡坎（用黑实线表示）、高程（用黑色数字表示），通过红、黑线区分现状的和设计的。

(2) 竖向剖面图

竖向剖面图包括主要部位山形、丘陵、谷地的坡势轮廓线（用黑粗实线表示）及高度、平面距（用黑细实线表示）等。剖面地起讫点、剖切位置编号必须与竖向设计平面图上的符号一致。

4.4.4.3 道路广场设计图

道路广场设计图主要标明园内各种道路、广场的具体位置、宽度、高程、纵横坡度、排水方向，道路平曲线、纵曲线设计要素，路面结构、做法，路牙的安排，以及道路和广场的交接、交叉口组织、不同等级道路的连接、铺装大样、回车道、停车场等。图纸内容如下：

(1) 平面图

根据道路系统图，在施工总平面图的基础上，用粗细不同的线条绘制出各种道路、广场的位置，在转弯处，主要道路注明平曲线半径、每段的高程、纵坡坡向（用黑细箭头表示）等。

(2) 剖面图

剖面图比例一般为1:20。在画剖面图之前，应先绘制出一段路面（或广场）的平面大样图，标示路面的尺寸和材料铺设法。在其下面绘制剖面图，标示路面的宽度及具体材料的构造（面层、垫层、基层等厚度及做法）。

另外，还应该作路口交接示意图，用细黑实线绘制出坐标网，用粗黑实线绘制出路边线，用中粗实线绘制出路面铺装材料及构造图案。

4.4.4.4 种植设计图(植物配置图)

种植设计图主要表现树木花草的种植位置、种类、种植方式、种植距离等。

(1)种植设计平面图

根据种植设计,在施工总平面图的基础上,用设计图例绘制出常绿阔叶乔木、落叶阔叶乔木、落叶针叶乔木、常绿针叶乔木、落叶灌木、常绿灌木、整形绿篱、自然形绿篱、花卉、草地等的具体位置、种类、数量、种植方式和株行距等。

(2)大样图

对于重点树群、树丛、林缘、绿篱、花坛、花卉及专类园等,可附种植大样图(1:100的比例)。要将群植和丛植的各种树木位置标示准确,注明种类、数量,用细实线画出坐标网,注明树木间距。并绘制出立面图,以便施工参考。

4.4.4.5 水景设计图

水景设计图应标明水体的平面位置、水体形状、深浅及工程做法。

(1)平面位置图

依据竖向设计和施工总平面图,绘制出河、湖、溪、泉等水体及其附属物的平面位置。用细线绘制出坐标网,按水体形状绘制出各种水景的驳岸线、水底、山石、汀步、小桥等的位置,并分段注明岸边及池底的设计标高。最后用粗线将岸边曲线绘制成近似折线,作为湖岸的施工线,用粗实线加深山石等。

(2)横纵剖面图

水体平面及高程有变化的地方要绘制出剖面图。通过这些图可以表示出水体的驳岸、池底、山石、汀步及岸边的处理关系。

4.4.4.6 园林建筑设计图

园林建筑设计图表现各景区园林建筑的位置及建筑本身的组合、选用的建材、尺寸、造型、高低、色彩、做法等。如一个单体建筑,必须绘制出建筑施工图(建筑平面位置图、建筑各层平面图、屋顶平面图、各个方向立面图、剖面图、建筑节点详图、建筑设计说明等)、建筑结构施工图(基础平面图、楼层结构平面图、基础详图、构件详图等)、设备施工图,以及庭院的活动设施工程图、装饰设计图。

4.4.4.7 管线设计图

在管线设计的基础上,表现出上水(生活、消防、绿化、市政用水)、下水(雨水、污水)、暖通、煤气、电力、通信等各种管网的位置、规格、埋深等。

4.4.4.8 假山、雕塑等小品设计图

小品设计图必须先做出山、石等施工模型,以便施工时掌握设计意图。参照施工总平面图及竖向设计图绘制出山石平面图、立面图、剖面图,注明高度及要求。

4.4.4.9 电气设计图

在电气初步设计的基础上标明园林用电设备、灯具等的位置及电缆走向等。

4.4.5 编制预算

在施工设计中要编制预算。它是实行工程总承包的依据,是控制造价、签订合同、拨

付工程款项、购买材料的依据，同时也是检查工程进度、分析工程成本的依据。

预算包括直接费用和间接费用。直接费用包括人工、材料、机械、运输等费用，计算方法与概算相同。间接费用按直接费用的百分比计算，其中包括设计费用和管理费。

4.4.6 施工设计说明书

施工设计说明书的内容是初步设计说明书的进一步深化。说明书应写明设计的依据、设计对象的地理位置及自然条件，园林绿地设计的基本情况，各种园林工程的论证叙述，园林绿地建成后的效果分析等。

小 结

园林设计程序随着园林类型的不同而有一定的繁简变化，一般包括资料收集与环境调查、总体规划设计、详细设计和技术与施工图设计四个阶段。资料收集与环境调查阶段在明确设计目标和任务的前提下对规划所需的自然条件、社会条件和设计条件进行调查、收集资料并研究分析。总体规划阶段在调查分析的基础上编制设计任务书，通过一系列的图纸和设计说明书表达设计的理念和内容。技术设计阶段是根据已批准的总体规划设计编制的，是对总体规划阶段的图纸和文字修改后的更深入、更精确的设计。施工设计阶段是施工开始的前提，包括施工图设计、编制预算和施工设计说明书等。以上内容完成后还要由业主牵头，组织设计方、监理方和施工方进行施工图设计交底会。在交底会上，业主、监理和施工各方提出图纸上出现的各专业的问题，各专业设计人员则针对问题进行答疑。在具体的施工阶段，设计师与施工过程的密切配合也十分重要。

思考与练习

1. 园林规划设计有哪几个主要程序？每个程序都需要完成哪些工作？
2. 园林规划设计说明书包括哪些内容？

模块 2 核心技能

项目 1
城市道路绿地规划设计

学习目标　【知识目标】
　　（1）了解城市道路绿地规划设计的基本知识；
　　（2）理解城市道路绿地的种植类型；
　　（3）掌握城市道路绿地规划设计的原则。
　　【技能目标】
　　能够根据设计要求合理地进行各类城市道路绿地规划设计。

项目案例

太原市滨河路绿地景观设计

1. 项目概述

滨河东西路是 20 世纪 90 年代以来太原城市建设的重点工程，自建成投入使用以来，减缓了市内交通压力；但与此同时，滨河路附近的汽车尾气污染、噪声污染、光污染等问题对附近居民产生了一定影响。

2007 年，为了缓解市内交通压力，改善城市绿地不足的状况，提高城市的品位和形象，改善人居环境，恢复城市生态功能，太原市政府对滨河东路进行了快速化改造，同时建设了滨河东西路风景林带工程。

2009 年，太原市开始建设滨河西路南延道路工程，道路全长约 14km，北起长风大桥，南至迎宾路，道路红线宽 51.5m，规划绿线宽 100m，规划河堤顶宽 10m。由南中环桥、火炬桥、小店汾河桥等将道路自然划分为 4 段，各段长度分别为 2.8km、2.2km、5km 和 4km。该项目设计标准为城市快速路，设计车速为主车道 60km/h，辅道 40km/h。

2. 设计定位

设计定位为创造城市景观生态防护林，树木呈行列式、品字型栽植，植物密度较大，形成致密的乔、灌、草相结合的生态绿地。这样既有利于周边空气湿度、氧气浓度的增加和水土保持，又能减少粉尘污染、噪声污染、光化学污染等。

3. 地段分析

滨河东路北起柴村桥，南至南中环桥，全长167km，红线宽40m，绿线宽50m。改造定位为城市准快速路，设计车速为60km/h，断面形式为三板三带式，由西向东依次为：10m河堤绿化带，11m机动车道，2m机动车道绿化分隔带，11m机动车道，3m机动车道与非机动车道绿化分隔带，9m宽双向非机动车道，4m宽人行道，50m宽风景林带。道路绿地主要由中央隔离带、机非隔离带以及道路一侧50m的风景林带构成，其中，风景林带的建设为滨河东路景观的一大特色与亮点。滨河西路风景林带位于汾河公园西侧，北起柴村桥，南至长风桥，共长9.5km，宽50m。滨河东西路风景林带建设工程全长28.75km，绿化面积逾100hm^2。

滨河西路南延段采用复式断面低路堤方案，断面形式由东向西依次为：汾河河堤10m宽绿化带，河堤放坡8.5m宽坡面绿化，0.5m宽路侧带，6m宽辅道，2.5m宽绿化分隔带，11m宽机动车道，3m宽绿化分隔带，11m宽机动车道，2.5m宽绿化分隔带，7m宽辅道，5m宽非机动车道，3m宽人行道，最西侧为40m宽城市生态林带。

4. 设计理念

滨河东路以植物景观为主营造完善的群落生态，精选10多种植物群落配置单元，作为绿地的基本组合，确保植物的多样性和适应性。多以植物造景为主，植物种植注重体现季相变化，做到四季有景：春花、夏荫、秋实、冬翠。绿带整体设计形式有防护背景林带、风景林带、专类植物区（紫薇区、木槿区、忍冬枸子区、彩叶植物区、春华秋实区、月季区、菊花区、宿根花卉区）等。

滨河西路南延道路景观设计理念是以功能、景观、意境为主，结合道路本身的特点，以植物造景为主，提升道路沿线品位，减少道路粉尘和噪音污染，改善道路周围环境，形成城市绿带。

5. 规划原则

① 景观性原则；

② 植物多样性原则；

③ 带状延续性原则；

④ 生态性与人性化原则；

⑤ 注重文化性的体现原则。

6. 设计图纸（图2-1-1至图2-1-6）

图 2-1-1　太原市滨河路风景林带设计断面图

图 2-1-2 太原市滨河路风景林带局部设计效果图

图 2-1-3 太原市滨河西路南延中央分车带效果图

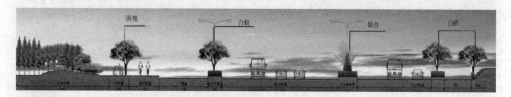

图 2-1-4 太原市滨河西路南延剖面图

项目1　城市道路绿地规划设计

图 2-1-5　太原市滨河西路南延 40m 宽风景林带效果图

图 2-1-6　太原市滨河西路南延 40m 宽风景林带节点效果图

知识准备

1.1　城市道路绿地

1.1.1　城市道路的类型

　　城市道路是指城市建成区范围内的各种道路。城市道路是城市的骨架，交通的动脉，城市结构布局的决定性因素。城市的规模、性质、发展状况不同，其道路也多种多样，根据道路在城市中的地位、交通特性和功能不同，有不同的分类和等级。近年来，城市交通运输迅猛发展，为了保证道路上的各种车辆能高效率通过，保证安全，节约能源，减少干扰，使各种功能的道路各尽所用，按照现代城市交通工具和交通流的特点进行道路功能分类，城市道路大体可分为以下6类。

(1) 高速干道

高速干道在特大城市、大城市中设置，为城市各大区之间远距离高速交通服务，联系距离20~60km，其行车速度为80~120km/h。行车全程立体交叉，其他车辆与行人不准使用。最少有四车道（双向），中间有2~6m宽分车带，外侧有停车道。

(2) 快速干道

快速干道也在特大城市、大城市中设置，用于城市各分区间较远距离交通道路联系，联系距离10~40km，其行车速度在70km/h以上。行车全程为部分立体交叉，最少有四车道，外侧有停车道，自行车道和人行道在外侧。

(3) 交通干道

交通干道是大、中城市道路系统的骨架，是城市各用地分区之间的常规中速交通道路。其设计行车速度为40~60km/h，行车全程基本为平交，最少有四车道，道路两侧不宜有较密的出入口。

(4) 区干道

区干道在工业区、仓库码头区、居住区、风景区以及市中心地区等分区内均存在。共同特点是作为分区内部生活服务性道路，行车速度较慢，横断面形式和宽度布置则因"区"制宜。其行车速度为25~40km/h，行车全程为平交，最少两车道。

(5) 支路

支路是小区街坊内的道路，是工业小区、仓库码头区、居住小区、街坊内部直接连接工厂、住宅群、公共建筑的道路，路宽与断面变化较多。其行车速度为15~25km/h，行车全程为平交，可不划分车道。

(6) 专用道路

专用道路是城市交通规划考虑特殊要求而设置的专用公共汽车专用道、自行车专用道，城市绿地系统中和商业集中地区的步行林荫路等。

1.1.2 城市道路绿地的类型

道路绿地是城市环境中的重要景观元素，它将城市绿地连成一个整体，对美化街景、衬托和改善城市面貌起到重要的作用。因此，道路绿地的形式直接影响着人们对城市的印象。现代城市有很多不同性质的道路绿地的类型和形式。

1.1.2.1 景观栽植

景观栽植是从道路环境的美学观点出发，从树种、树形、种植方式等方面来研究绿化与道路、建筑协调的整体艺术效果，使绿地成为道路环境中的有机组成部分。景观栽植主要是从绿地的景观角度来考虑栽植形式，可分为以下几种：

(1) 密林式栽植

密林式栽植要有一定的宽度，一般在50m以上。沿路两侧形成浓茂的树林，可用乔木或者乔、灌木加上常绿植物和地被植物分层栽植，封闭了道路，不易看到两侧景物，使道路具有明确的方向性，这种栽植形式一般用于城乡交界处、环绕城市或结合河湖布置（图2-1-7）。

项目 1　城市道路绿地规划设计

图 2-1-7　密林式栽植

图 2-1-8　自然式栽植

（2）自然式栽植

自然式栽植形式模拟自然景色，布局形式比较自由、活泼、多变。主要根据地形与环境条件等因素而定，沿街在一定宽度内布置自然树丛，一般要求宽度最小为 6m。树丛由不同种类的植物组成，具有高低、浓淡、疏密等变化，形成生动活泼的景观效果。这种形式能很好地与附近景物配合，增强街道的空间变化，但夏季遮阴效果不如整齐式的行道树。在路口、拐弯处的一定距离内要减少或不种植灌木以免妨碍司机的视线（图 2-1-8）。

（3）花园式栽植

花园式栽植是沿道路外侧布置成大小不同的绿化空间，有广场，有绿荫，并设置必要的园林设施，如园椅、园凳、园林小品等，供行人和附近居民逗留小憩和散步，也可以停放少量车辆和设置幼儿游戏场等。道路绿地可以分段与周围的绿化相结合，在用地紧张、人口稠密的街道旁可采用孤植乔木或绿荫广场的形式（图 2-1-9）。

119

图 2-1-9　花园式栽植

(4) 田园式栽植

道路两侧的园林植物都在视线以下，大多为草地，空间开敞。可直接与农田、苗圃、果园等生产性绿地相连。这种形式开朗、自然，富有乡土气息，可欣赏田园风光，在路上高速行车，视线较好。主要适用于气候温暖的地区(图2-1-10)。

(5) 滨河式栽植

道路的一侧临水，空间开阔，环境优美，是市民游憩的良好场所。在水面不十分宽阔，对岸又无风景时，可将滨河绿地布置得较为简单，常采用树木成片种植，岸边设置栏杆，树丛间安放座椅的形式；水面景观较佳时，也可增设游人步道、草坪、水榭等。游人步道应尽量靠近水边，或设置小型广场和临水平台，以满足游人亲水和观景的要求(图2-1-11)。

1.1.2.2　功能栽植

功能栽植是指在道路用地范围内或路旁因某种需要而进行的绿化栽植，包括防眩光、视线诱导、防风、缓冲、隔音、禁入、遮蔽等。功能栽植主要有以下几种类型：

(1) 遮蔽式栽植

遮蔽式栽植是考虑需要把视线的某一个方向加以遮挡，以免见其全貌。如街道某一处景观不佳而需要遮挡；城市的挡土墙或其他构造物影响道路景观而需要遮挡等。常常通过应用树木或攀缘植物等加以遮挡(图2-1-12)。

图 2-1-10　田园式栽植

项目1 城市道路绿地规划设计

图 2-1-11 滨河式栽植

图 2-1-12 遮蔽式栽植

(2) 遮阴式栽植

我国许多地区夏季比较炎热，街道上的温度也很高，所以十分重视遮阴树的种植。遮阴树的种植对改善道路环境，特别是对夏季降温效果十分显著（图 2-1-13）。

(3) 装饰栽植

装饰栽植可以用在建筑用地周围或道路绿化带、分隔带两侧作局部的间隔与装饰之用。它的功能是作为界限的标志，防止行人穿过、遮挡视线、调节通风、防尘、调节局部日照等（图 2-1-14）。

图 2-1-13　遮阴式栽植

图 2-1-14　装饰栽植

(4) 地被栽植

使用草坪草或地被植物覆盖地表,具有防尘、防止雨水对地面的冲刷等作用,在北方还有防冰冻的作用。同时,由于地表面性质的改变,对小气候还有缓和作用。地被的宜人色彩可以调节道路环境的景色,美化街景(图 2-1-15)。

(5) 其他类型

如防音栽植,防风、防雪栽植等。

图 2-1-15　地被栽植

1.1.3 道路横断面布置形式

垂直于城市道路中心线的剖面称为道路横断面，它能反映路型和宽度特征。城市道路横断面的布置形式是道路规划设计所采用的主要模式，常用的道路横断面布置形式有以下几种：

(1) 一板二带式

一板二带式即 1 条车行道，2 条绿带。这是道路绿化中最常用的一种形式，在位于中间的车行道两侧与人行道的分隔线上种植行道树。此法操作简单、用地经济、管理方便。但当车行道过宽时行道树的遮阴效果较差，同时这种形式也不利于机动车辆与非机动车辆混合行驶时的交通管理（图 2-1-16）。

(2) 二板三带式

二板三带式即 2 条车行道，3 条绿带。用一条绿带将车行道隔开形成单向行驶的两条车行道，并在道路两侧各布置一条行道树绿带。这种形式适用于机动车多、夜间交通量大而非机动车少的道路。其优点是解决了对向车流相互干扰的矛盾，且绿带数量较大、生态效益较显著、景观效果较好；但仍未解决机动车辆与非机动车辆混合行驶时的问题（图 2-1-17）。

图 2-1-16　一板二带式

图 2-1-17　二板三带式

(3) 三板四带式

三板四带式是利用两条分隔带把车行道分成 3 条,中间为机动车道,两侧为非机动车道,连同车行道两侧的行道树共为 4 条绿化带。此法虽然占地面积较大,却是城市道路绿化较理想的形式,其绿化量大,夏季庇荫效果好,组织交通方便,安全可靠,便于行人过街,利于夜间行车,解决了各种车辆混合行驶时互相干扰的矛盾,尤其适合在机动车、非机动车流量较大的区域使用(图 2-1-18)。

图 2-1-18　三板四带式

(4) 四板五带式

四板五带式是利用 3 条分隔带将车道分为 4 条,共 5 条绿化带,使机动车与非机动车辆均上行、下行各行其道,互不干扰,保证了行车速度和行车安全。但其用地面积较大,建设投资高。若城市交通较繁忙,而用地又比较紧张,则可用栏杆或隔离墩分隔,以节约用地(图 2-1-19)。

(5) 其他形式

根据城市所处地理位置、环境条件、城市景观要求不同的实际情况,因地制宜地设置道路和绿带等,从而形成了许多特殊的道路横断面设计形式,如山坡道、滨河林荫路等。

图 2-1-19　四板五带式

选择道路绿化形式务必要从实际出发,不能片面追求形式,讲求气派。尤其是在街道狭窄、交通量大的情况下,应该从行人的庇荫和树木生长对日照条件的要求来考虑,不能用减少车行道数量为代价来片面追求整齐对称。如果街道上不能种植行道树,可以采取特殊的绿化方式,如摆设盆栽植物、垂直绿化等。

1.2 城市道路绿地规划设计原则和树种选择条件

1.2.1 城市道路绿地规划设计原则

在进行城市道路绿地规划设计时,为了发挥道路绿地在改善城市生态环境和丰富城市景观中的作用,避免绿化影响交通安全,保证绿化植物的生存环境,使道路绿地规划设计规范,提高道路绿地规划设计水平,创造优美的绿地景观,在规划设计时应遵循以下原则:

(1)道路绿地应起到应有的生态功能

城市道路绿地犹如天然过滤器,可以滞尘和净化空气。尤其是行道树具有遮阴和降温的功能,同时,道路绿地中的植物还可以增加空气湿度、滤尘、减弱噪音、防眩光、改善道路沿线的环境质量和美化城市。以乔木为主,乔木、灌木、地被植物相结合的道路绿化,防护效果最佳,地面覆盖最好,景观层次丰富,能更好地发挥其功能作用(图2-1-20)。

图2-1-20 道路绿地的生态功能

图2-1-21 在视距三角形范围内要保证视线通透

(2)道路绿地设计要保障用路者安全

① 行车视线 为了保障行车安全,在道路交叉口视距三角形范围内和弯道内侧的规定范围内种植的树木不得影响驾驶员的视线通透,在弯道外侧的树木沿边缘整齐地连续栽植,预告道路线形变化,诱导驾驶员的行车视线(图2-1-21)。

② 行车净空 道路设计规定在各种道路的一定宽度和高度范围内为车辆运行的空间,树木不得进入该空间。具体范围应根据道路交通设计部门提供的数据确定。

(3)道路绿地设计应考虑街道上的附属设施

城市道路用地范围空间有限,在其范围内除安排机动车道、非机动车道和人行道等必不可少的交通用地外,还需安排许多市政公用设施,如公共厕所、候车亭等,都应给予方便合理的位置;人行过街天桥、地下通道出入口、电线杆、路灯、各类通风口、垃圾出入口、座椅等地上设施和地下管线、地下构筑物及地下沟道等都应相互配合，同时，道路绿化也需安排在这个空间里。树木生长需要有一定的地上、地下生存空间，如得不到满足，树木就不能正常生长发育，直接影响其形态和树龄，影响道路绿化所起的作用。因此，应统一规划，合理安排道路绿化与交通、市政等设施的空间位置，减少矛盾，使其各得其所（图2-1-22）。

(4) 道路绿化树种选择要因地制宜，适地适树

适地适树是指绿化要根据本地区气候、栽植地的小气候和地下环境条件选择适于在该地生长的树木，以利于树木的正常生长发育，抵御自然灾害，保持较稳定的绿化效果。植物伴生是自然界中乔木、灌木、地被等多种植物相伴生长在一起的现象，可形成植物群落景观。伴生植物生长分布的相互位置与各自的生态习性相适应。道路绿化为了使有限的绿地发挥最大的生态效益，可以进行人工植物群落配置，形成多层次的植物景观，但要符合植物伴生的生态习性要求。

图 2-1-22　道路绿化与附属设施结合

(5) 道路绿化要选择适宜的园林植物，创造完美的景观

道路绿化要符合美学的要求，处理好区域景观与整体景观的关系。城市道路绿化要与街景中的其他元素相互协调，与地形、沿街建筑等紧密结合，使道路在满足交通功能的前提下，与城市自然景色（地形、山峰、湖泊、绿地等）、历史文物（古建筑、古桥梁、塔、传统街巷等）以及现代建筑有机地联系在一起，把道路与环境作为一个景观整体加以考虑并做出一体化的设计，创造有特色、有时代感的城市环境（图2-1-23）。

图 2-1-23　道路绿化创造完美城市景观

(6) 道路绿化要保护道路绿地内的古树名木

古树是指树龄在百年以上的大树。名木是指具有特殊历史价值或纪念意义的树木及稀有、珍贵的树种。道路沿线的古树名木可依据《城市绿化条例》和地方法规或规定进行保留和保护。

(7) 道路绿化应远、近期结合

道路绿化从建设开始到形成较好的绿化效果需要十几年的时间。因此，道路绿化规划设计要有发展观点和长远眼光，对各种植物材料的形态、大小、色彩等现状和可能发生的变化都要有充分的了解，以便待各种植物长到鼎盛时期时，达到最佳效果，而且绿化树木不应经常更换、移植。同时，道路绿化建设的近期效果也应得到重视，使其尽快发挥功能作用。这就要求道路绿化远、近期相结合，互不影响。

1.2.2 城市道路绿化树种选择要求

① 能适应当地生长环境，移植时成活率高，生长迅速而健壮的树种（最好是乡土树种）。

② 管理粗放，对土壤、水分、肥料的要求不高，耐修剪、病虫害少、抗性强的树种。

③ 树干端直、树形端正、树冠优美、冠大荫浓、遮阴效果好的树种。

④ 发叶早、落叶迟的树种。

⑤ 深根性、无刺、花果无毒、无臭味、无飞毛、少根蘖的树种。

⑥ 树龄长，对烟尘、风害等抗性强的树种。

1.3 城市道路绿地景观设计

1.3.1 人行道绿地设计

从自行车道边缘到建筑红线之间的绿化地段统称为人行道绿地，它是街道绿地的重要组成部分，一般在街道绿地中占较大的比例。

人行道绿地宽2.5m左右时可种植一行乔木或乔、灌木间隔种植；宽6.0m左右时可种植两行乔木；宽10m以上时可采用多种种植方式建成道路带状花园。

在现代交通条件下，行人对街景的观赏主要以在人行道上步行为主，人行道上树木的间距、高度都会对行人的观赏视线产生影响，所以人行道绿地乔木种植应保证其间距和高度不影响景观视线。

1.3.1.1 人行道绿地的类型

人行道绿地主要有两种类型：封闭式和开放式。

(1) 封闭式人行道绿带的设计

① 对于宽度较小的封闭式人行道绿带一般采取规则式的植物配置方法，选择整形植物造型，乔木、灌木相结合（图2-1-24）。

另外，在设计时根据带状绿地的特点，人行道绿带一般完成1~2个完整的设计单元，然后此设计单元在绿带中以简单韵律或交替韵律的形式重复出现（图2-1-25）。

② 对于宽度较大的封闭式人行道绿带则可采用自然式的植物种植形式，在设计时应强调植物的季相变化和色彩变化，主要强调植物的群体美和整体效果（图2-1-26）。

图 2-1-24　封闭式人行道绿带设计　　　　图 2-1-25　封闭式人行道绿带中交替韵律的设计

图 2-1-26　自然式种植的人行道绿地　　　　图 2-1-27　可供行人观赏、游憩的开放式人行道绿地

(2) 开放式人行道绿带的设计

在进行开放式绿地设计时，首先应根据周围环境和人流集散情况确定出入口合理的位置和分布情况，并且应将出入口作为设计的重点，做到"自成景观"且"有景可观"。其次，由于人行道绿带属于线状绿地，开放式人行道绿带如果像封闭式绿带一样将 1~2 个完整的设计单元以简单韵律或交替韵律的形式重复出现，就会显得比较死板、无趣，缺乏变化；而如果完全不同的景观、景点在整个绿带中连续出现，就会加大设计的难度，而且从整体上也显得比较零乱，缺乏统一感。因此在进行人行道绿带的设计时应该抓住"景观节点"这个重点，即在整条绿带上突出几个重要的景观节点，重点设计，作为行人观赏、游憩活动的主要场所，其他部分以植物造景为主，简单设计即可，这样更符合多样统一的原则（图 2-1-27）。

1.3.1.2　行道树栽植形式

行道树绿带是指位于人行道上以种植大乔木为主，主要起遮阳和美化作用的绿化带。行道树绿带的宽度应根据道路的性质、类别和对绿地的功能要求以及立地条件等综合考虑而定,但不得小于1.5m。行道树栽植有树带式和树池式2种形式。

(1) 树带式栽植

树带式是指在人行道和车行道之间的树带中铺设草坪或种植地被植物,一般在交通人流量不大的情况下采用。种植带宽度应不小于1.5m;宽5m左右,可种植乔木、灌木和绿篱、草坪等。为防止行人践踏,影响水分和空气渗透,边缘一般应高出人行道6~10cm。

树带在适当的距离和位置留出一定量的铺装通道,便于行人往来(图2-1-28)。

图 2-1-28 树带式栽植

(2) 树池式栽植

在交通量比较大、行人多而人行道狭窄的道路,多采用树池的方式。但树池式营养面积小,也不利于松土、施肥等管理工作,不利于树木生长。

树池一般以方形为多,以(1.2~1.5)m×(1.2~1.5)m为宜,长短边之比不超过1:2;圆形树池直径不小于1.5m。树池上面常加盖格栅(池箅子)或卵石、树皮等覆盖物(图2-1-29)。

图 2-1-29 树池式栽植

1.3.1.3 行道树选择要求

行道树一般选择能适应当地生长环境,移植成活率高,生长迅速而健壮的树种(最好是乡土树种)。树种要求满足以下条件:

① 能适应粗放管理,对土壤、水分、肥料要求不高,耐修剪,病虫害少,抗性强。

② 树干端直，树形端正，树冠优美，冠大荫浓，遮阴效果好。
③ 发叶早，落叶迟。
④ 深根性，无刺，花果无毒，无臭味，无飞毛，少根蘖。
⑤ 适应城市生态环境，树龄长，对烟尘、风害等抗性强。

1.3.1.4 行道树定植株距和定干高度

行道树定植株距，应以其树种壮年期冠幅为准，最小种植株距应为4m。行道树树干中心至路缘石外侧最小距离宜为0.75m。行道树定干高度，应视其功能要求、交通状况、道路的性质和宽度以及行道树距车行道的距离和树木分枝角度而定。一般树干分枝角度大的，干高不小于3.5m；分枝角度小者，不能小于2m，否则影响交通。

1.3.2 分车带绿地设计

分车带绿地是指车行道之间可以绿化的分隔带，其中，位于上、下行机动车道之间的为中间分车绿化带；位于机动车道与非机动车道之间或同方向机动车道之间的为两侧分车绿化带。

分车绿化带不仅可用来分隔来往的车流，还为城市增加了一条美丽的风景线。一般分车带宽度为4.5~6.0m，最小的1.2~1.5m，长度50~100m，交通干道与快速路分隔带可以根据需要延长。

(1) 中间分车绿化带设计

中间分车绿化带应阻挡相向行驶车辆的眩光，在距相邻机动车道路面高度0.6~1.5m之间的范围内，配置植物的树冠应常年枝叶茂密，其株距不得大于冠幅的5倍。

(2) 两侧分车绿化带设计

两侧分车绿化带设计时宽度大于或等于1.5m的，应以种植乔木为主，且宜乔木、灌木、地被植物相结合。乔木树干中心至机动车道路缘石外侧距离不宜小于0.75m。两侧乔木树冠不宜在机动车道上方搭接。分车绿带宽度小于1.5m的，应以种植灌木为主，并结合地被植物种植。被人行横道或道路出入口断开的分车绿带，其端部应采取通透式配置（图2-1-30）。

图2-1-30　人行横道断开的分车绿带，其端部应采取通透式配置

1.3.3 路侧绿带设计

路侧绿带是街道景观的重要组成部分,对街道面貌、街景的四季变化起到明显的作用,路侧绿带设计要兼顾街景和沿街建筑的需要,要注意在整体上保持绿带连续和景观统一。

路侧道路绿带是带状狭长绿地,栽植形式可分为规则式、自然式以及规则与自然相结合的形式。规则式种植目前应用较多,多为直绿带中间种植乔木,在靠车行道一侧种植绿篱以阻止行人穿越。如华北地区路侧乔木为常绿树时,在乔木之间常常种植花灌木和地被植物以丰富季相变化;当绿带种植乔木为落叶树时,则可采用常绿黄杨球、紫叶小檗、铺地柏等做成各种整形图案以保持四季常青。如绿带下土层较薄或管线较多,可以花灌木和绿篱植物为主,形成重复的韵律或图案式种植。

当路侧绿带宽度大于8m时,可设计成开放式绿地,内部铺设游步道和供短暂休息的设施,方便行人进入游憩,以提高绿地的功能和街景的艺术效果,但绿化用地面积不得小于该段绿带总面积的70%,路侧绿带自然活泼,较受居民的欢迎。根据路侧绿带与其沿路环境不同,有两种常见的形式:

(1) 与建筑相邻的绿带

在建筑物两窗间可采用丛状种植,树种选择应注意与建筑物的形式、颜色等相协调,植物配置不能影响沿街建筑的使用功能,路侧绿地中的游憩设施主要是面向行人。

此种形式一般位于商业路段或服务场所较多的城市道路旁,靠近建筑的道路供进出建筑物的人们使用,另一条靠近车行道即人行道的道路供通行的行人使用。两条人行道之间的路侧绿带种植设计根据绿带的宽度和沿街建筑的性质而定,以观赏和休息活动为主,配置常绿及开花乔灌木,结合地被植物和草坪,局部开辟游憩小广场,设置花坛、园林建筑、雕塑等设施,提供休息和活动场所,要有良好的遮阴效果。

(2) 与水体相邻的绿带

濒临江、河、湖、海等水体的路侧绿地,应结合水面与岸线的地形设计成滨水绿带。因其侧面临水,空间开阔,自然条件优越,环境优美,是城镇居民游憩的好去处。如果加以绿化,可吸引大量游人,特别是夏日和傍晚会成为纳凉胜地,其作用不亚于风景区和公园绿地。

1.3.4 交叉路口绿地设计

交叉路口是两条或两条以上道路相交之处,其绿地由道路转角处的行道树和交通岛构成。

为了保证行车安全,道路交叉口转弯处必须空出一定距离,使司机在这段距离内能看到对面特别是侧方来往的车辆,并有充足的刹车和停车时间,而不致发生交通事故。根据两条相交道路的两个最短视距,可在交叉口平面图上绘制出一个三角形,称为"视距三角形"(图2-1-31)。在此三角形内不能有建筑物、构筑物、广告牌以及树木等遮挡司机视线的地面物。在视距三角形内配置植物时,其高度不得超过0.7m,宜选用低矮灌木、丛生花草种植。

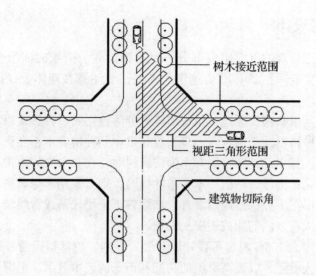

图 2-1-31　平面交叉路口视距三角形示意图

交叉路口绿地一般分为交通岛绿地和立体交叉绿地。

(1) 交通岛绿地

交通岛绿地分为中心岛绿地和导向岛绿地。交通岛起着引导行车方向、渠化交通的作用，交通岛绿化应结合这一功能。通过在交通岛周边合理种植，可以强化交通岛外缘的线形，有利于诱导驾驶员的行车视线，特别是在雪天、雾天、雨天，可弥补交通标线、标志的不足。交通岛边缘应采用通透式栽植，以保证沿交通岛内侧道路绕行车辆的行驶安全。

① 中心岛绿地是道路绿化的一种特殊形式，是原则上只具有观赏价值，不允许游人进入的装饰性绿地。中心岛外侧汇集了多处路口，尤其是在一些放射状道路的交叉口，可能汇集 5 个以上的路口。为了便于绕行车辆的驾驶员准确快速地识别各路口，中心岛上不宜过密种植乔木，在各路口之间保持行车视线通透。绿化以草坪、花卉为主，或选用几种不同质感、不同颜色的低矮常绿树、花灌木和草坪组成模纹花坛。图案不要过于繁复、华丽，以免驾驶员分散注意力及行人驻足欣赏而影响交通，不利安全。也可布置一些修剪成形的小灌木丛，在中心种植一株或一丛观赏价值较高的乔木加以强调。若交叉口外围有高层建筑，图案设计还要考虑俯视效果。

位于主干道交叉口的中心岛，因位置适中，人流、车流量大，是城市的主要景点，可在其中建柱式雕塑、市标、组合灯柱、立体花坛、花台等成为构图中心。但其体量、高度等不能遮挡视线(图 2-1-32)。

若中心岛面积很大而布置成街旁游园时，必须修建过街通道与道路连接，保证行车和游人安全。

② 导向岛绿地在交叉口道路中间应设置交通导向岛。当车辆从不同方向经过导向岛后，会发生顺行交织，因此，导向岛绿化应选用地被植物、草坪或花坛，不遮挡驾驶员视线(图 2-1-33)。

图 2-1-32　中心岛

图 2-1-33　栽植低矮地被的导向岛绿地

（2）立体交叉绿地

立体交叉绿地包括绿岛和立体交叉外围绿地。

① 绿岛　是立体交叉中分隔出来的面积较大的绿地，常有一定的坡度，绿化要解决绿岛的水土流失问题，需种植草坪等地被植物。绿岛上自然式配置孤植树、树丛、花灌木等形成疏朗开阔的绿化效果，或用宿根花卉、地被植物、低矮的常绿灌木等组成图案。在开敞的绿化空间中，更能显示出树形树态，与道路绿化带形成不同的景观。树丛不宜种植大量乔木或高篱，以免给人一种压抑感。

桥下宜种植耐阴地被植物，墙面进行垂直绿化。如果绿岛面积很大，在不影响交通安全的前提下，可设计成街旁游园，设置园路、座椅等园林小品和休憩设施等，供人们短时间休憩。

② 立体交叉外围绿地　设计时要和周围的建筑物、道路和地下管线等密切配合。在

弯道外侧种植成行的乔木，突出匝道附近动态曲线的优美，诱导驾驶员的行车方向，使行车有舒适安全之感。

树种选择应以乡土树种为主，能适应立体交叉绿地的粗放管理。此外，还应重视立体交叉形成的一些阴影部分的处理。耐阴植物和草皮都无法正常生长的地方应改为硬质铺装，作为自行车、汽车的停车场或修建一些小型的服务设施。

总之，立体交叉绿地要根据各立体交叉的特点进行绿化设计，通过绿化装饰、美化增添立交处的景色，形成地区的标志，并能起到道路分界的作用(图2-1-34)。

图2-1-34　立体交叉绿地

1.3.5　停车场绿地设计

目前，由于大中城市机动车辆急剧增加，以发展的眼光看，随着国民经济的持续增长和人民生活水平及购买力的提高，消费观念的更新以及对"行"的现代化、高效化和舒适化的需求的增长，我国家庭小汽车拥有量呈现逐渐增长的趋势是不可避免的。因此，对停车场的要求也越来越迫切。一般在较大的公共建筑物，如剧场、体育馆、展览馆、影院、商场、饭店等附近都应设停车场。

(1)停车场绿地形式

停车场绿地可分为3种形式：周边式、树阵式和建筑前的绿地兼停车场。

(2)停车场绿地设计方法

停车场周边应种植高大庇荫乔木，并宜种植隔离防护绿带；在停车场内宜结合停车间隔带种植高大庇荫乔木。停车场种植的庇荫乔木可选择行道树种，其树木枝下高度应符合停车位净高度的规定：小型汽车为2.5m；中型汽车为3.5m；载货汽车为4.5m。具体设计方法为：

① 周边式　这种形式是四周种植常绿乔木、花灌木、草地、绿篱或围以栏杆，场内地面全部铺装，不种植物。

② 树阵式　为了给车辆遮阴，可在场地内种植成行、成列的常绿乔木，配置花灌木，除乔木的种植带（池）外，场内地面全部铺装。

③ 建筑前的绿地兼停车场　因靠近建筑又使用方便，是目前运用最多的停车场形式。这种形式的绿地布置灵活，多结合基础绿化、前庭绿化和部分行道树。设计时要求绿地既能衬托建筑，又能对车辆起到一定的遮阴和隐蔽作用，因此，一般采用乔木和高绿篱或灌木相结合的形式。

1.3.6　高速公路绿地设计

随着国民经济的发展和城市化进程的加快，高速路在我国正逐步形成网络。高速路分为高速公路和城市快速干线，前者的设计车速为80~120km/h，后者为60~80km/h。以下介绍以高速公路为主，城市快速干道可参照高速公路。

高速公路绿化具有多种功能，它既可以美化环境，还可以避免、减少和缓冲行车事故的发生，稳定路基，延长高速公路的寿命。在高速公路绿化设计与建设中，根据自然条件、公路运输和使用者的需要，选择适合的绿化植物，利用植物的颜色、形态及风格的多样性，在道路两旁及公路用地范围内建立和谐、优美的植物群体。

（1）中央分车带绿化

中央分隔带按照不同的行驶方向分隔车道，防止车灯眩光干扰，减轻对向行驶车辆接近时驾驶员心理上的危险感。中央隔离带绿地较窄时宜采用单株等距式植物配置，较宽时可采用双行或多行栽植。中央分隔带绿化以常绿灌木（如云杉、圆柏等）规则式种植为主，配以适应性强、花期长、花色艳丽的花灌木（如丰花月季、连翘、探春、丁香等），以保证全路在整体风格上的协调一致。

（2）公路两侧绿化

为减轻高速公路穿越市区产生的噪音和废气污染，在干道两侧留出20~30m宽的防护林带，形成乔木、灌木、草坪多层混交植物群落。在有景点的地方，绿化应留足透景线。树种应以生态防护为主，兼顾美化路容和构成通道绿化主骨架的功能，栽植速生、美观、能与周围农田防护林相协调的树种。

（3）边坡种植设计

为防止路堤边坡的自然侵蚀和风化，减少水土流失，达到稳定边坡和路基的目的，宜根据不同立地土壤类型，采用工程防护与植物防护相结合的防护措施。由于路基缺乏有机质，应选择根系发达、耐贫瘠、抗干旱、涵养水源能力强的植物。土质边坡主要采用地被植物（如狗牙根）覆盖，重要路段结合窗格式或方格式预制砼砖内铺设抗干旱的草坪植物（如高羊茅、马尼拉等），石质挖方路堑地段及路肩墙路段采用适应性强的攀缘植物（如爬山虎、山荞麦等）进行覆盖（图2-1-35）。

（4）服务区绿化

高速公路上一般每隔50~80km需设一个服务区，为过往车辆提供汽车修理、加油以及司机和旅客暂停吃饭、购物、休息等综合服务。其绿化设计以庭院布局为主，形式开敞，选择观赏性强的植物，形成线条流畅、舒缓的绿篱，突出时代气息，局部的自然式植

图 2-1-35　边坡种植设计

物配置便于服务区的人们近观品味。根据不同服务区的建筑风格，设计并营造出环境幽雅、景观别致的绿化效果。

实践教学

实训 1-1　某城市道路绿地规划设计

1. 实训目的

为了使学生能够更好地理论结合实际，并且培养学生的规划设计能力、艺术创新能力和对理论知识的综合运用能力，掌握道路规划设计的方法和程序，特选择当地某段道路绿地规划设计作为项目实训内容，要求学生在外业调查的基础上，结合道路功能和当地环境条件进行设计。

2. 实训条件

(1) 某城市道路规划设计任务书。

(2) 道路所处位置区位图、绿化用地现状图和各种管线布置图。

(3) 制图室和相应的绘图工具或计算机辅助设计室和绘图软件。

3. 实训要求

(1) 道路设计应满足交通功能，并能够结合当地的环境特点，巧妙构思，体现出城市文化内涵和地方特色。

(2) 道路设计要求立意新颖，格调高雅，具有时代气息。

(3) 道路设计布局合理，能够满足道路的交通便利和安全要求。

(4) 在植物选择上，要考虑绿化和美化的要求，正确运用合理的植物配置形式，符合构图规律，创造出良好的道路景观。

(5) 制图规范，设计完成的图纸能满足施工要求。

4. 方法与步骤

(1) 现场调查，收集资料：对给定路段进行现场勘查，了解周围的环境条件以及道路的性质、功能、规模和绿地规划设计的要求等。了解当地的自然条件、社会条件。确定绿地的风格、形式和内容设施。

(2) 分析资料：根据任务书提供的资料和收集的资料，对建设绿地的平面图、管线分布图等基础资料进行进一步的分析。

(3)绘制底图:对收集的基础平面图按照设计比例要求放大,作为规划设计用底图。

(4)确定方案:确定设计方案,经过研讨,与建设单位沟通,修改,确定最终设计方案。

(5)完成设计:按照设计要求,最终完成设计图纸和设计文本,包括平面图、立面图、效果图和设计说明书、植物名录等。设计可以手绘完成或电脑完成。

5. 考核评价

(1)景观设计:能因地制宜地进行合理的景观规划设计,合理展开景观序列,景观丰富。主题明确,立意构思新颖巧妙。

(2)功能要求:能够根据广场类型结合环境特点,满足设计要求,功能布局合理,符合设计规范。

(3)植物配置:植物选择正确,种类丰富,配置合理,植物景观主题突出,季相分明。

(4)方案可实施性:在保证功能的前提下,方案新颖,可实施性强。

(5)设计表现:图面设计美观大方,能够准确地表达设计构思,符合制图规范。

知识拓展

一、花园式林荫道绿地设计

1. 花园式林荫道的概念

花园式林荫道是指与人行道平行且具有一定宽度的带状绿地,也可称作带状街头休息绿地。可供附近居民和行人做短时间休息散步,内有简单的园林设施,对改善城市小气候有较大作用,同时可以组织交通,丰富街景,增加绿地面积。

2. 花园式林荫道的布置类型

(1)设在街道中间的林荫道(布置在道路中轴线上)

优点:街道整齐对称美观,对组织上、下行车流有利。

缺点:人们进入林荫道时必须横穿车道,对车辆行驶、人身安全不利,特别是儿童。因此,在交通干道上不宜采用,只适用于步行为主或车辆稀少的街道。

(2)设在街道一侧的林荫道(布置在便于居民和行人使用的一侧)

优点:行人不横穿街道就可进入。

缺点:缺乏对称感,在要求庄严、整齐的主干道上不宜采用。

(3)设在街道两侧的林荫道

根据用地宽度,有3种布置形式:

① 简单式:用地最小宽度为8m,种植两行乔木;

② 复式:宽度大于20m,通常规划2条游步道,有3条绿带;

③ 游园式:宽度至少在40m以上,布置形式可为规则式,还可以是自然式,2条游步道。

3. 花园式林荫道设计要点

(1)为了保证林荫道内有一个宁静、卫生、安全的环境,在它的一侧或两侧必须由乔木和绿篱组成绿色屏障与车行道隔开。

(2)必须设游步道,路宽8m时有1条步道,路宽8m以上时以2条游步道为宜。

(3)林荫道中除了布置游步道外,还可考虑儿童游戏场,座椅、花坛、喷泉、阅报栏、花架等。

(4)为便于行人出入,应适当分段,一般以两旁主要建筑出入口相应而设。但分段不宜过多,以保持内部的安全与卫生,长度以75~100m为宜，每段布置应有特色，但总体风格要统一。

（5）两端出入口常与街道广场或公园相连，因此布置的形式、大小、装饰特点要与周围环境相统一；设在中间分段的出入口，在不影响视线情况下，宜小不宜大。

（6）植物配置宜以丰富多彩的植物为主。一般道路广场占25%~35%，乔木占30%~40%，灌木占20%~30%，草坪占10%~20%，花坛类占2%~5%。南方常绿树可多些。北方考虑到植物在冬季对阳光的需要，以落叶树多些为宜。

（7）宽度在8m以上时，可考虑采用自然式布局；8m以下时，多采用规则式布局。

二、步行街绿地设计

步行街是指城市道路系统中确定为专供步行者使用，禁止或限制车辆通行的街道。确定为步行街的街道一般在市、区中心商业、服务设施集中的地区，又称为商业步行街。如北京的王府井、上海的南京路、大连的天津街、沈阳的中街等。因此，步行街绿地设计不只是美化环境的方式，还是繁荣城市商业活动和有机活力的重要手段。

步行街绿化形式要灵活多样，协调统一，结合步行街的特点，以行道树为主，以花池为辅，适当点缀店铺前的基础绿化、角隅绿化、屋顶绿化、平台绿化等形式，达到装点环境、方便行人的目的。行道树池要加盖美观的树池格栅，或布置围树座椅，花池边沿设计成方便行人坐憩的尺度，增加可移动的花钵、花车、花篮等，点缀以时令花卉，常年花开不断。

步行街上的植物应树冠丰满，树形优美，枝叶可赏性强，如北方常用的槐树、银杏、五角枫、油松等；不能选择丛生、低矮的灌木，如连翘、榆叶梅、蔷薇等，以免影响行人穿行。商业街面较窄，高楼林立，应注意耐阴植物的选择。

步行街内主要以商业店铺为主，以装饰性强的地面硬质铺装为主，绿化小品为辅。环境设计以座椅、灯具、喷泉、雕塑等小品为主，而绿化只是作为其中的点缀，占有很小的比重和很少的面积，多种植大乔木以遮阴。但应保持步行街空间视觉的通透，不遮挡商店的橱窗、广告等。

步行街上的果皮箱、街灯、座椅和花坛、棚架、雕塑、水池等都可作为构景要素，和绿地有机结合（图2-1-36）。

图2-1-36　上海南京路步行街

思考与练习

1. 简述城市道路绿地的概念。
2. 简述城市道路绿地的类型。
3. 简述城市道路绿地植物景观设计原则。
4. 简述城市道路行道树选择要求。
5. 简述交通岛绿地设计要求

项目 2
城市广场绿地规划设计

学习目标

【知识目标】
(1) 了解城市广场的概念、发展历史，理解城市广场的类型及基本特点；
(2) 掌握城市广场设计的原则和方法；
(3) 掌握各类城市广场规划设计的要点和注意事项。

【技能目标】
(1) 能进行广场设计现场调查并收集所需资料；
(2) 能够根据甲方的设计要求提出合理的设计方案；
(3) 能够绘制一套完整的广场设计图；
(4) 能够进行各类城市广场的规划设计。

 项目案例

南京西安门广场景观设计

1. 项目概述

南京西安门广场位于南京市中山东路与城东干道的交叉口，北至中山东路，南至西华门宾馆，东至规划巷道，西至龙蟠路。西安门是明故宫宫城的西门，也是唯一保留的城门，目前保留有明城砖砌筑的3个拱券式城门以及连接城门的部分城墙莲花座基础。

2. 设计依据

(1) 广场环境设计应赋予广场丰富的文化内涵。

(2) 广场的环境应与所在城市所处的地理位置及周边的环境、街道、建筑物等相互协调，共同构成城市的活动中心。设计时要考虑到广场所处城市的历史、文化特色与价值。注重设计的文化内涵，对不同文化环境的差异和特殊需要加以深刻领悟和理解，设计出城市在该文化环境中、该时代背景下的文化广场。

(3) 丰富广场空间的类型和结构层次，与周围整体环境在空间比例上协调统一。城市文化广场的结构一般都为开敞式的，组织广场环境的重要因素就是结合广场规划性质，保护历史建筑，运用合理适当的处理方法，将周围建筑很好地融入广场环境中。广场空间的类型和层次可看作是广场环境系统的空间结构,丰富空间的层次和类型是对系统结构的完善,将有助于满足广场使用多样性的需求。丰富空间的结构层次,利用尺度、围合程度、地面质地等手法在广场整体中划分出主与从、公共与相对私密等不同的空间。在不同空间丰富空间边沿的状态。人的行为表明人在空间中倾向于寻找可依靠的边界,即"边界效应"。环境通过物质形式向人传达环境的意义。因此,在空间边沿的设计中,应丰富其类型,提高人们选择的可能性,从而满足多样性的需求。

3. 地段分析

西安门广场面积为 $1.5hm^2$,形状接近正方形,尺度较适宜,中部有明故宫宫城城门遗址。广场的北面和西面紧邻城市主干道,中山东路和龙蟠路均属于车行交通流量较大的主干道,由此沿这两个边界除设置步行入口外,自由式种植大中型乔木,特别是西北部,以分隔城市交通空间与广场的游憩空间;广场东侧紧邻城市巷道,且巷道的东侧为沿街商业,沿此界面布置部分种植花木,其花坛边缘可作休息之用;南面为西安门宾馆,通过种植灌木弱化界面,或者通过铺装将西安门的空间扩展延伸至边界。

4. 设计理念

西安门城墙遗址是整个广场设计的中心和灵魂,设计追求在现代城市中体现传统历史文化内涵,实现"历史与现实""传统与现代"的完美结合。因此,规划定位为城市文化休闲广场。整个广场以西安门城墙和莲花座基础为中心,在充分分析明代宫城的整体空间格局的基础上,设计采用中轴对称手法,以保留宫城的轴线延续性。

广场定位于文化休闲,因此在广场内部只考虑人行交通,围绕西安门遗址的3个拱门,在西安门周边扩展一圈步行空间,形成宫格状步行空间。

根据广场的文化休闲定位,广场配套了各式座椅、灯具、水池、喷泉等各类景观小品和设施,以供市民游憩之用,并建设无障碍通道。

5. 规划原则

(1) 规模适当原则

设计广场时,应根据城市的规模、广场的功能要求以及人们活动类型的需求等来综合考虑广场适宜的规模。国家建设部(现住房与城乡建设部)、发改委、国土资源部、财政部联合印发了《关于清理和控制城市建设中脱离实际的宽马路、大广场建设的通知》(建规[2004]29号),根据通知要求,对于城市游憩集会广场建设的规模做出了相应的规定:小城市和镇不得超过 $1hm^2$,中等城市不得超过 $2hm^2$,大城市不得超过 $3hm^2$,人口规模在 200 万以上的特大城市不得超过 $5hm^2$。

(2) 地域特色原则

地域特色包括自然特色,也包括社会文化特色。体现地方自然特色就是要适应当地的地形地貌和气温气候特征,采用富有地方特色的绿化、施工材料等;体现社会文化特色就是要突出地方人文特性和历史特性,通过特定的使用功能、地形条件和主题景观来塑造广场鲜明的地方特色,同时继承地方历史文脉、弘扬地方风情和民俗文化。

(3) 功能复合原则

现代城市广场或以某一种功能为主,兼顾其他功能类型;或者是组织多种功能,以此满足不同类型人群的不同活动和心理需要。因此广场景观设计应遵循功能复合原则,广场

模块2 核心技能

图 2-2-1　西安门拱门附近景观图

的功能和设施也应多样化，兼顾艺术性、娱乐性、休闲性和纪念性，使得广场使用更加有效，形成多种层次和类型的公共活动空间。

(4) 突出主题原则

虽然现代城市广场功能趋于复合，但在进行广场景观设计时仍要明确广场的主要功能和主题，围绕主要功能，明确广场的主题，通过不同的景观设计要素与不同的景观设计手法来表达，为每个广场打造出不同的特色，使广场具有明显的识别性。

6. 设计图纸

南京西安门广场部分设计图纸如图 2-2-1、图 2-2-2。

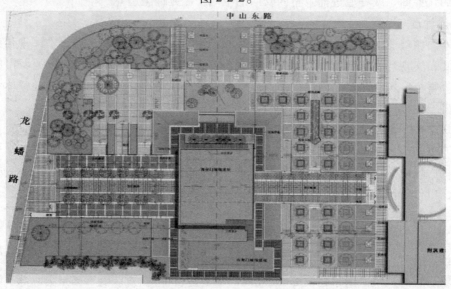

图 2-2-2　西安门广场平面图

知识准备

2.1　城市广场的概念

城市广场一般是指由建筑物、街道和绿地等围合或限定形成的永久性城市公共活动空间，是城市空间环境中最具公共性、最富有艺术魅力、最能反映城市文化特征的开放空间，有着城市"起居室"和"客厅"的美誉。

2.2　城市广场的类型

现代城市广场通常是按广场的功能性质、尺度关系、空间形态、材料构成、平面组合和剖面形式等划分的，其中最为常见的是根据广场的功能性质来进行分类，一般可以分为：市政广场、纪念广场、交通广场、商业广场、宗教广场、文化休闲娱乐广场。但是有的广场兼有多重功能，同时也具有多重性质，例如，有的纪念性广场同时也是文化休闲娱乐广场，如大连星海广场是为纪念大连建市一百周年建造的集休闲和纪念意义于一体的大型城市广场。

2.2.1 市政广场

市政广场一般位于城市的中心位置，通常是市政府、城市行政区中心、老行政区中心和旧行政厅所在地，用于政治、文化集会、庆典、游行、检阅、礼仪、传统民间节日活动等的广场。市政广场往往布置在城市主轴线上，成为一个城市的象征，如天安门广场（图2-2-3）。在市政广场上常设有表现该城市特点或代表该城市形象的重要建筑物或大型雕塑（图2-2-4）。

图2-2-3 天安门广场

图2-2-4 旧金山市政广场的主体建筑

市政广场一般面积较大，为了使大量的人群在广场上有自由活动、节日庆祝的空间，广场多以硬质铺装为主，如北京天安门广场、莫斯科红场等。也有以软质材料绿化为主的，如美国华盛顿市中心广场，整个广场如同一个大型公园，配以坐凳等小品，把人引入绿化环境中去休闲、游赏。但广场上不宜布置过多的娱乐性建筑及设施。

市政广场一般反映该城市的面貌，因而广场设计时，一般为规则式布局，并要与周围建筑布局、环境相协调，平面、立面、透视感觉、空间组织、色彩和形体对比等，都应起到相互烘托、相互辉映的作用，反映出广场的壮丽景观（图2-2-5）。

2.2.2 纪念广场

纪念广场题材非常广泛，可以纪念人物，也可以纪念事件。广场中心或轴线通常以纪念雕塑（或雕像）、纪念碑（或柱）、纪念建筑或其他形式的纪念物为标志，主体标志物应位于整个广场构图的中心（图2-2-6）。

纪念广场的大小没有严格限制，只要能达到纪念效果即可。因为通常要容纳众人举行缅怀纪念活动，所以广场中应具有相对完整的硬质铺装场地，而且与主要纪念标志物（或纪念对象）保持良好的视线或轴线关系。

图 2-2-5　某市政广场周围环境景观

图 2-2-6　南昌八一纪念广场

纪念广场的选址应远离商业区、娱乐区等，严禁交通车辆在广场内穿越，以免对广场造成干扰，并注意突出严肃深刻的文化内涵和纪念主题。宁静和谐的环境气氛会使广场的纪念效果大大增强。纪念广场一般保存时间很长，所以，其选址和设计都应紧密结合城市总体规划统一考虑（图 2-2-7）。

图 2-2-7　国外某纪念广场

2.2.3　交通广场

交通广场包括站前交通广场、大型建筑前广场和环岛交通广场。它是交通的连接枢纽，起着交通、集散、联系、过渡及停车的作用，并有合理的交通组织，是城市交通的有机组成部分。

交通广场是人群集散较多的地方。站前广场主要建在汽车站、火车站、飞机场、轮船码头等主要入口处；大型建筑前广场主要位于剧场、体育馆（场）、展览馆、饭店旅馆等门前；环岛交通广场设在城市干道交叉口处。

对外交通的站前交通广场往往是一个城市的入口，其位置一般比较重要，很可能是一个城市或城市区域的轴线端点。广场的空间形态应尽量与周围环境相协调，体现城市风貌，使过往旅客使用舒适，印象深刻（图 2-2-8）。

图 2-2-8　上海火车站北广场

环岛交通广场地处道路交汇处，尤其是 4 条以上的道路交汇处，以圆形居多，3 条道路交汇处常常呈三角形（顶端抹角）。环岛交通广场的位置重要，通常处于城市的轴线上，是城市景观、城市风貌的重要组成部分，形成城市道路的对景。一般以绿化为主，应有利于交通组织和司乘人员的动态观赏，同时，广场上往往还设有城市标志性建筑或小品（喷泉、雕塑等）（图 2-2-9）。

图 2-2-9　环岛交通广场

2.2.4　文化广场

文化广场是为了展示城市深厚的文化积淀和悠久历史，经过深入挖掘整理，从而以多种形式在广场上集中地表现出来。因此，文化广场应有明确的主题，与休闲广场无需主题正好相反，文化广场可以说是城市的室外文化展览馆，一个好的文化广场应让人们在休闲中了解该城市的文化渊源，从而达到热爱城市、激发上进精神的目的（图 2-2-10）。

在现代社会中，由于人们工作紧张、压力大，为了缓解精神压力和疲劳，文化广场除了展示城市文化外，还要具有休闲功能，因此，它的设计和布局往往包含休闲广场的内容（图 2-2-11、图 2-2-12）。

图 2-2-10　某文化广场

图 2-2-11　西安大雁塔北广场

图 2-2-12　西安大雁塔东广场中供休闲的长凳

2.2.5　休闲广场

休闲广场是供人们休息、娱乐、交流、演出及举行各种娱乐活动的重要场所，已成为广大市民最喜爱的户外活动空间。其位置通常选择在人口较密集的地方，便于市民使用。广场布局灵活多变，面积可大可小，空间自由多样，但一般与环境结合很紧密。广场中宜布置台阶、坐凳等供人们休息，设置花坛、雕塑、喷泉、水池等供人们观赏。广场应营造轻松、愉悦的氛围，以便于市民置身其中得以全身心放松（图 2-2-13）。

图 2-2-13　休闲广场

2.2.6　商业广场

商业广场是指位于商店、酒店等商业贸易性建筑前的广场，它是城市广场中最古老的类型。商业广场既要方便顾客购物，又要避免人流与车流的交叉，同时可满足人们休憩、交游、饮食等的需求，它是城市生活的重要中心之一（图2-2-14）。商业广场大多采用步行街的布置方式，是商业中心的核心，如南京湖南路步行街广场。商业广场必须与其环境相融、功能相符、交通组织合理，同时应充分考虑人们购物和休闲的需要。如交往空间的创造、休息设施的安排和适当的绿化等，广场中宜布置各种城市小品和娱乐、休息设施（图2-2-15）。

图 2-2-14　商业广场

图 2-2-15　南京湖南路步行街广场

2.3　现代城市广场的基本特点

随着城市的发展，全国各地涌现出大量的现代城市广场，为市民的户外活动提供了重要的场所。现代城市广场不仅丰富了市民的社会文化生活，改善了城市环境，带来了多种效益，同时也折射出当代特有的城市广场文化现象，成为城市精神文明的窗口。在现代社会背景下，现代城市广场面对现代人的需求，表现出以下基本特点：

(1) 功能上的综合性

现代城市广场应满足的是现代人多种户外活动的功能要求。年轻人聚会、老人晨练、歌舞表演、综艺活动、休闲购物等，都是过去以单一功能为主的专用广场无法满足的，取而代之的必然是能满足不同年龄、性别的各种人群(包括残疾人)的多种功能需要，具有综合功能的现代城市广场。

(2) 性质上的公共性

现代城市广场作为现代城市户外公共活动空间系统中的一个重要组成部分，首先应具有公共性的特点。随着工作、生活节奏的加快，传统封闭的文化习俗逐渐被现代文明开放的精神所代替，人们越来越喜欢丰富多彩的户外活动。

(3) 空间上的多样性

现代城市广场功能上的综合性，必然要求其内部空间场所具有多样性的特点，以实现不同功能。综合性功能如果没有多样性的空间创造与之相匹配，是无法实现的。

(4) 风格上的艺术性

现代城市广场设计时要有自己独特的风格艺术魅力，避免广场设计不结合当地的实际情况和历史、文化底蕴，从而失去地方艺术特色，造成千城一面的弊端。一个好的城市广场设计应该在空间布局、树木花草造型等方面均富有艺术气息，使人们在广场中的文化活动、休闲与交流得到美的精神享受与艺术陶冶。

2.4 城市广场绿地规划设计原则

城市广场是人们政治、文化活动的中心，也是公共建筑最为集中的地方。城市广场规划设计除应符合国家有关规范的要求外，一般还应遵循以下原则：

(1) 系统性原则

城市广场设计应根据周围环境特征、城市现状和总体规划的要求，确定其主要性质和规模，统一规划、统一布局，使多个城市广场相互配合，共同形成城市的开放空间体系。

(2) 完整性原则

城市广场在设计时要保证其功能和环境的完整性。明确广场的主要功能，在此基础上，辅以次要功能，主次分明，以确保其功能上的完整性。广场不是孤立存在的，应该充分考虑到环境的历史背景、文化内涵、周边建筑风格等问题，以保证其环境的完整性。

(3) 多样性原则

虽然现代城市广场应有一定的主导功能，但仍可以具有多样化的空间表现形式和特点。由于广场是人们共享城市文明的舞台，它既反映作为群体的人的需要，也要综合兼顾特殊人群（如残疾人）的使用要求。同时，服务于广场的设施和建筑功能也应多样化，将纪念性、艺术性、娱乐性和休闲性兼容并蓄（图2-2-16）。

市民在广场上的行为活动，无论是自我独处的个人行为还是公共交往的社会行为，都具有私密性与公共性的双重特点。当独处时，只有在社会安全与安定的条件下才能心安理得，如果失去场所的安全感和安定感，则无法潜心静处；反之，则当处于公共活动时，也不忘以自我防卫的心理，力求自我隐蔽。这样一些行为心理对广场中的场所空间设计提出了更高的要求，就是要给人们提供能满足不同需要的多样化的空间环境（图2-2-17）。

图2-2-16　将纪念性、艺术性、娱乐性、休闲性融为一体的西安大雁塔广场

项目2 城市广场绿地规划设计

图 2-2-17 广场中为人们提供的休闲空间

(4) 生态性原则

现代城市广场设计应该以城市生态环境可持续发展为出发点。在设计中充分引入自然，再现自然，适应当地的生态条件而为市民提供的各种活动，创造景观优美、绿化充分、环境宜人、健全高效的生态空间(图 2-2-18)。

图 2-2-18 西安大雁塔西广场中体现生态性的绿地空间

图 2-2-19 艺术特色鲜明的园林小品

(5) 特色性原则

城市广场应具有地方特色，在设计时应继承城市当地的历史文脉，适应地方风情民俗文化，突出地方建筑艺术特色，避免千城一面，增强广场的凝聚力和城市旅游吸引力(图 2-2-19、图 2-2-20)。

广场的特色性不是设计师的凭空创造，更不能套用现成特色广场的模式，而是对广场的功能、地形、环境、人文、区位等方面做全面的分析，不断地提炼，才能创造出与市民生活紧密结合和独具地方特色、时代特色的现代城市广场。它既包括自然特色，也包括其社会特色。首先城市广场应突出其地方社会特色，即人文特性和历史特性。通过特定的使用功能、场地条件、人文主题以及景观艺术处理，塑造广场的鲜明特色。如西安钟鼓楼广场，注重把握历史的文脉，整个广场以连接钟楼、鼓楼，衬托钟鼓楼为基本使命，并把广场与钟楼、鼓楼有机结合起来，具有鲜明的地方特色(图 2-2-21)。

图2-2-20　地方特色鲜明的园林小品

图2-2-21　西安钟鼓楼广场

另外，城市广场还应突出其地方的自然特色，即适应当地的地形地貌和气温气候条件等。城市广场应强化地理特征，尽量采用富有地方特色的建筑艺术手法和建筑材料，体现地方的园林特色。

(6) 步行化原则

步行化是现代城市广场的主要特征之一，也是城市广场的共享性和良好环境形成的必要前提。广场空间和各因素的组织应支持人的行为，如保证广场活动与周边建筑及城市设施使用的连续性。在大型广场，还可根据不同的使用功能和主题考虑步行分区的问题。随着现代机动车日益占据城市交通的主导地位，广场设计的步行化原则的重要性更为凸显出来（图2-2-22）。

图2-2-22　步行化的城市广场

此外，在设计时应当注意，人在广场上徒步行走的耐疲劳程度和步行距离极限与环境的氛围、景物布置、当时心境等因素有关。在单调乏味的景物、恶劣的气候环境、烦躁的心态、急促的目标追寻等条件下，即使较近的距离也显得远；相反，若心情愉快，或与朋友边聊边行，又有良好的景色吸引和引人入胜的目标诱导时，远者亦近。但一般而言，人们对广场的选择从心理上趋向于就近、方便的原则。

2.5　现代城市广场绿地规划设计形式

(1) 排列式

这种形式属于规则式，主要用于广场周围或者长条形地带，用于隔离或遮挡，或作背景。单排的绿化栽植，可在乔木间加种灌木，灌木丛中再加种草本花卉，但要有适当的株间距，以保证有充足的阳光和营养面积。在株间排列上，近期可以密一些，几年以后可以考虑间移，这样既能使近期绿化效果好，又能培育一部分大规格苗木。乔木下面的灌木和草本花卉要选择耐阴品种。并排种植的各种乔灌木在色彩和体型上要注意协调（图2-2-23）。

图 2-2-23　排列式种植的广场绿化

图 2-2-24　集团式种植的广场绿化

(2) 集团式

集团式也是规则式的一种，是为避免成排种植的单调感，把几种树组成一个树丛，有规律地排列在一定的地段上。这种形式有丰富、浑厚的效果，排列整齐时远看很壮观，近看又很细腻。可用草本花卉和灌木组成树丛，也可用不同的灌木或乔木组成树丛（图 2-2-24）。

(3) 自然式

这种形式与规则式不同，是在一定的地段内，花木种植不受统一的株、行距限制，而是疏密有序地布置，从不同的角度望去有不同的景致，生动而活泼。这种布置不受地块大小和形状的限制，可以巧妙地解决与地下管线的矛盾。自然式树丛布置要密切结合环境，使每种植物都能茁壮生长。同时，此方式对管理工作的要求较高（图 2-2-25）。

图 2-2-25　自然式种植的广场绿化

图 2-2-26　图案式种植的广场绿化

（4）图案式

图案式种植即花坛式种植，是一种规则式种植形式，装饰性极强，材料选择可以是花、草，也可以是可修剪整齐的木本树木，可以构成各种图案。它是城市广场最常用的种植形式之一（图 2-2-26）。

花坛或花坛群的位置及平面轮廓应与广场的平面布局相协调，如果广场为长方形，那么花坛或花坛群的外形轮廓也以长方形为宜。当然也不排除细节上的变化，变化的目的只是为了更活泼一些，过分相似或呆板，会失去花坛所渲染的艺术效果。

在人流、车流交通量很大的广场，或是游人集散量很大的公共建筑前，为了保证车辆交通的通畅及游人的集散，花坛的外形并不强求与广场一致。例如，正方形的街道交叉口广场上、三角形的街道交叉口广场中央，都可以布置圆形花坛，长方形的广场可以布置椭圆形的花坛。

花坛与花坛群的面积占城市广场面积的比例，一般最大不超过 1/3，最小也不小于 1/15。华丽的花坛，面积的比例要小些；简洁的花坛，面积比例要大些。

花坛还可以作为城市广场中建筑物、水池、喷泉、雕像等的配景。作为配景处理的花坛，总是以花坛群的形式出现。花坛的装饰与纹样，应当和城市广场或周围建筑的风格保持一致。

花坛表现的是平面图案，由于人的视觉关系，花坛不能离地面太高。为了突出主体，又利于排水，同时不致遭行人践踏，花坛的种植床位应稍稍高出地面。通常种植床中土面应高出平地 7~10cm。为利于排水，花坛的中央拱起，四面呈倾斜的缓坡面。种植床内土层厚 50cm 以上，以肥沃疏松的砂壤土、腐殖质土为宜（图 2-2-27）。

图 2-2-27　花坛式种植的城市广场绿化

为了使花坛的边缘有明显的轮廓，并使植床内的泥土不因水土流失而污染路面和广场，也为了不使游人因拥挤而践踏花坛，往往利用缘石和栏杆将花坛保护起来，缘石和栏杆的高度通常为 10~15cm。也可以在周边用植物材料作矮篱，以替代缘石或栏杆。

2.6 城市广场绿地规划设计中植物的选择

城市广场绿地中植物的选择要考虑当地的自然环境条件和树种选择的原则，因地制宜，适地适树，才能达到合理的最佳绿化景观效果。

2.6.1 广场的自然环境

城市广场的自然环境，不同地区有所不同，尤其是土壤、空气、温度、日照、湿度及空中、地下设施等存在很大的差异。因此，种植设计、树种选择都应将此类条件首先调查研究清楚。从一般角度看，城市道路、广场的自然环境调查主要从以下几个方面着手：

(1) 土壤

由于城市长期建设的结果，土壤情况比较复杂，土壤的自然结构已被完全破坏。行道树下面通常是城市地下管道、城市旧建筑基础或废渣土。因此，城市土壤的土层不仅较薄，而且成分较为复杂。

城市土壤由于人为的因素（践踏、车压或曾做地基而夯实），致使土壤板结，孔隙度较小，透气性差，经常因不透气、不透水，使植物根系窒息或腐烂。土壤板结还会产生机械抗阻，使植物的根系延伸受阻。

另外，由于各城镇的地理位置不同，土壤情况也有差异。一般南方城市的土壤相对偏酸性，土壤含水量较高；而北方城市的土壤多呈碱性，孔隙度相对偏大，保水能力差。沿海城市的土壤一般土层较薄，盐碱度高，且土壤含水量低。因此，各个城市的土壤条件各有特点，需要综合考虑。

(2) 空气

城市道路、广场附近的工厂、居住区及汽车排放的有害气体和烟尘，直接影响着城市空气质量。有害气体和烟尘的主要成分有二氧化硫、一氧化碳、氟化氢、氯气、氮、氧化物、光化学气体、烟雾和粉尘等。这些有害气体和粉尘，一方面直接危害植物，出现污染症状，破坏植物的正常生长发育；另一方面，飘浮在城市的上空降低了光照强度，减少了光照时间，改变了空气的物理化学结构，影响了植物的光合作用，降低了植物抵抗病虫害的能力。

(3) 光照和温度

城市的地理位置不同，光照强度、时间长度及温度也各有差异。影响光照和温度的主要因素有纬度、海拔高度、季节变化，以及城市污染状况等。街道广场的光照还受建筑和街道方向的影响。

城市内的温度一般要高于郊区，因为城市中的建筑表面和铺装路面反射热，以及市内工厂、居民区和车辆等散发热量。在北方城市，城区早春树木的萌动一般要比郊区早7天左右，而夏季市内温度要比郊区温度高2~5℃。

(4) 空中、地下设施

城市的空中、地下设施交织成网，对树木生长影响极大。空中管线常抑制破坏行道树的生长，地下管线常限制树木根系的生长。另外，人流和车辆繁多，往往会碰破树皮，折断树枝或摇晃树干，甚至撞断树干。

总之，城市道路广场的环境条件是很复杂的，有时是单一因素的影响，有时是综合因素在起作用，每个季节起作用的因素也有差异。因此，在解决具体问题时，要做具体分析。

2.6.2 树种选择的原则

在进行城市广场树种选择时，一般须遵循以下原则：

(1) 冠大荫浓

枝叶茂密且冠大、枝叶密的树种夏季可形成大片绿荫，能降低温度、避免行人暴晒。如槐树中年期时冠幅可逾4m，悬铃木更是冠大荫浓。

(2) 耐修剪

广场树木的枝条要求有一定高度的分枝点（一般在2.5m左右），侧枝不能刮、碰过往车辆，并具有整齐美观的形象。因此，每年要修剪侧枝，树种需有很强的萌芽能力，修剪以后能很快萌发出新枝。

(3) 耐瘠薄土壤

城市中土壤瘠薄，且树多种植在道旁、路肩、场边，受各种管线或建筑物基础的限制、影响，树体营养面积很少，补充有限。因此，选择耐瘠薄土壤习性的树种尤为重要。

(4) 深根性

树木因营养面积小而根系生长很强，向较深的土层伸展仍能根深叶茂。不会因践踏造成表面根系破坏而影响正常生长，特别是在一些沿海城市选择深根性的树种能抵御暴风袭击而不受损害；而浅根性树种，根系会破坏场地的铺装。

(5) 抗病虫害与污染

病虫害多的树种不仅管理上投资大，费工多，而且落下的枝、叶，虫子排出的粪便，虫体和喷洒的各种灭虫剂等，都会污染环境。所以，要选择能抗病虫害，且易控制其发展和有特效药防治，抗污染、消化污染物的树种，以利于改善环境。

(6) 落果少，无飞毛、飞絮

经常落果或有飞毛、飞絮的树种，容易污染行人的衣物，尤其污染空气环境，并容易引起呼吸道疾病。所以，应选择一些落果少、无飞毛的树种。用无性繁殖的方法培育雄性不孕系是目前解决此问题的一条有效途径。

(7) 发芽早、落叶晚且落叶期整齐

选择发芽早、落叶晚的阔叶树种。另外，落叶期整齐的树种有利于保持城市的环境卫生。

(8) 耐旱、耐寒

选择耐旱、耐寒的树种可以保证树木的正常生长发育，减少管理上财力、人力和物力的投入。北方大陆性气候，冬季严寒，春季干旱，致使一些树种不能正常越冬，必须予以适当的防寒保护。

(9) 寿命长

树种的寿命长短影响到城市的绿化效果和管理工作。寿命短的树种一般30~40年就要出现发芽晚、落叶早和焦梢等衰老现象，而不得不更新。所以，要延长树的更新周期，必须选择寿命长的树种。

项目 2　城市广场绿地规划设计

项目实训

实训 2-1　某文化广场规划设计

1. 实训目的

为了使学生能够更好地理论结合实际，并且培养学生的规划设计能力、艺术创新能力和对理论知识的综合运用能力，掌握城市广场规划设计的方法和程序，特选择当地某广场作为项目实训内容，要求学生在外业调查的基础上，结合当地历史文化和自然环境现状进行设计。

2. 实训条件

(1) 某文化广场规划设计任务书。

(2) 广场所处位置区位图、绿化用地现状图和各种管线布置图。

(3) 制图室和相应的绘图工具或计算机辅助设计室和绘图软件。

3. 实训要求

(1) 广场设计应主题明确，能够结合当地环境特点，巧妙构思，体现出城市文化内涵和地方特色。

(2) 广场设计要求立意新颖，格调高雅，具有时代气息。

(3) 广场设计布局合理，能够满足市民对广场的使用要求。

(4) 在植物选择上，要考虑绿化和美化的要求，正确运用合理的植物配置形式，符合构图规律，创造出良好的城市空间景观。

(5) 制图规范，设计完成的图纸能满足施工要求。

4. 方法与步骤

(1) 外业调查，搜集整理资料，主要包括当地的社会环境、人文环境、自然条件及周边环境等相关的图文资料。

(2) 根据任务书提出的要求，结合外业调查，完成设计大纲，主要包括广场设计思想、定位、设计内容、景点设置等。

(3) 讨论和修改设计大纲，确定构思总体方案，并完成初步设计。

(4) 正式设计，绘制设计图纸，包括总平面图，植物配置图，重要景观节点的平面图、立面图、效果图，设计说明等。

5. 考核评价

(1) 景观设计：能因地制宜进行合理的景观规划设计，合理展开景观序列，景观丰富，主题明确，立意构思新颖巧妙。

(2) 功能要求：能够根据广场类型结合环境特点，满足设计要求，功能布局合理，符合设计规范。

(3) 植物配置：植物选择正确，种类丰富，配置合理，植物景观主题突出，季相分明。

(4) 方案可实施性：在保证功能的前提下，方案新颖，可实施性强。

(5) 设计表现：图面设计美观大方，能够准确地表达设计构思，符合制图规范。

知识拓展

站前广场设计

站前广场是旅客进入城市参与活动的第一个城市"客厅"性质的公共空间，它对于城市形象的塑造起着非常重要的作用。目前，国内城市站前广场主要有火车站（包括高铁站）站前广场、长途汽车客运站站前广场等（图2-2-28、图2-2-29）。

站前广场按功能分区分为两部分，即交通枢纽功能区和城市广场功能区，分别实现交通枢纽功能和城市广场休闲娱乐功能。站前广场是旅客对一个城市的初步印象，因而要有一定的形象设计；对城市居民而言则是一个重要的城市公共空间。 站前广场设计时

图2-2-28　南京火车站站前广场

图2-2-29　威海火车站站前广场

要考虑人流疏散，商业娱乐等功能。下面以火车站站前广场为例来说明站前广场总体布局中需要考虑的内容：

一、周围街道和广场的关系

为了安全、通畅地处理站前广场和周围区域交通的关系，在总体设计中必须尽可能地排除与广场功能无关的交通，做到交通线的单向化、通畅化、最小化以及人行线与车行线的分离。

二、广场的形状

广场的短边与长边之比多在 1∶1~1∶3 的范围内，对规模较大的站前广场，有必要注意不同车辆行车线的分离及步行距离的长度，长宽比应对应。广场的大小、形状和周围建筑的高度对广场设计来说是重要因素，所以需要对站前广场的大小形状和周围建筑高度之间的平衡进行探讨。站前广场原则上是平面广场，但在车站设施的构造、与周围建筑的关系、用地、行人的便利等方面要求有立体的交通线时，可考虑采用立体广场。

三、交通空间和环境空间的协调

想把站前广场设计成具有都市或者地区门户，充满个性的设计是非常重要的。在交通空间、环境空间的配置上，应力图协调交通空间和环境空间，确保空间的统一性、整体性，使公共空间能充分发挥其作用，当周围土地被高强度使用、轨道交通车站被高架化或地下化时，必须注意周围建筑与站前广场形态的协调性，当站前广场设置高架人行平台、天桥时，应以站前广场和周围建筑为对象，使该地区整体的人行道通畅化、网络化。

思考与练习

1. 简述各类城市广场的主要功能，并分析其特点。
2. 各类城市广场在绿化设计时应分别注意哪些问题？
3. 城市广场都有哪些类型，分别都有哪些设计要求？
4. 结合当地广场实例，分析说明现代城市广场的特点。
5. 现代城市广场绿地规划设计时应该遵循哪些原则？
6. 广场绿地规划设计时如何进行场地划分和空间处理？
7. 广场空间环境要素设计有哪些？如何进行这些要素设计？

项目 3
居住区绿地规划设计

学习目标

【知识目标】
（1）了解居住区的概念、居住区用地的组成，理解居住区的整体规划布局；
（2）了解居住区绿地的组成，理解居住区绿地规划设计的原则和要求；
（3）掌握居住区各类绿地规划设计的内容和方法。

【技能目标】
（1）能够完成居住区绿地规划方案和构思立意；
（2）能进行居住区绿地植物配置和树种选择；
（3）能够综合运用所学居住区绿地规划设计方法，完成居住区各类绿地规划设计任务。

 项目案例

山西省吕梁市艺华苑小区景观规划设计

1. 项目概述

本项目地块位于吕梁市离石区龙凤南大街南侧，交通十分便利，地理位置具有很高的潜在值，是较为理想的居住用地。本小区总建筑面积 128 328.24m²，地上面积 98 218.4m²，地下面积 30 109.84m²，绿地率35%。

2. 景观规划设计理念

园景规划以"自然、阳光、休闲、运动"为主题，源于自然，施法自然，叠山理水，因地制宜，再现典型的自然山水景观。

3. 景观规划设计依据

① 《城市居住区规划设计规范》（GB 50180—2016）；
② 吕梁市区东城新区开发建设总体规划设计方案；
③ 《吕梁市城市规划管理技术规定》。

4. 景观规划设计原则

居住区是人居住生活的地方，最基本的原则是宜住，作为外部景观空间，它是室内外的贯通，被称为"室外的会客厅"。在设计时应遵循以下原则：

① 景观生态性原则；
② 以人为本原则；
③ 景观的可游性、可赏性和可参与性原则；
④ 景观空间的开放性原则。

5. 景观规划总体布局

总体规划延续了"自然、阳光、生态"的设计理念，将全园分为"二环、三轴、四组团、八功能区"。充分利用园区道路和景观绿地的高差，用植物、山石、叠水等营造层次错落的立体景观，景观规划注重与建筑结合，实现硬质与软质景观和谐流畅、连绵不断的效果（图 2-3-1、图 2-3-2）。

图 2-3-1　艺华苑小区景观平面布局图

图 2-3-2　艺华苑小区景观效果图

6. 具体设计

艺华苑小区以其特有的魅力吸引着居民，这魅力源自它将自然、建筑和人文巧妙地融合，具体设计如下：

（1）入口

小区主入口以莲花的形状设计铺装样式，以示小区设计风格为中式，寓意高尚，入口广场设计涌金池、叠水、跌水构架、景观树池等，与入口区建筑形式相呼应。涌金池的寓意是：水是灵动的物质，从池中不断地涌出代表财富源源不断。涌金池同时也起到划分空间与导向的功能。景观树池在整个空间中弱化了硬质铺装的明冷感觉，使广场更加人性化。

（2）中心绿地

中心绿地是整个小区景观设计的灵魂，在以生态、中国自然山水为前提的情况下，设计景观生态水质、湖中岛、栈道、景观桥、戏水广场、廊架、景观亭等。考虑到北方环境因素，整个湖的设计及处理以浅水为主，水底铺设卵石，水边散置文艺石和水生植物，把水系以生态小溪的形式引入各个宅间组团，形成一条长长的水系，灵动于小区每处空间，并设计对景，让每处景观都形成美景，达到"移步换景"的视觉效果（图 2-3-3）。

图 2-3-3 艺华苑小区局部效果图

（3）宅间绿地

造园手法融合中国古典园林的精髓，采用现代简约设计手法，塑造现代人居生态环境，让每栋楼前都有共性与特性，让每户居民都能够享受到出门即景。本区设计的特色是利用地形的起伏变化来塑造竖向不同视觉点的景观，并在绿化中穿插富有情趣的景观小品来丰富景观空间。

7. 植物配置

"一池水，一片绿"是该区绿地的景观特征。

在绿化布局上，讲求以种植设计体现总体布局的功能要求，以充分表现该地气候特征的造景为主，根据形成的景观要求确定适宜的不同体量的植物种类，既要有各个区域的特色，又要与整个园中的硬质景观相结合，形成高低错落、疏密得当的绿化景观效果。

知识准备

居住区绿地是城市绿地系统中的重要组成部分，在城市绿地中分布最广，最接近居民的生活。随着社会的发展,现代人在购房建房的过程中,越来越注重绿地景观,越来越期盼绿地能为生活带来更多的生态环保效益,所以对其进行科学合理地规划设计,不仅能为居民创造良好的休憩环境,还能为居民提供丰富多彩的活动场地,对改善人们的生活环境起着至关重要的作用。

21世纪的人本居住区规划设计将是把经济效益、环境效益和社会效益结合起来,打破固化的规划理念,以营造最佳人居环境、最好居住条件为中心,使小区规划达到经济功能、环境功能、社会功能的要求,建造出宜人的居住区。

3.1 居住区的分级及规模

居住区按居住户数或人口规模可分为城市居住区、居住小区、居住组团3级。各级标准控制规模,应符合表2-3-1中的规定。其规划组织结构可采用居住区—小区—组团、居住区—组团、小区—组团及独立式组团等多种类型。

表2-3-1 居住区分级控制规模

规模	城市居住区	居住小区	居住组团
户数(户)	10 000~15 000	2000~4000	300~700
人口(人)	30 000~50 000	7000~15 000	1000~3000

(1)城市居住区

城市居住区一般简称居住区,泛指不同居住人口规模的居住生活聚居地和特指被城市干道或自然分界线所围合,并与居住人口规模(30 000~50 000人)相对应,配建有一整套较完善的、能满足该区居民物质与文化生活所需的公共服务设施的居住生活聚居地。

(2)居住小区

居住小区一般简称小区,是被居住区级道路或自然分界线所围合,并与居住人口规模(7 000~15 000人)相对应,配建有一套能满足该区居民基本的物质与文化生活所需的公共服务设施的居住生活聚居地。

(3)居住组团

居住组团一般简称组团,指一般被小区道路分隔,并与居住人口规模(1000~3000人)相对应,配建有居民所需的基层公共服务设施的居住生活聚居地。

3.2 居住区用地的组成

居住区用地(R)包括住宅用地、公共服务设施用地(公建用地)、道路用地和公共绿地四项内容。

(1)住宅用地(R01)

住宅用地是指住宅建筑基底占地及其四周合理间距内的用地(含宅间绿地和宅间小路等)的总称。而建筑空间是一种私用空间,是住区中的基本空间,规划设计好住宅空间是住区建设的主要任务。

(2)公共服务设施用地(R02)

公共服务设施用地又称公建用地,是与居住人口规模相对应配建的、为居民服务和使用的各类设施的用地,应包括建筑基底占地及其所属场院、绿地和配建停车场等。如居住区的教育、医疗卫生、文化体育、商业服务、金融邮电、市政公用、行政管理等设施。

(3) 道路用地(R03)

道路用地包括居住区道路、小区路、组团路及非公建配建的居民小汽车、单位通勤车等停放场地。

(4) 公共绿地(R04)

公共绿地是指满足规定的日照要求,适合于安排游憩活动设施或供居民共享的游憩绿地,应包括居住区公园、小游园和组团绿地及其他块状、带状绿地等,是居民进行室外活动、交往的重要场所。

居住区内各项用地所占比例的平衡控制指标,应符合表2-3-2中的规定。

表 2-3-2 居住区用地平衡控制指标　　　　　　　　　　　　　　　　　%

用地构成	居住区	小区	组团
1. 住宅用地(R01)	45~60	55~65	60~75
2. 公建用地(R02)	20~32	18~27	6~18
3. 道路用地(R03)	8~15	7~13	5~12
4. 公共绿地(R04)	7.5~15	5~12	3~8
居住区用地(R)	100	100	100

3.3 居住区绿地组成及定额指标

3.3.1 居住区绿地组成

居住区绿地按其功能、性质及大小,包括公共绿地、宅旁绿地、公共建筑及设施专用绿地、道路绿地4类,它们共同构成居住区绿地系统。

(1) 公共绿地

居住区内的公共绿地,应根据居住区不同的规划组织结构类型,设置相应的中心公共绿地,包括居住区公园(居住区级)、小游园(小区级)和组团绿地(组团级),以及儿童游戏场和其他块状、带状公共绿地等,并应符合表2-3-3中的规定:

表 2-3-3 各级公共绿地设置规定

公共绿地类型	设置内容	要求	最小规模(hm²)
居住区公园	花木草坪、花坛、水面、凉亭、雕塑、小卖茶座、老幼设施、停车场地和铺装地面等	园内布局应有明确的功能划分	1.0
小游园	花木草坪、花坛、水面、雕塑、儿童设施和铺装地面等	园内布局应有一定的功能划分	0.4
组园绿地	花木草坪、桌椅、简易儿童设施等	灵活布局	0.04

① 居住区公园　是为全居住区服务的居住区公共绿地,规划用地面积较大,一般在 1hm² 以上,相当于城市小型公园。服务半径以 800~1000m 为宜,园内布局应有明确的功能划分,设施较为丰富,能满足不同年龄段的需求。

② 居住小区游园　主要供居住小区内的居民就近使用,规划用地面积通常在 0.4hm² 以上,服务半径为 400~500m,在居住小区中位置要适中。

③ 组团绿地 又称居住生活单元组团绿地，包括组团儿童游戏场，是最接近居民的居住公共绿地，它结合住宅组团布局，以住宅组团内的居民为服务对象。在规划设计中，特别要设置老年人和儿童休息活动的场所，一般面积在 0.04hm² 以上，服务半径为 100m 左右。

除上述 3 种外，根据居住区所处的自然地形条件和规划布局，还可在居住区服务中心、河滨地带及人流比较集中的地段设置街心花园、河滨绿地、集散广场等不同形式的公共绿地。

(2) 宅旁绿地

宅旁绿地是小区内最基本的绿地类型，包括宅前、宅后及建筑物本身的绿化，是居民使用的半私密空间和私密空间，主要使用者为邻近居民，老人和学龄前儿童是最经常使用的人群。宅旁绿地是小区绿地总面积最大的一种绿地形式。

(3) 公共建筑及设施专用绿地

公共建筑及设施专用绿地是指居住区内各类公共建筑和公用设施的环境绿地，如活动中心、会所、俱乐部、幼儿园、邮局、银行等用地的环境绿地。其绿化配置应满足公共建筑和公用设施的功能要求，并考虑与周围环境的关系。

(4) 道路绿地

道路绿地指居住区主要道路两侧或中央的道路绿化带用地。一般居住区内道路路幅较小，道路红线范围内不单独设绿化带，道路的绿化结合在道路两侧的居住区其他绿地中，如居住区宅旁绿地、组团绿地。

3.3.2 居住区绿地定额指标

居住区绿地定额指标是指国家有关条文规范中规定的在居住区规划布局和建设中必须达到的绿地面积的最低标准。它间接反映了城市的绿化水平，随着社会进步和人们生活水平的提高，绿化事业日益受到重视，居住区绿化指标已经成为人们衡量居住区环境的重要依据。

我国建设部(现中华人民共和国住房和城乡建设部)颁布的行业标准《城市居住区规划设计规范》中规定，新建居住区中绿地率不低于30%，旧区改造中不低于25%；居住小区公共绿地应不少于 1m²/人，居住区应不少于 1.5m²/人。

常用的定额指标如下：

① 居住区绿地总面积(hm²) 指居住区内公共绿地的面积总和，其数值越大越好。
② 居住区绿地率(%) 指居住区绿化用地面积占居住区总用地面积的百分比。
③ 居住区人均绿地面积(m²/人) 指居住区绿地总面积除以居住区总人口数。

3.4 居住区绿地规划设计原则与要求

居住区绿地中，大到居住区中心花园，小到一个坡道，都应遵循一定的科学合理的原则来进行设计。

(1) 系统性原则

小区以上规模的居住用地应首先进行绿地总体规划，用地内的各种绿地应在居住区规划中按照有关规定进行配套，并在居住区详细规划指导下进行规划设计。确定用地内各类绿地的功能和使用性质，划分开放式绿地各种功能区，确定开放式绿地出入口位置等，并协调各种相关的市政设施，如用地内的小区道路，各种管线，地上、地下设施及其出入口位置等。确定的绿化用地应当作为永久性绿地进行建设，必须满足居住区绿地功能，布局合理，方便居民使用。

另外，居住区绿地设计在形成自己特色的同时，还要考虑与周围建筑风格、居民的行为、心理需求和当地的文化艺术因素等相协调，形成一个具有整体性的系统。绿化形成系统的重要手法就是"点、线、面"结合，保持绿化空间的连续性，让居民随时随地生活在绿化环境中。

(2) 功能性原则

功能性原则主要指居住区绿地的使用功能，居住区绿地是形成居住区建筑通风、日照、防护距离的环境基础，不同位置、不同类型的绿地及其设施，在居住区中各有自身的功能作用，所以在设置时要注意其功能性与艺术性的统一。特别是在地震、火灾等非常时期，绿地有疏散人流和避难保护的作用，具有突出的使用价值。居住区绿地直接创造了优美的绿化环境，可为居民提供方便舒适的休息娱乐设施、交往空间等多种活动场地，具有极高的使用率。

(3) 可达性原则

居住区公共绿地无论集中设置还是分散设置，都必须选址于居民经常经过并能到达的地方。对于行动不便的老年人、残疾人或自控能力低的幼童，更应考虑他们的通行能力，强调绿地中的无障碍设计和安全保障措施。

(4) 生态性原则

居住区绿地是居住区中唯一能有效地维持和改善居住区生态环境质量的环境因素，因此，在绿地规划设计和园林植物群落的营建中，在形成优美的绿地景观、构成符合居住区空间环境要求的绿地空间的基础上，应注重其生态环境功能的形成和发挥。在具体方法上，可通过配合地形变化、园路广场、景观建筑等，设计具有较强生态功能的多样性人工园林植物群落，如采用生态铺装、林荫道、树阵广场等。

特别需要注意的是，在有些居住区建设中出于经济和居住功能的考虑，大多对规划用地范围内的自然环境进行了改造，仅在局部保留了不宜建设用地或是按国家有关法规保护的古树名木等。在规划设计时，尽可能的利用这些地方做成大众喜爱的丘陵、微地形等自然地形地貌，使小区地形、空间等更加丰富，因地制宜地栽植自然植物群落，进一步协调建筑与环境的关系，丰富居住区开放空间的景观，形成居住区环境景观和绿化的特色，充分发挥其生态效益。

(5) 特色性原则

随着国经济快速发展，城市化的进程也愈发加快，居住区开发建设异军突起。同时，人民生活水平不断提高，对居住区室外的要求也越来越高，从追求功能齐全到追求个性化的转变，每个居民都希望自己的住宅区独一无二，这样能感受到来自自然的亲切和愉悦，也容易产生自豪感和幸福感。但在一些城市，各项功能设施齐全，高端的住宅区密密层层，但雷同的居住区绿地景观设计却比比皆是。主要表现在以下两个方面：第一，所在城市的地方特色在居住区绿地景观规划中体现得不够明显；第二，居住区绿地景观规划在特有的环境条件下没有创造出反映地方风格和时代特征的一些元素。

真正优秀的居住区绿地景观设计并不是说采用了多少高科技和多么先进的新型材料，而是设计本身能使居民体会到设计的初衷，在方便人们活动出行的同时能够引导人们进行有序、文明的生活，具有引导的功能。居住区绿地景观个性特色的塑造正是以室外环境外部特征的差异为基础，而这种差异使人感受到一种个性，是自己居住区所独有的特色。居住区绿地景观规划的个性，要求设计师能对居住区的生活功能、服务规律进行深层次的分析，对地域的气候、地形现状和人文环境进行不断的推敲和琢磨，能做出有想法的方案，创造出舒适而有个性的居住环境，反对凭空想象和任意拼贴。

(6) 亲和性原则

居住区绿地尤其是小区绿地一般面积不大，不可能和城市公园一样有开阔的场地，为了让居民在绿地内感受到亲密和谐，就必须掌握好绿地空间、绿地内各项公共设施、景观建筑、建筑小品等各要素的尺度和相互间的比例关系。如当绿地一面或几面开敞时，要在开敞的一面用绿化设施加以围合，使人免受外界视线和噪者等的干扰。当绿地被建筑包围而产生封闭感时，则宜采取"小中见大"的手法，营造一种软质空间，"模糊"绿地与建筑的边界，同时防止在此绿地内设置体量过大的景观建筑或尺度不适宜的小品、设施等。

(7) 文化性原则

崇尚历史和文化是近年来居住区环境设计的一大特点，开发商和设计师不再机械地割裂居住建筑和环境景观，开始在文化的大背景下进行居住区的策划和规划，通过建筑与环境艺术来体现历史文化的延续性。居住区环境作为城市人类居住的空间，也是居住区文化的凝聚地与承载点。因此，在居住区环境的规划设计中要认识到文化特征对于住区居民健康、高尚情操培养的重要性。而营造居住区环境的文化氛围，在具体规划设计中，应注重住区所在地域自然环境及地方建筑景观的特征；挖掘、提炼和发扬住区地域的历史文化传统，并在规划中予以体现。

(8) 多元化原则

环境景观的艺术性向多元化发展，居住区环境设计更多地关注人们不断提升的审美需求，呈现出多元化的发展趋势。同时环境景观更加关注居民生活的方便、健康与舒适性，不仅为人所赏，还要为人所用。尽可能创造自然、舒适、亲近、宜人的景观空间，实现人与景观的有机融合。如亲地空间可以增加居民接触地面的机会，创造适合各类人群活动的室外场地和各种形式的屋顶花园等；亲水空间可营造出人们亲水、观水、听水、戏水的场所；硬软景观有机结合，可充分利用车库、台地、坡地、宅前屋后，构造充满活力和自然情调的亲绿空间环境；而儿童活动的场地和设施的合理安排，可以培养儿童友好、合作、冒险的精神，创造良好的亲子空间。

3.5 居住区绿地规划设计内容与要点

3.5.1 公共绿地规划设计

居住区公共绿地是居民日常游憩、观赏、娱乐、锻炼的良好场所，是居住区建设中不可缺少的，设计时应以满足这些功能为依据。就居住区公共绿地而言，大致可分为居住区公园、居住小区游园及住宅组团绿地3类，在规划设计时，要注意统一规划，合理组织，采取集中与分散、重点与一般相结合的原则，形成以中心公园为核心，道路绿化为网络，宅旁绿化为基础的点、线、面为一体的绿地系统。

3.5.1.1 居住区公园

中心花园是居住区公共绿地的主要形式，它集中反映了居住区绿地的质量水平，一般要求具有较高的规划设计水平和一定的艺术效果。在现代居住区中，集中的大面积中心花园成为不可缺少的元素。这是因为：从生态的角度看，居住区的中心花园相对面积较大，有较充裕的空间模拟自然生态环境，对于居住区生态环境的创造有直接的影响；从景观创造的角度看，中心花园一般视野开阔，有足够的空间容纳足够的景观元素构成丰富的景观外貌；从功能角度看，可以安排较大规模的运动设施和场地，有利于居住区集体活动的开展；从民居心理感受方面，在密集的建筑群中，大面积的开敞场地则成为心灵呼吸的地方。因此，中心花园以其面积大、景观元素丰富，往往与公共建筑和服务设施安排在一起，成为居住环境中景观的亮点和活动的中心，是居住区生活空间的重要组成部分。同时，中心花园因其良好的景观效果和生态效益，也往往成为房地产开发的"卖点"。

中心花园在设计时要充分利用地形，尽量保留原有绿化，布局形式应根据居住区的整体风格而定，可以是规则的，也可以是自然的、混合的或自由的。

(1) 位置

中心花园的位置一般要求适中，使居民使用方便，并注意充分利用原有的绿化基础，尽可能和小区公共活动中心结合起来布置，形成一个完整的居民生活中心。这样不仅可以节约用地，还能满足小区建筑艺术的需要。

中心花园的服务半径以不超过300m为宜。在规模较小的小区中，中心花园可在小区的一侧沿街布置或在道路的转弯处两侧沿街布置。当中心花园沿街布置时，可以形成绿化隔离带，能减弱干道的噪音对临街建筑的影响，还可以美化街景，便于居民使用。有的道路转弯处，往往将建筑物后退，可以利用空出的地段建设中心花园，这样，路口处局部加宽后，使建筑取得前后错落的艺术效果。同时，还可以美化街景。在较大规模的小区中，也可布置成几片绿地贯穿整个小区，使居民使用更为方便。

(2) 规模

中心花园的用地规模是根据其功能要求来确定的，然而功能要求又和人民生活的整体水平有关，这些已反映在国家确定的定额指标上。目前新建小区公共绿地面积采用人均$1\sim2m^2$的指标。

中心花园主要是供居民休息、观赏、游憩的活动场所。一般都设有老人、青少年、儿童的游憩和活动等设施，只有形成一定规模的集中的整块绿地，才能安排这些内容。然而这样又有可能将小区绿地全部集中，不设分散的小块绿地，造成居民使用不便。因此，最好采取集中与分散相结合，使中心花园面积占小区绿地总面积的1/2左右为宜。如小区为1万人，小区绿地面积平均每人$1\sim2m^2$，则小区绿地为$0.51hm^2$左右。中心花园用地分配比例可按建筑用地约占30%以下，道路、广场、用地占10%~25%，绿化用地占60%以上来考虑。

(3) 内容安排

① 入口　入口应设在居民的主要来源方向，数量为2~4个，与周围道路、建筑结合起来考虑具体的位置。入口处应适当放宽道路或设小型内外广场以便集散。入口内可设花坛、假山石、景墙、雕塑、植物等作对景。入口两侧的植物以对植为好，这样有利于强调并衬托入口设施。

② 场地　中心花园内可设儿童游戏场、青少年运动场和成人、老人活动场。场地之间可利用植物、道路、地形等加以分隔。

儿童游戏场的位置，要便于儿童前往和家长照顾，也要避免干扰居民，一般设在入口附近稍靠近边缘的独立地段上。儿童游戏场不宜过大，但活动场地应铺设草皮或选用持水性较小的砂质土铺设地或海绵塑胶面砖铺地。活动设施可根据资金情况、管理情况而设置，一般应设供幼儿活动的沙坑，旁边应设坐凳供家长休息之用。儿童游戏场地上应种植高大乔木以遮阴，周围可设栏杆、绿篱与其他场地分隔开。

青少年运动场设在公共绿地的深处或靠近边缘独立设置，以避免干扰附近居民，该场地主要供青少年进行体育活动，应以铺装地面为主，适当安排运动器械及坐凳。

成人、老人休息活动场可单独设立，也可靠近儿童游戏场，在老人活动场内应多设桌椅坐凳，便于下棋、打牌、聊天等。老人活动场一定要做铺装地面，以便开展多种活动，铺装地面要预留种植池，并种植高大乔木以遮阴。

除上面提到的活动场地外，还可根据情况考虑设置其他活动场地，如文化活动场地等。

③ 园路　中心花园的园路能把各种活动场地和景点联系起来，使游人感到方便和有趣味性。园路也是居民散步游憩的地方，所以设计的好坏直接影响到绿地的利用率和景观效果。园路的宽度和绿地规模与其所处的地位、功能有关，通常主路宽2～3m，可兼作成人活动场所；次路宽2m左右。根据景观要求园路宽窄可稍做变化，使其活泼。园路的走向、曲直、转折、起伏，应随着地形自然地进行。园路通常也是绿地排除雨水的渠道，因此必须保持一定的坡度，横坡一般为1.5%～2.0%，纵坡为1.0%左右。当园路的纵坡超过8%时，需做成台阶。

④ 广场　广场有3种类型：集散、交通和休息。广场的平面形状可规则、可自然，也可以是直线与曲线的组合，但无论选择什么形式，都必须与周围环境相协调。广场的标高一般与园路的标高相同，但有时为了迁就原地形或取得更好的艺术效果，也可高于或低于园路。广场上因造景的需要多设有花坛、雕塑、喷水池等装饰小品，四周多设座椅、棚架、亭廊等供游人休息、赏景。

⑤ 地形　中心花园的地形应因地制宜地处理，因高堆山，就低挖池，或根据场地分区、造景需要而适当创造地形，地形设计应有利于排水，以便雨后及早恢复使用。

⑥ 园林建筑及设施　园林建筑及设施能丰富绿地内容、增添景致，应充分重视。因居住区或居住小区中心花园的面积有限，其内的园林建筑和设施的体量都应与之相适应，不宜过大。

桌、椅、坐凳：宜设在水边、铺装场地边及建筑物附近的树荫下，既有景可观，又不能影响其他居民活动。

花坛：宜设在广场上、建筑旁、道路端头的对景处，一般抬高30～45cm，这样既可当坐凳又可防止水土流失。花坛可做成各种形状，既可栽植花卉，也可种植乔灌木及草坪，还可摆放花盆或做成大盆景。

水池、喷泉：水池的形状可自然可规则，一般自然形的水池较大，常结合地形与山体；规则形的水池常与广场、建筑相结合，喷泉与水池结合可增强景观效果且具有一定的趣味性。水池内还可以种植水生植物。无论哪种水池，水面都应尽量与池岸接近，以满足人们的亲水性（图2-3-4、图2-3-5）。

景墙：景墙可丰富园景并分隔空间。常与花架、花坛、坐凳等组合，也可单独设置。其上既可开设窗洞，也可以实墙的形式出现起分隔空间的作用（图2-3-6、图2-3-7）。

花架：常设在铺装场地边，既可供人休息，又可分隔空间，花架可单独设置，也可与亭、廊、墙体组合。

亭、廊、榭：亭一般设在广场上、园路的对景处和地势较高处。榭设在水边，常作为休息或服务设施使用。廊用来连接园中建筑物，既可供游人休息，又可防晒、遮雨。亭与廊有时单独建造，有时结合在一起。亭、廊、榭均是绿地中的点景、休息建筑。

山石：在绿地内的适当地方，如建筑边角、道路转弯处、水边、广场上、大树下等处可点缀些山石。山石的设置可不拘一格，但要尽量自然美观，不露人工痕迹。

栏杆、围墙：设在绿地边界及分区地带，宜低矮、通透，不宜高大、密实，也可用绿篱代替。

挡土墙：在有地形起伏的绿地内可设挡土墙。高度在45cm以下时，可作为坐凳使用。若高度超过视线，则应做成几层，以减小高度。还有一些设施如园灯、宣传栏等，应根据具体情况设置。

图2-3-4　中心花园规则式水景

图2-3-5　中心花园自然式水景

图2-3-6　中心花园景墙

图2-3-7　中心花园隔墙

⑦ 植物配置　在满足居住区或居住小区中心花园游憩功能的前提下，要尽可能地运用植物的姿态、体形、叶色、高度、花期、花色以及季相变化等因素，以提高中心花园的园林艺术效果，创造一个优美的环境。植物配置一定要做到四季有景，适当配置乔灌木、花卉和地被植物，做到黄土不露天。

3.5.1.2 居住小区公园

居住小区公园也称小游园,小游园更接近居民,一般1万人左右的小区可有一个大于0.5hm²的小游园,服务半径以不超过400m为宜。小游园仍以绿化为主,多设些座椅让居民在这里休息和交往,适当开辟铺装地面的活动场地,也可以设置一些简单的儿童游戏设施(图2-3-8、图2-3-9)。

图2-3-8 小游园活动场地

图2-3-9 小游园景观设施

(1)小游园规划设计要点

① 配合总体 小游园应与小区总体规划密切配合,综合考虑,全面安排,并使小游园能妥善地与周围城市园林绿地衔接,尤其要注意小游园与道路绿化的衔接。

② 位置适当 应尽量方便附近地区的居民使用,并注意充分利用原有的绿化基础,尽可能与小区公共活动中心结合起来布置,形成一个完整的居民生活中心。

③ 规模合理 小游园用地规模可根据其功能要求来确定,在国家规定的指标上,采用集中与分散相结合的方式,使小游园面积占小区绿地总面积的1/2左右为宜。

④ 布局紧凑 应根据游人不同年龄段的特点划分活动场地和确定活动内容,场地之间既要分隔,又要紧凑,将功能相近的活动布置在一起。

⑤ 利用地形 尽量利用和保留原有的自然地形及原有植物。

(2)小区游园规划布置形式

① 规则式 采用几何图形布置方式,有明显的轴线,园中道路、广场、绿地、建筑小品等组成对称有规律的几何图案。具有整齐、庄重的特点,但形式较呆板,不够活泼。

② 自由式　布置灵活,采用迂回曲折的道路,可结合自然条件如冲沟、池塘、山岳、坡地等进行布置,绿化种植也采用自然式。特点是自由、活泼、易营造出自然而别致的环境。

③ 混合式　规划式与自由式结合,可根据地形或功能的特点,灵活布局,既能与四周建筑相协调,又能兼顾其空间艺术效果,特点是可以在整体上产生韵律感和节奏感。

3.5.1.3　组团绿地设计

(1) 位置

住宅组团的布置方式和布局手法多种多样,组团绿地的大小、位置和形状也是千变万化的,根据组团绿地在住宅组团内的相对位置,可归纳为以下几个类型:

① 周边式住宅之间　环境安静,有封闭感,大部分居民都可以从窗内看到绿地,有利于家长照看幼儿玩耍,但噪音对居民的影响较大。由于将楼与楼之间的庭院绿地集中组织在一起,当建筑密度相同时,可以获得较大面积的绿地。

② 行列式住宅山墙间　行列式布置的住宅,对居民干扰少,但空间缺少变化,容易产生单调感。适当拉开山墙距离,开辟为绿地,不仅可以为居民提供一个有充足阳光的公共活动空间,还能从构图上打破行列式山墙间所形成的胡同的感觉,组团绿地的空间又与住宅间绿地相互渗透,产生较为丰富的空间变化。

③ 扩大的住宅间距　在行列式布置中,如果将适当位置的住宅间距扩大到原间距的 1.5~2 倍,就可以在扩大的住宅间距中,布置组团绿地,并可使连续单调的行列式狭长空间产生变化。

④ 住宅组团的一角　在地形不规则的地段,利用不便于布置住宅的角隅空地安排绿地,能起到充分利用土地的作用,但服务半径较大。

⑤ 两组团之间　由于受组团内用地限制而采用的一种布置手法,在相同的用地指标下绿地面积较大,有利于布置更多的设施。

⑥ 一面或两面临街　绿化空间与建筑产生虚实、高低的对比,可以打破建筑线连续过长的感觉,还可以使过往群众有歇脚之地。

⑦ 自由式布置　住宅组团呈自由式布置时,组团绿地穿插其间,空间活泼多变,组团绿地与宅旁绿地配合,可使整个住宅群面貌显得活泼。

由于组团绿地所在的位置不同,它们的使用效果也不同,对住宅组团的环境影响也有很大区别。从组团绿地本身的使用效果来看,位于山墙和临街的绿地效果较好。

(2) 布置方式

① 开敞式　游人可进入绿地内开展活动。

② 半封闭式　绿地内除留出游步道、小广场、出入口外,其余均用花卉、绿篱、密植树丛隔离开。

③ 封闭式　一般只供观赏,而不能入内活动。

从使用与管理两方面看,半封闭式效果较好。

(3) 内容安排

组团绿地主要设置有绿化种植、安静休息和一些小品建筑或活动设施。具体内容要根据居民活动的需要来安排,是以绿化为主,还是以游憩为主,以及在居住区内如何分布等,均要遵循小区总体规划设计(图 2-3-10 至图 2-3-12)。

① 绿化种植部分　此部分常设在周边及场地间的分隔地带,其内可种植乔灌木和花

卉，铺设草坪，还可设置花坛，也可设置棚架种植藤本植物，设置水池种植水生植物。植物配置要考虑造景及使用上的需要，形成有特色的不同季相变化，并满足植物生长的生态要求。如铺装场地及其周边可适当种植落叶乔木为其遮阴；入口、道路、休息设施的对景处可丛植开花灌木或常绿木本植物、花卉；周边需障景或创造相对安静空间地段则可密植乔灌木，或设置中、高绿篱。组团绿地内应尽量选用抗性强、病虫害少的植物种类。

② 安静休息部分　此部分一般也作老人闲谈、阅读、下棋、打牌及锻炼等设施场地。该部分应设在绿地中远离周围道路的地方，内可设桌、椅、坐凳及棚架、亭、廊建筑作为休息设施，也可设置小型雕塑及大型盆景等供人静赏。

图 2-3-10　组团绿地中的体育活动区

图 2-3-11　组团绿地中的游憩活动区

图 2-3-12　组团绿地中的儿童活动区

3.5.2　公共建筑及设施专用绿地规划设计

居住区配套公共建筑所属专用绿地的规划布置，首先应满足其本身的功能需要，同时应满足周围环境的要求。各类公建专用绿地规划设计要点如下：

(1) 医疗卫生用地

医疗卫生用地包括医院、门诊等，设计中注重使半开敞空间与自然环境（植物、地形、水面）相结合，形成良好的隔离条件。其专用绿地应做到阳光充足、环境优美；院内种植花草树木，并设置供人休息的座椅；道路设计中采用无障碍设施，以适宜病员休息、散步。同时，医疗卫生用地应加强环境保护，利用绿化等措施防止噪音及空气污染，以形成安静、和谐的氛围，消除病人的恐惧和紧张心理。该用地内的树种宜选用树冠大、遮阴效果好、病虫害少的乔木、中草药及具有杀菌作用的植物。

(2) 文化体育用地

文化体育用地包括电影院、文化馆、运动场、青少年之家等，此类公建用地多为开敞空间，设计中可将各类建筑设施呈辐射状与广场绿地直接相连，使绿地广场成为大量人流集散的中心。用地内绿化应有利于组织人流和车流，同时要避免遭受破坏，为居民提供短时间休息及交往的场所。用地内应设有照明设施、条凳、果皮箱、广告牌、座椅等小品、设施，并以坡道代替台阶，同时要设置公用电话及公共厕所。绿化树种宜选用生长迅速、健壮、树干挺拔、树冠整齐的乔木，运动场上的草皮应选用耐修剪、耐践踏、生长期长的草坪草。

(3) 商业、饮食、服务用地

此类用地包括百货商店、副食菜店、饭店、书店等，为给居民提供舒适、便利的购物环境，此类用地宜集中布置，形成建筑群，并布置步行街及小型广场等。该用地内的绿化应能点缀并增强其商业氛围，并设置具有连续性的、有特征标记的设施及树木、花池、条凳、果皮箱、电话亭、广告牌等。用地内的绿化应根据地下管线的埋深，选择深根性树种，并根据树木与架空线的距离选择不同树冠的树种。

(4) 教育用地

如幼托、中学、小学等，此类用地应相对围合，设计中应将建筑物与绿化、庭园相结合，形成有机统一、开敞且富于变化的活动空间。校园周围可用绿化将其与周围环境隔离，校园内布置操场、草坪、文体活动场地，有条件的还可设置小游园及生物实验园地等。另外，可设置游戏设施、沙坑、体育设施、座椅、休息亭廊、花坛等小品，为青少年及儿童创造一个轻松、活泼、幽雅、宁静的环境，促进他们的身心健康和全面发展。该用地内的绿化应选择生长健壮、病虫害少、管理粗放的树种。

(5) 行政管理用地

此类用地包括居委会、街道办事处、房管所、物业管理中心等。设计中可以通过乔灌木的种植将各孤立的建筑有机地结合起来，构成连续围合的绿色前庭，利用绿化弥补和协调各建筑之间在尺度、形式、色彩上的不足，并缓和噪音及灰尘对办公的影响，从而形成安静、卫生、优美的工作环境。用地内可设置简单的文体设施和宣传画廊、报栏，以丰富居民的业余文化生活。绿化方面可栽植庭荫树及多种果树，树下种植耐荫的经济植物，并利用灌木、绿篱围合成院落。

(6) 其他公建用地

如垃圾站、锅炉房、车库等。此类用地宜构成封闭的围合空间，以利于阻止粉尘向外扩散，并可利用植物作屏障，减少噪音，阻挡外部人们的视线，且不影响居住区的景观环境。此类用地应设置围墙及树篱、藤蔓等，绿化时应选用对有害物质抗性强，能吸收有害物质的树种，种植枝叶茂密、叶面多毛的乔灌木，墙面、屋顶采用攀缘植物绿化。

3.5.3 宅旁绿地和庭园绿地规划设计

宅旁绿地和庭园绿地是居住区绿化的基础，占居住区绿地面积的50%左右，包括住宅建筑四周的绿地、前后两幢住宅之间的绿地、住宅建筑本身的绿化和底层单元小庭园等。它的主要功能是美化居住生活环境，阻挡外界视线、噪音和灰尘，为居民创造一个安静、舒适、卫生的生活环境。

其绿地布置应与住宅的类型、层数、间距及组合形式密切配合，既要注意整体风格的协调，又要保持各幢住宅之间的绿化特色。宅旁绿地一般不设计过多的硬质园林景观，而以园林植物为主进行布置，当宅间绿地较宽，达到20m以上时，可布置一些简单的园林设施，如小场地、园路、坐凳、花架等，以供居民游憩使用。

(1) 住户小院的绿化

① 底层住户小院　低层或多层住宅，一般结合单位平面，在宅前自墙面向外留出3m距离的空地，给底层每户安排一专用小院，可用绿篱、花墙或栅栏围合起来。小院外围绿化作统一规划，内部则由每户自己栽花种草，布置方式和植物品种随住户喜好，但因面积较小，宜采取简洁的布置方式。

② 独户庭院　别墅庭院是独户庭院的代表形式，院内应根据住户的喜好进行绿化、美化。因庭院面积相对较大，可在院内设小水池、草坪、花坛、山石，搭设花架缠绕藤萝，种植观赏花木或果树，形成较为完整的绿地格局。

(2) 宅间活动场地的绿化

宅间活动场地属于半公共空间，主要为幼儿活动和老人休息之用，其绿化的好坏，直接影响到居民的日常生活。宅间活动场地的绿化类型主要有以下几种：

① 树林型　是以高大乔木为主的一种比较简单、粗放的绿化形式，对调节小气候的作用较大，大多为开放式。居民在树下活动的空间大，但因缺乏灌木和花草搭配，而显得较为单调(图2-3-13)。高大乔木与住宅墙面的距离至少应为5~8m，以避开地下管线，便于采光和通风，避免树上的病虫害侵入室内。

② 游园型　当宅间活动场地较宽时(一般在30m以上)，可在其中开辟园林小径，设置小型游戏和休息园地，并组合配置层次、色彩都比较丰富的乔木和花灌木。这是一种宅间活动场地绿化的理想类型，但所需资金较大(图2-3-14)。

图2-3-13　树林型宅间绿地　　　　图2-3-14　游园型宅间绿地

③ 棚架型　是一种效果独特的宅间活动场地绿化类型，以棚架绿化为主，其植物多选用紫藤、炮仗花、珊瑚藤等观赏价值较高的攀缘植物(图2-3-15)。

④ 草坪型　以草坪绿化为主，在草坪的边缘或某一处种植一些乔木或花灌木，形成疏朗、通透的景观效果(图2-3-16)。

(3) 住宅建筑本身的绿化

住宅建筑本身的绿化包括架空层、屋基、窗台、阳台、墙面、屋顶等处的绿化，是宅旁绿化的重要组成部分，它必须与整个宅旁绿化和建筑风格相协调。

① 架空层绿化　在近些年新建的居住区中，常将部分住宅的首层架空形成架空层，

图 2-3-15　棚架型宅间绿地

图 2-3-16　草坪型宅间绿地

并通过绿化向架空层渗透，形成半开放的绿化休闲活动区。这种半开放的空间与周围较开放的室外绿化空间形成鲜明的对比，增加了园林空间的多重性和可变性，既为居民提供了可遮风挡雨的活动场所，又使居住环境更富有通透感。

架空层的绿化设计与一般游憩活动绿地的设计方法类似，但因环境较为阴暗且受层高所限，在植物品种的选择方面应以耐荫的小乔木、灌木和地被植物为主，园林建筑、假山等一般也不予考虑，只适当布置一些与整个绿化环境相协调的景石、园林建筑小品等。

② 屋基绿化　屋基绿化是指墙基、墙角、窗前和入口等围绕住宅周围的基础栽植。

墙基绿化：在垂直的建筑墙体与水平的地面之间以绿色植物为过渡，使建筑物与地面之间增添几分绿意，如种植八角金盘、铺地柏、紫叶小檗、凤尾竹、南天竹等，打破墙基呆板、枯燥、僵硬的感觉(图 2-3-17)。

墙角绿化：墙角种小乔木、竹或灌木丛，形成墙角的"绿柱""绿球"，可打破建筑线条的生硬感。如种植凤尾竹、芭蕉、胶东卫矛球、锦带花、紫薇等植物。

窗前绿化：窗前绿化在室内采光、通风，防止噪音、视线干扰等方面起着相当重要的作用。其配植方法也是多种多样的，如"移竹当窗"手法的运用，竹枝与竹叶的形态常寓意清雅、刚健、潇洒，宜种于居室外，特别适合于书房的窗前；又如有的在距窗前 1~2m 处种植一排花灌木，高度为遮挡窗户的一小半，形成一条窄的绿带，既不影响采光，又可防止视线干扰，开花时节还能形成五彩缤纷的效果；再如有的窗前设花坛、花池，使路上行人不至于临窗而过(图 2-3-18)。

入口绿化：在住宅入口处，多与台阶、花台、花架等相结合进行绿化配置，形成各住宅入口的标志，也可以作为室外进入室内的过渡，有利于消除眼睛的光感差，或兼作门厅之用。

图 2-3-17　墙基绿化

图 2-3-18　窗前绿化

③ 窗台、阳台绿化　窗台、阳台绿化是人们在楼层室外与外界自然接触的媒介，不仅能使室内获得良好景观，也能丰富建筑立面造型并美化城市景观。阳台有凸、凹、半凸半凹 3 种形式，日照及通风情况不同，也形成了不同的小气候，这对于选择植物有一定的影响。要根据具体情况选择不同习性的植物。种植位置有 3 处：一是阳台板面，根据阳台面积的大小选择植株，但一般植物可稍高些，选择阔叶植物从室内观看效果更好。阳台的绿化可以形成"小庭院"的效果。二是置于阳台拦板上部，可摆放盆花或设槽栽植，此外，不宜种植太高的花卉，以免影响室内通风，或因放置的不牢而发生安全问题。此处可呈点状、线状设置花卉。三是沿阳台板向上一层阳台呈攀缘状种植绿化，或在上一层板下悬吊植物花盆形成"空中"绿化，这种绿化能形成点、线，甚至面的绿化形态，无论从室内还是从室外看都富有情趣，但要注意不能满植，以免绿化封闭阳台。

窗台绿化一般用盆栽的形式以便管理和更换。根据窗台的大小，一般要考虑置盆的安全问题，另外，窗台处日照较多，且有墙面反射热对花卉的灼烤，因此，应选择喜光耐旱的植物。

无论是阳台还是窗台绿化都要选择叶片茂盛、花美色艳的植物，使其在空中引人注目。另外，还要使花卉与墙面及窗户的颜色、质感形成对比，相互衬托。

④ 墙面绿化和屋顶绿化　在城市用地十分紧张的今天，进行墙面和屋顶的绿化，即垂直绿化，无疑是增加城市绿量的一条有效途径。墙面绿化和屋顶绿化不仅能美化环境、净化空气、改善局部小气候，还能丰富城市的俯视景观和立面景观。

3.5.4　道路绿地规划设计

居住区道路绿地是居住区绿地系统的有机组成部分，它作为"点、线、面"绿化系统中"线"的部分，能起到连接、导向、分割、围合等作用。同时，道路绿化也能为居住区与庭院疏导气流，传送新鲜空气，改善居住区环境的小气候条件。道路绿化还有利于行人与车辆的遮阳，保护路基，美化街景，增加居住区绿地面积和绿化覆盖率。

居住区内道路分为：居住区（级）道路、小区（级）道路、组团（级）道路和宅间小路 4级，居住区内的道路用地面积一般占居住用地总面积的 8%~15%，它们联系着住宅建筑、居住区各功能区、各出入口，是居民日常生活和散步休息的必经通道，是居住区开放空间系统的重要部分，在构成居住区空间景观、生态环境方面具有非常重要的作用。

(1) 居住区(级)道路

居住区(级)道路是联系各小区及居住区内外的主要道路,除人行外,有的还通行公共汽车,车辆交通比较频繁,两边应分别设置非机动车道及人行道,并应设置一定宽度的绿地,种植行道树和草坪、花卉。按各组成部分的合理宽度,居住区(级)道路红线宽度不宜小于20m,有条件的地区宜采用30m,机动车道与非机动车道在一般情况下可采用混行方式。行道树的栽植既要考虑行人的遮阴,又不妨碍车辆运行,在道路交叉口及转弯处要依照道路安全三角视距的要求进行植物配置,绿化不能影响行驶车辆驾驶员的视线。

居住区(级)道路的路幅通常较宽,可按照城市街道绿化形式进行布置,规模大的居住区主干道绿化形式多采用三板四带式,中小规模居住区通常采用一板两带式和两板三带式的布置形式。

(2) 小区(级)道路

小区(级)道路是联系小区各部分之间的道路,以非机动车和人行交通为主,不能引进公共汽车等,一般也采用人车混行方式,路面宽6~9m。建筑控制线之间的宽度,需布设供热管线的不宜小于14m,无供热管线的不宜小于10m。行驶的车辆虽比主干道少,但绿化布置时,仍要考虑交通的要求。当道路与居住建筑距离较近时,要注意防尘隔音。次干道还应满足救护、消防、运货、清除垃圾及搬运家具等车辆的通行要求,当车道为尽端式道路时,绿化还需与回车场地结合,使活动空间自然优美(图2-3-19)。

(3) 组团(级)道路

组团(级)道路是进出组团的主要通道,一般以非机动车和人行交通为主,路幅与道路空间尺度较小,路面宽3~5m。一般不设专用道路绿化带,绿化与建筑的关系较为密切。在组团道路两侧绿地中进行绿化配置时,常采用绿篱、花灌木、色带色块等强调道路空间,形成林荫小径,减少交通对住宅建筑和绿地环境的影响(图2-3-20)。

图2-3-19 小区(级)道路绿化

图2-3-20 组团(级)道路绿化

(4) 住宅小路

居住区住宅小路是联系各住户或各居住单元门前的小路,主要供人行。绿化配置时,道路两侧的种植宜适当后退,以便急救车和搬运车等在必要时可驶入住宅。有的步行道路及交叉口可适当放宽,与休息活动场地结合。路旁植树不必都按行道树的方式排列种植,可以断续、成丛地灵活配置,与宅旁绿地、公共绿地布置配合起来,设置小景点,形成一个相互关联的整体(图2-3-21)。

图 2-3-21　住宅小路绿化

3.6　居住区绿地规划设计的植物选择和配置

居住区绿地的植物配置是构成居住区绿化景观的主体，它不仅起到保持水土、改善环境的作用，满足居住功能等要求，还起到美化环境的作用，满足人们的游憩要求。居住区绿化时植物的选择和配置还应以生态园林的理论为依据，模拟自然生态环境，让自然界的气息融进人们的居住空间中，利用植物生理、生态指标及园林美学原理，进行植物配置，创造复层结构，保持植物群落在空间、时间上的稳定与持久。

园林植物是现代生态园林建设的重要构成要素之一，它具有鲜明的时空节奏，独立的景观表现。园林植物配置就是将园林植物材料进行科学的、艺术的组合，以满足园林各功能和审美的要求，创造出生机盎然的园林环境(图 2-3-22)。

3.6.1　植物选择

① 居住区内的骨干树种宜选择生长健壮、姿态优美、病虫害少、有地方特色的优良乡土树种。

② 在公共绿地的重点地段，注意选择姿态优美、枝繁叶茂、花团锦簇的乔木、花灌木以及名贵花木，形成优美的景观。

③ 在房前屋后光照不足的地段，注意选择耐阴植物；在院落围墙和建筑墙面，注意选择攀缘植物，进行立体绿化。

④ 在儿童活动区周边，注意选择无针刺、无飞毛、无毒、无刺激等的树种。

⑤ 适当配植一些鸟嗜植物和密源植物，以吸引动物和微生物，创造人与自然和谐共存的居住环境。

图 2-3-22 住宅小区的植物配置

3.6.2 植物配置

① 因地制宜，适地适树　要使园林植物的生态习性和栽培条件基本适应，以保证植物的成活和正常生长。植物选择应以乡土树种为主，引种成功的外地优良植物为辅，根据功能与造景要求合理配置其他植物，这样不但经济，而且成活率高，还可以充分显示居住区的地方特色。

② 远近结合，创造相对稳定的植物群落　植物的选择和配置应掌握速生植物与慢长植物的搭配，以解决远近期的过渡问题，但配置时要注意不同树种的生态要求，使之成为稳定的植物群落。从长远效益考虑，根据成年植物冠幅大小确定种植间距，若想在短期内取得良好的绿化效果，可适当密植，在一定时期予以移栽或间伐。

③ 符合居住区绿地的性质和使用功能要求　进行园林植物的选择和配置时，要从居住区绿地的性质和主要功能出发。作为居住区绿地，其主要功能是庇荫、观赏、休憩、活

动、改善小区的小气候,所以在各类绿地中要选择相应的植物,如休憩小广场区选择树冠荫浓、树形美观的树种,观赏花圃区宜选择开花繁茂的花灌木、地被植物等。

居住区绿地内往往建有花架、廊、亭、景、墙、坐凳等小型建筑和设施,这些单调的建筑设施,需用绿色植物加以综合协调和美化。如花架用紫藤、爬山虎、山葡萄等攀缘植物处理,廊亭周围可采用丛植、孤植等手法,错落有致地配置黄杨球、雪松、白皮松、金叶女贞等常绿植物和合欢、银杏、紫叶李、月季等,以丰富绿地的空间层次。景墙起着分隔和小区标志两种作用,景墙前用低矮的瓜子黄杨、洒金柏、紫叶小檗等规则式布置,前者整洁美观,后者洒脱、自然、精致。设在路边的坐凳旁,可适当配置一两株垂柳、云杉等落叶或常绿乔木,用以遮阴和创造一种幽静的环境;铺装场地边设的坐凳,背后用圆柏等高绿篱加以分隔,也可设置花台,栽植月季、紫叶小檗、地被菊等开花灌木或栽植四季露地宿根花卉,用以美化周围环境,使绿地内保持安静。

④ 满足小区居民审美的要求 首先,要与总体布局及周围的建筑物相协调,因地造景。因势造景。其次,意境要明确,且具有诗情画意。根据园林植物的特性和人们赋予植物的不同品格、个性进行植物配置,可以表现出鲜明的意境。以花木、山石、地被相结合,自然错落的布局手法,形成一幅生动的立体图画。第三,要做到变化与统一相协调。园林植物配置,既要丰富多彩,又要防止杂乱无章。应当从大处着眼,进行总体规划,确定主题思想,然后进行具体设计,形成多样而统一的整体。做到主次分明,高低搭配,层次分明,主题突出。第四,充分利用植物的色、香、姿、韵等特色及时空变化规律创造美的境域。

⑤ 体现植物的季相变化 居住区是居民一年四季生活、游憩的环境,植物配置应该有四季的季相变化,使之与居民春夏秋冬的生活规律同步。但居住区绿地又不同于公园绿地,面积较小,单块绿地面积更小,如果在一小块绿地中要体现四季变化,势必会显得杂乱、繁琐,没有主次,没有特色。所以植物的季相变化配置,要尽可能结合居住区绿地的地形地貌、景观要素、建筑小品等,如在小区水景周边栽植春季开花的碧桃、榆叶梅、迎春等植物,营造桃红柳绿的春色景观;在地形起伏较大的丘陵区域栽植银杏、栾树、火炬树、黄栌等秋色叶树种,营造层林尽染的秋色景观。

⑥ 绿地空间处理 居住区除了中心绿地以外,其他大部分都在住宅前后,其布局大都以行列式为主,形成平行、等大的绿地,狭长的空间感非常强烈。为此,植物配置时,可以充分利用植物的不同组合,形成不同大小的空间。另外,植物与植物的组合还应避免空间的琐碎,力求形成整体效果。

⑦ 线形变化 由于居住区绿地内平行的直线条较多,如道路、绿地侧石、围墙、住宅建筑等,因此,在植物配置时,可以利用植物林缘线的曲折变化、林冠线的起伏变化等手法,使平行的直线条内融入曲线。

⑧ 块面效果 根据生态园林观点,植物与植物搭配时,不仅要有上层、中层、下层植物,而且要有地被植物,使黄土不见天,形成一个饱满的植物群落中。而在这一群落中的每一种植物都必须达到一定的数量,形成一个块面效果。植物的种类不宜过多,而开花、矮小、耐修剪的花灌木应占较大的比例。如郁李、火棘、六月雪、海桐、贴梗海棠、木瓜海棠、天竺葵、杜鹃花、月季、黄馨、夹竹桃、桂花等,当这些植物开花时,使之形成各种颜色的大色块。但要注意的是,不能盲目追求块面效果而不顾植物的生长规律和工程造价,造成植物生长不良和资金的浪费。

项目实训

实训3-1　居住区组团绿地设计

1. 实训目的

选择一个居住区组团绿地进行真题设计。使学生明确居住区组团绿地在居住区绿地中的功能和地位；熟悉居住区组团绿地设计的内容和要求；掌握居住区组团绿地设计的方法和步骤；掌握居住区组团绿地的植物配置和景观营造方法。

2. 实训条件

(1) 设计区域的地形图、竖向图。

(2) 设计区域内地上、地下管线布置图。

(3) 测量仪器、记录本、照相机、绘图工具、图纸等。

3. 方法与步骤

(1) 实地勘查：教师带领学生到现场进行实地考察、图纸核实、场地内现状物记录，并在现场给学生讲解此次实训的目的、重点、难点、内容及方法，指导学生用科学的方法对现场及周边环境进行调查。

(2) 收集相关资料与分析调查数据：收集与实地相关的其他资料，主要有自然条件、环境条件、社会经济条件、使用者情况等；并对现场调查数据进行科学合理的分析。

(3) 编制设计任务书。

(4) 构思设计总体方案。

(5) 完成初步设计。

(6) 绘制设计图纸，编制设计说明书。

4. 实训成果

(1) 总体布局方案图。

(2) 详细设计方案图。

(3) 竖向设计图。

(4) 植物种植设计图(包括苗木统计表)。

(5) 主要建筑景观小品等硬质景观的平、立、剖面图。

(6) 整体或局部效果图。

(7) 设计说明书。

5. 考核评价

(1) 景观设计：能因地制宜地进行合理的景观规划设计，景观序列合理展开，景观丰富。主题明确，立意构思新颖巧妙。

(2) 功能要求：能够根据广场类型结合环境特点，满足设计要求，功能布局合理，符合设计规范。

(3) 植物配置：植物选择正确，种类丰富，配置合理，植物景观主题突出，季相分明。

(4) 方案可实施性：在保证功能的前提下，方案新颖，可实施性强。

(5) 设计表现：图面设计美观大方，能够准确地表达设计构思，符合制图规范。

实训3-2　居住区绿地规划设计

1. 实训目的

选择一个居住区绿地进行真题规划设计。使学生明确居住区绿地规划设计的指导思想和原则；熟悉居住区绿地规划设计的内容和要求；掌握居住区绿地规划设计的方法和步骤；掌握居住区绿地的植物配置；增强居住区绿地的景观营造能力。

2. 实训条件

(1) 居住区平面布局图、地形图、竖向图。

(2) 居住区内地上、地下管线布置图。

(3) 测量仪器、记录本、照相机、绘图工具、图纸等。

3. 方法与步骤

(1) 实地勘查：教师带领学生到现场进行实地考察、图纸核实、场地内现状物记录。并在现场给学生讲解此次实训的目的、重点、难点、内容及方法，指导学生用科学的方法对现场及周边环境进行调查。

(2) 收集相关资料与分析调查数据：收集与实地相关的其他资料，主要有自然条件、环境条件、社会经济条件、使用者情况等；并对现场调查数据进行科学合理的分析。

(3) 编制设计任务书。

(4) 构思设计总体方案。

(5) 完成初步方案设计。

(6) 完成详细设计。

(7) 绘制设计图纸，编制设计说明书。

4. 实训成果

(1) 功能分区规划图。

(2) 总平面布局设计图。

(3) 详细设计图。

(4) 竖向设计图。

(5) 植物种植设计图(包括苗木统计表)。

(6) 主要建筑景观小品等硬质景观的平、立、剖面图。

(7) 整体或局部效果图。

(8) 设计说明书。

5. 考核评价

(1) 景观设计：能因地制宜地进行合理的景观规划设计，景观序列合理展开，景观丰富。主题明确，立意构思新颖巧妙。

(2) 功能要求：能够根据广场类型结合环境特点，满足设计要求，功能布局合理，符合设计规范。

(3) 植物配置：植物选择正确，种类丰富，配置合理，植物景观主题突出，季相分明。

(4) 方案可实施性：在保证功能的前提下，方案新颖，可实施性强。

(5) 设计表现：图面设计美观大方，能够准确地表达设计构思，符合制图规范。

知识拓展

别墅庭院规划设计

别墅庭院是独户庭院的代表形式，院内应根据住户的喜好进行绿化和美化。由于庭院面积相对较大，可在院内进行完整的绿地布局。别墅庭院不仅在风格上更有特色，在装饰上的也极富灵活性、随意性。使住户不仅能感受到自然的气息，还能享受居住的安逸（图2-3-23）。

图2-3-23 某别墅庭院局部图

一、别墅庭院设计要求

① 满足室外活动的需要，将室内室外统一起来考虑。

② 简洁、朴素、轻巧、亲切、自由、灵活。

③ 为一家一户独享，要在小范围内保证一定程度的私密性。

④ 尽量避免雷同，每个院落各得其趣，既丰富街道面貌，又方便客户自我识别。

二、别墅庭院的分区

住宅庭院一般可分为4个区域（图2-3-24至图2-3-26）。

1. 前庭（公开区）

从大门到房门之间的区域就是前庭，是外来访客对整个景观的第一印象，因此，要保持清洁，并给来客一种清爽、好客的感觉。前庭如与停车场紧邻，更要注重实用和美观。前庭包括大门区域、草地、进口道路、回车

图2-3-24 某别墅设计方案平面布局图

图2-3-25 某别墅设计方案平面图（1）

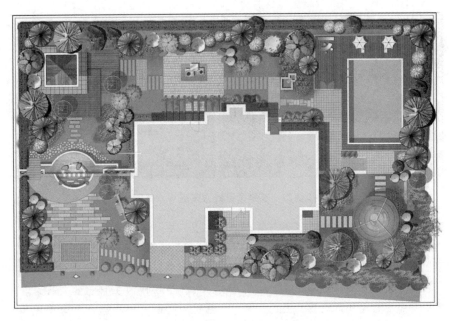

图 2-3-26 某别墅设计方案平面图(2)

道、屋基植栽及若干花坛等。设计前庭时，不仅要与建筑调合，同时应注意街道及其环境的四季景色，不宜有太多变化。

2. 主庭(私有区)

主庭是指紧接起居室、会客厅、书房、餐厅等室内主要部分的庭院区域，面积最大，是一般住宅庭院中最重要的一区。主庭最足以表现家庭的特征，是家人休憩、读书、聊天、游戏等从事户外活动的重要场所。故其位置宜设置于庭院的最优部分，最好是南向或东南向。应日照充足、通风良好，如有冬暖夏凉的条件最佳。为充分表现主庭功能，应设置水池、假山、花坛、平台、凉亭、走廊、喷泉、瀑布、座椅及家具等。

3. 后庭(事务区)

后庭是家人工作、存放杂物的地区，与厨房和卫生间相对，是日常生活中接触时间最多的地方。后庭位置很少向南，为防西晒，可在建筑西、北侧，栽植高大的常绿屏障树。与后庭出入口相连的道路要以平坦、保持畅通为原则。

4. 中庭

中庭指三面被房屋所包围的庭院区域，通常占地最少。一般中庭日照、通风都较差，不适宜种植树木、花草，若摆设雕塑品、庭院石或整形的浅水池，陈设一些奇岩怪石，或铺以装饰用的砂砾、卵石等比较合适。此外，在中庭配置植物时要选择耐荫种类，最好是外形比较整齐、生长慢的植物，栽植数量也不宜多，以保证中庭空间的幽静整洁。

5. 通道

通道是庭院中联络各部分必经的功能性区域。可以采用踏石或其他铺地增加庭院的趣味性，沿着通道种植花草，更能衬托出庭院的高雅气氛。其空间范围虽小，却兼具道路与观赏用途。

三、别墅庭院设计要点

1. 庭院风格的确定

庭院有多种不同的风格，一般是根据业主的喜好确定其基本的样式。庭院的样式可简单地分为规则式和自然式两大类，目前根据风格，私家庭院可分为4大流派：亚洲的中国式、日本式，欧洲的法国式和英国式。而建筑却有多种多样的风格与类型，如古典与现代的差距，前卫与传统的对比，东方与西方的差异。常见的做法多是根据建筑物的风

图 2-3-27　某别墅设计方案景观水体图

格来大致确定庭院的类型。过去具有典型日本庭院风格的杂木园式庭院与茶庭等，往往融自然风景于庭院之中，给人以清雅幽静之感。但日式庭院与西式建筑两者难以统一，且日式建筑与规则式庭院也有格格不入之感，因此，要考虑到庭院风格与建筑物之间的协调性。

2. 庭院空间的划分

庭院别墅只是一家所有，多为主人一家使用或其亲戚朋友参观，庭院空间划分应根据家庭人员组成与年龄结构而有所选择。重点应考虑老人和儿童的安全性与活动场地的设置。此外庭院空间设计必须考虑其私密性和室内空间延伸的特点。用木条栅栏、篱笆或花架与邻家庭院相通。在休闲区域可以考虑用拱门或花架来划分空间，产生"曲径通幽"和"柳暗花明又一村"的效果。

3. 地形

由于别墅庭院中的场地小，一般不设置微地形或只设置坡度很缓的微地形。

4. 水体

庭院水体的特点是小而精致，常用的形式有两种：一种是自然状态下的水体，如自然界的湖泊、池塘、溪流等，一种是人工状态下的水体，如喷水池、游泳池等。还可以选择现代的墙式水景，如金属或石料水碗、墙壁水、水幕墙等。但需要注意的是，无论选择哪一种，水体的深度既不能太深又不能太浅，主要从安全性上考虑（图 2-3-27）。

5. 植物

别墅庭院里的植物种类不宜过多，应以一两种植物作为主景植物，再选种一两种植物作为搭配。植物选择要与庭院整体风格相配，植物要层次清晰、形式简洁美观。别墅中经常用柔质的植物材料来软化生硬的几何式建筑形体的线条，如基础栽植、墙角种植、墙面绿化等（图 2-3-28）。

图 2-3-28　某别墅设计方案景观绿化图

6. 园林小品

在庭院景观中常用的小品有假山、凉亭、花架、雕塑、桌凳等。同时还可以用一些装饰物和润饰物，如日晷、雕像、花盆等。风格力求大胆。运用小品把周围环境和外界景色组织起来，使庭院的意境更生动，更富有诗情画意（图 2-3-29）。

项目3　居住区绿地规划设计

图 2-3-29　某别墅设计方案景观小品图

7. 园路

别墅庭院中的园路主要供庭院主人散步、游憩之用。主要突出窄、幽、雅。铺装形式和材料的选择都一般较灵活，可用天然石材或者各色地砖、黑白相间的鹅卵石铺就。还可使用步石、旱汀等（图 2-3-30）。

图 2-3-30　某别墅设计方案景观园路图

思考与练习

1. 简述居住区公共绿地的组成。
2. 简述居住区绿地设计的原则。
3. 简述居住区小游园的规划设计形式。
4. 简述居住区组团绿地的布置形式。
5. 简述居住区绿地植物选择的要求。

项目 4
单位附属绿地规划设计

学习目标
【知识目标】
(1)了解校园绿地的用地组成；
(2)了解校园绿化的基本原则；
(3)了解校园绿地各组成部分的规划设计方法。
【技能目标】
(1)能分析单位附属绿地的环境特点及服务对象的特点；
(2)能进行单位附属绿地规划设计。

 项目案例

河南林业职业学院西区绿地规划设计

为做好校园大环境的绿化美化，加强校园文化建设，满足师生文化、娱乐、休憩的需要，决定对校园绿地进行整体规划设计。要求根据学校绿地现状和相关绿地设计规范等要求，在充分满足功能要求、安全要求和景观要求的前提下完成校园绿地规划设计(图2-4-1)。

要完成绿地规划设计任务要分为以下4个阶段进行：

1. 调查研究阶段

通过现场踏查或调查，了解当地的自然环境、社会环境、学校特色、绿地现状等设计条件，通过与甲方座谈，把握甲方的规划目的、设计要求等，以便于设计者把握设计思路，为编制设计任务书提供依据。为此我们需要考虑以下几个问题：

① 自然环境的调查；
② 社会环境的调查；
③ 设计条件或绿地现状的调查。

2. 编制设计任务书阶段

根据调查研究的实际情况，结合甲方的设计要求，编制设计任务书，任务书中应明确以下几点：

① 明确绿地规划设计的目标；

项目 4 单位附属绿地规划设计

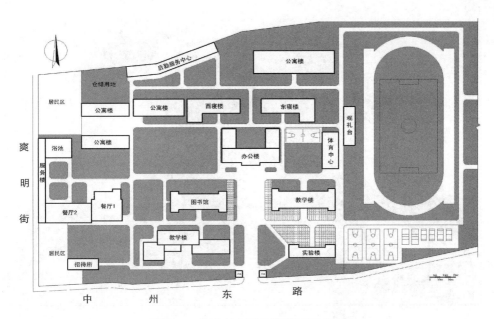

图 2-4-1 河南林业职业学院西区平面图

② 确定绿地规划设计的内容；

③ 提出绿地规划设计的原则。

3. 总体规划设计阶段

根据任务书中明确的规划设计目标、内容、原则等具体要求，着手进行总体规划设计。主要有以下三方面的工作：

① 功能分区 根据校园内各建筑分布和绿地大小等情况，确定功能分区；

② 景观规划 根据校园总体布局、功能分区和各绿地的位置、功能、大小等，明确景观规划的设计理念、总体构思和各场地的总体布局等；

③ 植物规划 根据当地的自然条件和植被类型，确定绿化的基调树种、骨干树种、景观树种。

4. 局部详细设计阶段

根据确定后的总体规划设计方案，对各绿地局部进行详细设计。局部详细设计工作主要包括以下内容：

(1) 各功能区绿地设计

① 行政办公区绿地 布局多采用规则而开朗的手法，以装饰性绿地为主，要形成宁静、美丽、庄重、大方的校园氛围。校前广场位于办公楼前，通过对现状的分析，规划标志性雕塑、组合喷泉、景观墙等，标志雕塑采用不锈钢材料制成，取名"腾飞"，意即"希望之星"(图 2-4-2)。寓意以校前广场为中心的这颗"希望之星"就像冉冉升起的太阳，照亮我们的未来。

② 教学科研区绿地 空间布局应结合实际进行合理的规划设计，最大限度地为学生、教师提供读书及各种活动的场所和设施。规划在实验楼北侧形成较大型的铺装场地，设计为绿荫广场(图 2-4-3)。

图 2-4-2 "希望之星"广场效果图

图 2-4-3 绿荫广场效果图

③ 学生生活区绿地 包括学生公寓、食堂、浴室、后勤服务区等建筑,该区占地面积大,绿地分散,力求通过绿地规划设计和景观营造,形成生活便利、功能完备、温馨舒适的生活空间(图2-4-4)。

图 2-4-4　校园生活区绿地

图 2-4-5　利用地形设计为下沉式运动场　　图 2-4-6　运动场周边装饰绿地

④ 体育活动区绿地　绿地沿道路两侧和场馆周边呈条带状分布，在保证不影响运动项目开展的前提下，根据绿地现状进行装饰性绿化（图 2-4-5、图 2-4-6）。

⑤ 休息游览区绿地　在校园中心位置，对原有绿地重新进行规划设计，形成中心花园，绿化景观精致，满足师生休息散步、文化娱乐、陶冶情操等的需求（图 2-4-7）。

图 2-4-7　"生命无限"主题雕塑效果图

（2）植物种植设计

植物配置上紧扣设计思想，既变化多样，又整齐统一，利用植物材料本身的树形和花果色彩的差异及变化划分不同景区。植物配置季相明确，春天赏花，秋季观叶，夏季行走于林荫道，冬季植物不遮蔽阳光，形成四季有景可观的植物景观。

5. 完成图纸绘制

(1) 设计平面图

设计平面图中应包括设计范围内的所有绿化设计，要求能够准确地表达设计思想，图面整洁，图例使用规范（图 2-4-8、图 2-4-9）。平面图主要表达功能区划、道路广场规划、景点景观布局、植物种植设计等的平面设计。

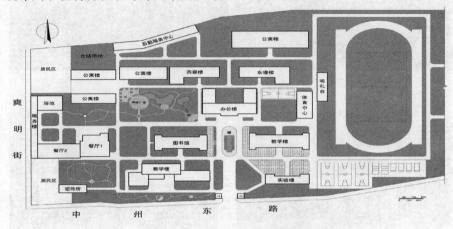

图 2-4-8　总体规划平面图

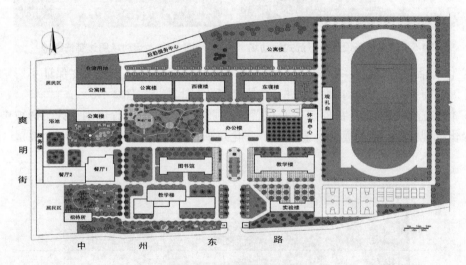

图 2-4-9　植物种植设计图

(2) 立面图

为了更好地表达设计思想，在学校绿地规划设计中要求绘制出主要景观、主要观赏面的立面图。在绘制立面图时应严格按照比例表现硬质景观、植物及两者间的相互关系，植物景观按照成年后的最佳观赏时期来表现。立面图主要表达地形、建筑物、构筑物、植物等的立面设计。

(3) 效果图

效果图是为了能够更直观地体现规划理念和设计主题而绘制的，一般分为全局鸟瞰图和局部景观效果图两类。学校绿化设计时常要求绘制出效果图，在绘制时应注意选择合适

项目4 单位附属绿地规划设计

的视角，真实地反映设计效果。

(4) 植物设施表

植物设施表以图表的形式列出所用植物材料、建筑设施的名称、图例、规格、数量及备注说明等。

(5) 设计说明书

设计说明书(文本)主要包括项目概况、规划设计依据、设计原则、艺术理念、景观设计、植物配置等内容，以及对图纸无法表现的相关内容进行补充说明。

知识准备

4.1 大专院校绿地规划设计

4.1.1 大专院校绿地的组成

大专院校一般面积较大，总体布局形式多样。由于学校规模、专业特点、办学方式以及周围社会条件的不同，其功能分区的设置也不尽相同。一般可分为教学科研区、学生生活区、体育运动区、后勤服务区及教工生活区(图 2-4-10)。根据功能分区，大专院校校园绿地由以下几部分组成：

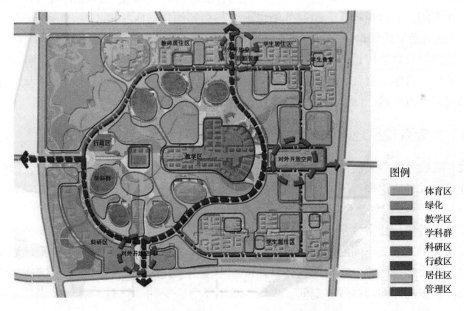

图 2-4-10 东南大学九龙湖校区功能分区图

(1) 教学科研区绿地

教学科研区是学校的主体，包括教学楼、实验楼、图书馆及行政办公楼等建筑，该区也常常与学校大门主出入口综合布置，体现学校的面貌和特色。教学科研区要保持安静的学习与科研环境，其绿地沿建筑周围、道路两侧呈条带状或团块状分布。

(2) 学生生活区绿地

该区为学生生活、活动的区域，分布有学生宿舍、学生食堂、浴室、商店等生活服务设施及部分体育活动器械。有的学校将学生体育活动中心设在学生生活区内或附近。该区与教学科研区、体育活动区、校园绿化景区、城市交通及商业服务有密切联系。该区绿地沿建筑、道路分布，比较零碎、分散。

(3) 体育活动区绿地

大专院校体育活动场所是校园的重要组成部分，是培养学生德智体美劳全面发展的重要设施。其内容包括大型体育场馆和风雨操场，游泳池、馆，各类球场及器械运动场等。该区应与学生生活区有较方便的联系。除足球场草坪外，绿地沿道路两侧和场馆周边呈条带状分布。

(4) 后勤服务区绿地

该区分布着为全校提供水、电、热力等设施及各种气体动力站及仓库、维修车间等，占地面积大，管线设施多，既要有便捷的对外交通，又要远离教学科研区，避免干扰。其绿地也是沿道路两侧及建筑场院周边呈条带状分布。

(5) 教工生活区绿地

该区为教工生活、居住的区域，主要是住宅建筑和道路，一般单独布置，位于校园一隅，以求安静、清幽。其绿地分布同居住区。

(6) 校园道路绿地

道路绿地分布于校园中的道路系统，分隔各功能区，具有交通运输的功能。道路绿地位于道路两侧，除行道树外，道路外侧绿地应与相邻的功能区绿地相融合。

(7) 休息游览区绿地

在校园的重要地段设置的集中绿化区或景区，质高境幽，创造优美的校园环境，供学生休息散步、自学、交往，对陶冶情操起着潜移默化的作用。该区绿地呈团片状分布，是校园绿化的重点区域。

4.1.2 大专院校绿地规划设计的原则

大专院校是培养具有一定政治觉悟、德智体全面发展的高科技人才的园地。因此，校园绿地规划设计应遵循以下原则：

(1) 以人为本，创造良好的校园人文环境

校园环境生活的主体是人，是师生员工。园林绿地作为校园的重要组成部分之一，其规划设计应树立人文空间的规划思想，处处体现以人为本的规划形态，使校园环境和景观体现对人的关怀。因此，在校园园林绿地设计中根据不同区域、不同功能，因地制宜地营造多层次、多功能的园林绿地空间，供师生员工学习、交往、休息、观赏、娱乐、运动和居住。

(2) 以自然为本，创造良好的校园生态环境

校园应是一个富有自然生机的、绿色的、良好生态状态的环境。校园绿地规划设计要结合其总体规划进行，强调绿色环境与人的活动及建筑环境的整合，体现人与自然共存的理念，形成人的活动融入自然的有机运行的生态机制。充分尊重和利用自然环境，尽可能保护原有生态环境。校园绿地应以植物绿化美化为主，园林建筑小品辅之。在植物选择配

置上要充分体现生物多样性原则，以乔木为主，乔、灌、草结合，使常绿与落叶树种，速生与慢生树种，观叶、观花与观果植物，地被与草坪保持适当的比例。

(3) 把美写入校园，创造符合大专院校高文化内涵的校园艺术环境

大专院校校园是高文化环境，是社会文明的窗口。校园的形象环境，理应具有更深层次的美学内涵和艺术品位。校园环境既要传承文脉，显示出历史久远的痕迹，又要体现新的时代特色。因此，校园环境中不同院系的建筑、道路、绿地，在总体环境协调的前提下，也应具有各自的特点和个性。

4.1.3 大专院校各区绿地规划设计要点

(1) 校前区绿化

学校大门、出入口与办公楼、教学主楼组成校前区或前庭，是行人、车辆的出入之处，具有交通集散功能和展示学校标志、校容校貌及形象的作用，因而校前区往往成为广场和集中绿化区，为校园重点绿化美化地段之一。

学校大门的绿化要与大门建筑形式相协调，以装饰观赏为主，衬托大门及立体建筑，突出庄重典雅、朴素大方、简洁明快、安静优美的高等学府校园环境。

学校大门绿化设计以规则式绿地为主，以校门、办公楼或教学楼为轴线，大门外采用常绿花灌木形成活泼开朗的门景，两侧花墙配置以藤本植物。在学校四周围墙处，选用常绿乔灌木呈自然式带状布置，或以速生树种形成校园外围林带。大门外的绿化既要与街景一致，又要体现学校特色。在大门内轴线上布置广场、花坛、水池、喷泉、雕塑和主干道。轴线两侧对称布置装饰或休息性绿地。在开阔的草地上种植树丛，点缀花灌木，自然活泼。或种植草坪及整形修剪的绿篱、花灌木，低矮开朗，富有图案装饰效果。在主干道两侧种植高大挺拔的行道树，外侧适当种植绿篱、花灌木，形成开阔的林荫大道（图2-4-11）。

图 2-4-11　东营职业学院入口景观效果图

(2) 教学科研区绿化

教学科研区绿地主要满足全校师生教学、科研的需要，提供安静优美的环境，也为学生创造课间活动的绿色室外空间。教学科研主楼前的广场设计，以大面积铺装为主，结合

花坛、草坪，设置喷泉、雕塑、花架、园灯等园林小品，体现简洁、开阔的景观特色。在不影响楼内通风采光的前提下，多种植落叶乔灌木。为满足学生休息、集会、交流等的需要，教学楼之间的广场空间应体现其开放性、综合性的特点，并具有良好的尺度和景观，以乔木为主，点缀花灌木。绿地布局平面上要注意图案构成和线型设计，以丰富的植物和色彩，形成适宜师生在楼上俯视的鸟瞰画面；立面要与建筑主体相协调，并衬托美化建筑，使绿地成为该区空间的休闲主体和景观的重要组成部分（图2-4-12）。

图2-4-12　东南大学九龙湖校区教学科研区效果图

(3) 生活区绿化

为方便师生学习、工作和生活，大专院校校园内设置有生活区和各种服务设施，该区是丰富多彩、生动活泼的区域。生活区绿化应以校园绿化基调为前提，根据场地大小，兼顾交通、休息、活动、观赏诸多功能，因地制宜地进行设计。

(4) 体育活动区绿化

在体育活动区场地四周栽植高大乔木，下层配置耐阴的花灌木，形成一定层次和密度的绿荫，能有效地遮挡夏季阳光的照射和冬季寒风的侵袭，减弱噪音对外界的干扰（图2-4-13）。

(5) 道路绿化

校园道路两侧的行道树应以落叶乔木为主，构成道路绿地的主体和骨架，浓荫覆盖，有利于师生们的工作、学习和生活，在行道树外侧铺设草坪或点缀花灌木，形成色彩、层次丰富的道路景观。

(6) 休息游览绿地

在校园的重要地段设置花园式或游园式绿地，供师生休闲、观赏、游览和读书。另外，大专院校中的花圃、苗圃、气象观测站等科学实验园地以及植物园、树木园也可以园林形式布置成休息游览绿地。休息游览绿地规划设计的构图形式、内容及设施，要根据场地的地形地势、周围道路、建筑等环境进行综合考虑，因地制宜地进行。

图 2-4-13　体育活动区绿化效果图

4.2　工厂绿地规划设计

4.2.1　工厂绿化特点

(1) 环境恶劣

工厂企业在生产过程中常常排放、逸出各种对人体健康和植物生长有害的气体、粉尘、烟尘和其他物质，使空气、水、土壤受到不同程度的污染。虽然人们采取各种环保措施进行治理，但由于经济条件、科学技术和管理水平的限制，还不能完全杜绝污染。另外，工业用地尽量不占用耕地良田，加之工程建设及生产过程中材料的堆放，废物的排放，土壤结构、化学性能和肥力都较差。因而工厂绿地的气候、土壤等环境条件，对植物生长发育是不利的，在有些污染严重的厂矿甚至是恶劣的，这也相应增加了绿化的难度。因此，根据不同类型、不同性质的厂矿企业，慎重选择适应性强、抗性强、能耐受恶劣环境的花草树木，并采取相应措施加强管理和保护，是工厂绿化成败的关键环节，否则会出现植物死亡、事倍功半的结果。

(2) 用地紧张

工厂企业内建筑密度大，道路、管线及各种设施纵横交错，尤其是城镇中小型工厂，绿化用地往往很少。因此，工厂绿化要"见缝插绿""找缝插绿""寸土必争"，灵活运用绿化布置手法，争取较多的绿化用地。如挖坑植树，墙边栽植攀缘植物进行垂直绿化，开辟屋顶花园进行空中绿化等，都是增加工厂绿地面积的行之有效的办法。

(3) 要保证生产安全

工厂的中心任务是发展生产，为社会提供质优量多的产品。工厂企业的绿化要有利于生产的正常运行,有利于产品质量的提高。厂区地上、地下管线密布,建筑物、构筑物、铁道、道路交叉如织,厂内外运输繁忙。有些精密仪器厂、仪表厂、电子厂的设备和产品对环境质量有较高的要求。因此,工厂绿化首先要处理好与建筑物、构筑物、道路、管线的关系(表2-4-1),既要保证生产运行的安全,还要满足设备和产品对环境的特殊要求,又要使植物能有较正常的生长发育条件。

表2-4-1　树木与建筑物、构筑物、地下管线的最小间距

序号	建筑物、构筑物及地下管线的名称	间距(m)	
		至乔木中心	至灌木中心
1	建筑物外墙(有窗)	3.0	1.5
2	建筑物外墙(无窗)	2.0	1.5
3	围墙	2.0	1.0
4	标准轨距铁路中心线	5.0	3.5
5	道路路面边缘	0.5	0.5
6	人行道边缘	0.5	0.5
7	土排水明沟边缘	0.3	0.3
8	给水管管壁	5.5/1.0	0.5
9	排水管管壁	1.5/1.0	0.5
10	热水管(沟)管(沟)壁	1.5/1.0	1.5/1.0
11	煤气管管壁	1.2/1.0	1.0
12	乙炔管、氧气管、压缩空气管管壁	1.5/1.0	1.0
13	电力电缆外缘	1.5/1.0	0.5
14	照明电缆外缘	1.0	0.5

注:1. 表列管壁系指外缘;
　　2. 明沟为铺砌时,其间距应从沟外壁算起;
　　3. 树木与管线间距,受条件限制,不能满足分子数据要求时,可采用分母数据。
(引自《机械工厂总平面及运输设计规范》)

一般情况下,车间周围的绿地设计,首先要考虑有利于生产和室内通风采光,距车间6~8m内不宜栽植高大乔木。其次,要把车间出入口两侧绿地作为重点绿化美化的地段。各类车间因生产性质不同,各具特点,必须根据各车间的具体情况因地制宜地进行绿化设计(表2-4-2)。

仓库区的绿化设计,要考虑消防、交通运输和装卸方便等要求,选用防火树种,禁用易燃树种,疏植高大乔木,间距为7~10m,绿化布置宜简洁。在仓库周围留出5~7m宽的消防通道。装有易燃物的贮罐,周围应以草坪为主,防护堤内不种植物。露天堆物场绿化,在不影响物品堆放、车辆进出、装卸的条件下,周边宜栽植高大、防火、隔尘效果好的落叶阔叶树,以利于夏季工人遮阴休息,外围加以隔离。

(4)服务对象不同

工厂绿地是本厂职工休息的场所,面积小,使用时间短,加上环境条件的限制,使可以种植的花草树木的种类和数量受到限制。如何在有限的绿地中,以绿化美化为主,条件许可时适当设置一些景点景区、建筑小品和休息设施,是工厂绿化的中心问题。因此,工

表 2-4-2　各类生产车间周围绿化特点及设计要点

车间类型	绿化特点	设计要点
1. 精密仪器车间、食品车间、医药卫生车间、供水车间	对空气质量要求较高	以栽植藤本、常绿树木为主，铺设大块草坪，选用无飞絮、无种毛、无落果及不易掉叶的乔灌木和杀菌能力强的树种
2. 化工车间、粉尘车间	有利于有害气体、粉尘的扩散、稀释或吸附，起隔离、分区、遮蔽作用	栽植抗污、吸污、滞尘能力强的树种，以草坪、乔灌木形成一定空间和立体层次的屏障
3. 恒温车间、高温车间	有利于改善和调节小气候环境	以草坪、地被物、乔灌木混交，形成自然式绿地。以常绿树种为主，花灌木色淡味香，可设置园林小品
4. 噪音车间	有利于减弱噪音	选择枝叶密密、分枝点低、叶面积大的乔灌木，以常绿落叶树组成复层混交林带
5. 易燃易爆车间	有利于防火、防爆	栽植防火树种，以草坪和乔木为主，不栽或少栽花灌木，以利于可燃气体稀释、扩散，并留出消防通道和场地
6. 露天作业区	起隔音、分区、遮阴作用	栽植树冠大的乔木混交林带
7. 工艺美术车间	创造美好的环境	栽植姿态优美、色彩丰富的花草树木，配置水池、喷泉、假山、雕塑等园林小品，铺设园路小径
8. 暗室作业车间	形成幽静、庇荫的环境	搭设荫棚或栽植枝叶茂密的乔木，以常绿乔灌木为主

厂绿化必须围绕有利于职工工作、休息和身心健康，有利于创造优美的厂区环境来进行。如利用厂内山丘水塘，置水树，建花架，植花木，形成小游园，自然生动；或设水池、喷泉，种荷花睡莲，点缀雕塑，相映成趣。道路两旁行道树，建筑周边绿地规则式种植整形的绿篱、花灌木，铺草坪，简洁明快，通透而有层次。

4.2.2　工厂绿地的组成

（1）厂前区绿地

厂前区由道路广场、出入口、门卫、收发室、办公楼、科研实验楼、食堂等组成，既是全厂行政、生产、科研、技术、生活的中心，也是职工活动和上下班集散的中心，还是连接市区与厂区的纽带。厂前区绿地包括广场绿地、建筑周围绿地等。厂前区的面貌体现了工厂的形象和特色。

（2）生产区绿地

生产区分布着车间、道路、各种生产装置和管线，是工厂的核心，也是工人生产劳动的区域。生产区绿地比较零碎分散，呈条带状和团片状分布在道路两侧或车间周围。

（3）仓库区绿地

该区是原料和产品堆放、保管和储运的区域，分布着仓库和露天堆场，绿地与生产区基本相同，多为边角地带。为保证生产，绿化不可能占用较大的面积。

（4）绿化美化地段

此地段包括厂区周围的防护林带，厂内的小游园、花园等。

4.2.3 工厂绿地的设计原则

工厂绿化,既要重视厂前区和厂内绿化美化地段,提高园林艺术水平,体现绿化美化和游憩观赏功能,也不能忽视生产区和仓库区绿化,以改善和保护环境为主,兼顾美化、观赏功能。

(1) 应体现各自的特色和风格

工厂绿化是以厂内建筑为主体的环境净化、绿化和美化,要体现本厂绿化的特色和风格,充分发挥绿化的整体效果,以植物与工厂特有的建筑的形态、体量、色彩相衬托、对比、协调,形成别具一格的工业景观(远观)和独特优美的厂区环境(近观)。如电厂高耸入云的烟囱和造型优美的双曲线冷却塔,纺织厂锯齿形天窗的生产车间,炼油厂、化工厂的烟囱,各种反应塔,银白色的贮油罐,纵横交错的管道等。这些建筑物、装置与花草树木形成形态、轮廓和色彩的对比,刚柔相济,从而体现各厂的特点和风格。

同时,工厂绿化还应从本厂的实际出发,在植物的选择和配置、绿地的形式和内容、布置风格和意境等方面,体现出厂区宽敞明朗、洁净清新、整齐一致、宏伟壮观、简洁明快的时代气息和精神风貌。

(2) 为生产服务,为职工服务

为生产服务,要充分了解工厂及其车间、仓库、料场等区域的特点,综合考虑生产工艺流程、防火、防爆、通风、采光以及产品对环境的要求,使绿化服从或满足这些要求,有利于安全生产。为职工服务,就要创造有利于职工劳动、工作和休息的环境,有益于工人的身体健康。尤其是生产区和仓库区,占地面积大,又是职工生产劳动的场所,绿化的好坏直接影响着厂容厂貌和工人的身体健康,应作为工厂绿化的重点之一。根据实际情况,在树种选择、布置形式、栽植管理上多下工夫,充分发挥绿化在净化空气、美化环境、消除疲劳、振奋精神、增进健康等方面的作用。

(3) 合理布局,联合系统

工厂绿化要纳入厂区总体规划中,在工厂建筑、道路、管线等总体布局时,要结合绿化,做到全面规划,合理布局,形成点、线、面相结合的厂区园林绿地系统。点的绿化是厂前区和游憩性游园,线的绿化是厂内道路、铁路、河渠及防护林带,面的绿化是车间、仓库、料场等生产性建筑、场地的周边绿化。从厂前区到生产区、仓库、作业场、料场,到处是绿树红花青草,让工厂掩映在绿荫丛中。同时,也要使厂区绿化与市区街道绿化相衔接,过渡自然。

(4) 增加绿地面积,提高绿地率

工厂绿地面积的大小,直接影响到绿化的功能和厂区景观。各类工厂为保证文明生产和环境质量,必须有一定的绿地率:重工业企业20%,化学工业企业20%~25%,轻纺工业企业40%~45%,精密仪器工业企业50%,其他工业企业25%。据调查,大多数工厂绿化用地不足,特别是位于旧城区的工厂绿化用地远远低于上述指标,而一些工厂增加绿地面积的潜力还是相当大的,只是因资金紧张或领导重视不够而已。因此,要想方设法通过多种途径、多种形式增加绿地面积,提高绿地率、绿视率和绿量。

4.2.4 工厂绿化常用抗性植物

(1) 抗二氧化硫气体的树种

抗性强的树种：大叶黄杨、雀舌黄杨、瓜子黄杨、海桐、蚊母树、山茶、女贞、小叶女贞、枳橙、棕榈、凤尾兰、蟹橙、夹竹桃、枸骨、金橘、构树、无花果、枸杞、青冈栎、白蜡、木麻黄、相思树、榕树、十大功劳、九里香、侧柏、银杏、广玉兰、鹅掌楸、柽柳、梧桐、重阳木、合欢、皂荚、刺槐、槐树、紫穗槐、黄杨。

抗性较强的树种：华山松、白皮松、云杉、赤杉、杜松、罗汉松、龙柏、圆柏、石榴、月桂、冬青、珊瑚树、柳杉、栀子、飞鹅械、青桐、臭椿、桑树、楝树、白榆、椰榆、朴树、黄檀、蜡梅、榉树、毛白杨、丝棉木、木槿、丝兰、桃兰、红背桂、杧果、枣、榛子、椰树、蒲桃、米仔兰、菠萝、石栗、沙枣、印度榕、高山榕、细叶榕、苏铁、厚皮香、扁桃、枫杨、红茴香、凹叶厚朴、含笑、杜仲、细叶油茶、七叶树、八角金盘、日本柳杉、花柏、粗榧、丁香、卫矛、枸木、板栗、无患子、玉兰、八仙花、爬山虎、梓树、泡桐、香樟、连翘、金银木、紫荆、黄葛榕、柿树、垂柳、胡颓子、紫藤、三尖杉、杉木、太平花、紫薇、银杉、蓝桉、乌桕、杏树、枫香、加杨、旱柳、小叶朴、木菠萝。

反应敏感的树种：苹果、梨、羽毛械、郁李、悬铃木、雪松、油松、马尾松、云南松、湿地松、落地松、白桦、毛樱桃、贴梗海棠、油梨、梅花、玫瑰、月季。

(2) 抗氯气的树种

抗性强的树种：龙柏、侧柏、大叶黄杨、海桐、蚊母树、山茶、女贞、夹竹桃、凤尾兰、棕榈、构树、木槿、紫藤、无花果、樱花、枸骨、臭椿、榕树、九里香、小叶女贞、丝兰、广玉兰、柽柳、合欢、皂荚、槐树、黄杨、白榆、沙枣、椿树、苦楝、白蜡、杜仲、厚皮香、桑树、柳树、枸杞。

抗性较强的树种：圆柏、珊瑚树、栀子、青桐、朴树、板栗、无花果、罗汉松、桂花、石榴、紫薇、紫荆、紫穗槐、乌桕、悬铃木、水杉、天目木兰、凹叶厚朴、红花油茶、银杏、桂香柳、枣、丁香、假槟榔、江南红豆树、细叶榕、蒲葵、枳橙、枇杷、瓜子黄杨、山桃、刺槐、铅笔柏、毛白杨、石楠、榉树、泡桐、银桦、云杉、柳杉、太平花、蓝桉、梧桐、重阳木、黄葛榕、小叶榕、木麻黄、梓树、扁桃、杜松、天竺葵、卫矛、接骨木、爬山虎、人心果、米仔兰、杧果、君迁子、月桂。

反应敏感的树种：池柏、核桃、木棉、樟子松、紫椴、赤杨。

(3) 抗氟化氢气体的树种

抗性强的树种：大叶黄杨、海桐、蚊母树、山茶、凤尾兰、瓜子黄杨、龙柏、构树、朴树、石榴、桑树、香椿、丝棉木、青冈栎、侧柏、皂荚、槐树、柽柳、黄杨、木麻黄、白榆、沙枣、夹竹桃、棕榈、红茴香、细叶香桂、杜仲、红花油茶、厚皮香。

抗性较强的树种：圆柏、女贞、小叶女贞、白玉兰、珊瑚树、无花果、垂柳、桂花、枣、樟树、青桐、木槿、楝树、枳橙、臭椿、刺槐、合欢、杜松、白皮松、拐枣、柳树、山楂、胡颓子、楠木、垂枝榕、滇朴、紫茉莉、白蜡、云杉、广玉兰、飞蛾械、榕树、柳杉、丝兰、太平花、银桦、梧桐、乌桕、小叶朴、梓树、泡桐、油茶、鹅掌楸、含笑、紫薇、爬山虎、柿树、山楂、月季、丁香、樱花、凹叶厚朴、黄栌、银杏、天目琼花、金银花。

反应敏感的树种：葡萄、杏、梅、山桃、榆叶梅、紫荆、金丝桃、慈竹、池柏、白千层、南洋杉。

（4）抗乙烯的树种

抗性强的树种：夹竹桃、棕榈、悬铃木、凤尾兰。

抗性较强的树种：黑松、女贞、榆树、枫杨、重阳木、乌桕、紫叶李、柳树、香樟、罗汉松、白蜡。

反应敏感的树种：月季、'十姊妹'、大叶黄杨、苦楝、刺槐、臭椿、合欢、玉兰。

（5）抗氨气的树种

抗性强的树种：女贞、樟树、丝棉木、蜡梅、柳杉、银杏、紫荆、杉木、石楠、石榴、朴树、无花果、皂荚、木槿、紫薇、玉兰、广玉兰。

反应敏感的树种：紫藤、小叶女贞、杨树、虎杖、悬铃木、核桃、杜仲、珊瑚树、枫杨、合欢、栎树、刺槐。

（6）抗二氧化碳的树种

龙柏、黑松、夹竹桃、大叶黄杨、棕榈、女贞、樟树、构树、广玉兰、臭椿、无花果、桑树、栎树、合欢、枫杨、刺槐、丝锦木、乌桕、石榴、酸枣、柳树、糙叶树、蚊母树、泡桐。

（7）抗臭氧的树种

枇杷、悬铃木、枫杨、刺槐、银杏、柳杉、扁柏、黑松、樟树、青冈栎、女贞、夹竹桃、海州常山、冬青、连翘、八仙花、鹅掌楸。

（8）抗烟尘的树种

香榧、粗榧、樟树、黄杨、女贞、青冈栎、楠木、冬青、珊瑚树、广玉兰、石楠、枸骨、桂花、大叶黄杨、夹竹桃、栀子、槐树、厚皮香、银杏、刺楸、榆树、朴树、木槿、重阳木、刺槐、苦楝、臭椿、构树、三角枫、桑树、紫薇、悬铃木、泡桐、五角枫、乌桕、皂荚、榉树、青桐、麻栎、樱花、蜡梅、黄金树、大绣球。

（9）滞尘能力强的树种

臭椿、槐树、栎树、皂荚、刺槐、白榆、杨树、柳树、悬铃木、樟树、榕树、凤凰木、海桐、黄杨、女贞、冬青、广玉兰、珊瑚树、石楠、夹竹桃、厚皮香、枸骨、榉树、朴树、银杏。

（10）防火树种

山茶、油茶、海桐、冬青、蚊母树、八角金盘、女贞、杨梅、厚皮香、交让木、白榄、珊瑚树、枸骨、罗汉松、银杏、槲栎、栓皮栎、榉树。

（11）抗有害气体的花卉

抗二氧化硫的花卉：美人蕉、紫茉莉、九里香、唐菖蒲、郁金香、菊花、鸢尾、玉簪、仙人掌、雏菊、三色堇、金盏花、福禄考、金鱼草、蜀葵、半支莲、垂盆草、蛇目菊等。

抗氟化氢的花卉：金鱼草、菊、百日草、千日红、醉蝶花、紫茉莉、蛇目菊等。

抗氯气的花卉：大丽菊、蜀葵、百日草、千日红、醉蝶花、紫茉莉、蛇目菊等。

4.3 医疗机构绿地规划设计

4.3.1 医疗机构的类型

(1)综合性医院

该类医院一般设有各科门诊部和住院部,医科门类较齐全,可治疗各种疾病。

(2)专科医院

这类医院是设一或几个相关科室,医科门类较单一,专治一种或几种疾病。如妇产医院、儿童医院、口腔医院、结核病医院、传染病医院和精神病医院等。传染病医院及需要隔离的医院一般设在城市郊区。

(3)小型卫生院(所)

小型卫生院(所)指设有内、外各科门诊的卫生院、卫生所和诊所。

4.3.2 医疗机构绿地的组成

综合性医院是由各个使用要求不同的部分组成的,在进行总体布局时,按各部分功能要求进行。

(1)门诊部绿地

门诊部是接纳各种病人,对病情进行初步诊断,确定进一步进行门诊治疗还是住院治疗的地方,同时也进行疾病防治和卫生保健工作。门诊部往往面临街道设置,既要便于患

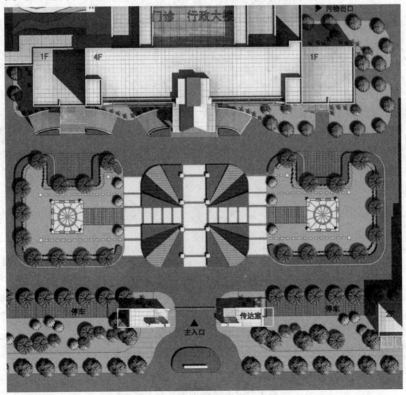

图 2-4-14 入口广场绿化设计图

者就诊,又要保证诊断、治疗所需要的卫生和安静的条件,门诊部建筑要退后到道路红线10~25m的距离。门诊楼因靠近医院大门,空间有限,人流集中,加之大门内外有交通缓冲地带和集散广场等,其绿地较分散,在大门两侧、围墙内外、建筑周围呈条带状分布(图2-4-14)。

(2) 住院部绿地

住院部是病人住院治疗的地方,主要是病房,为医院的重要组成部分,并有单独的出入口。为保障住院部良好的医疗环境,尽可能避免一切外来干扰或刺激(如臭味、噪音等),创造安静、卫生、舒适的治疗和休养环境,在总体布局时,其位置往往位于医院中部。住院部与门诊部及其他建筑围合,形成较大的内部庭院,因而住院部绿地空间相对较大,呈团块状和条带状分布于住院楼前及周围(图2-4-15)。

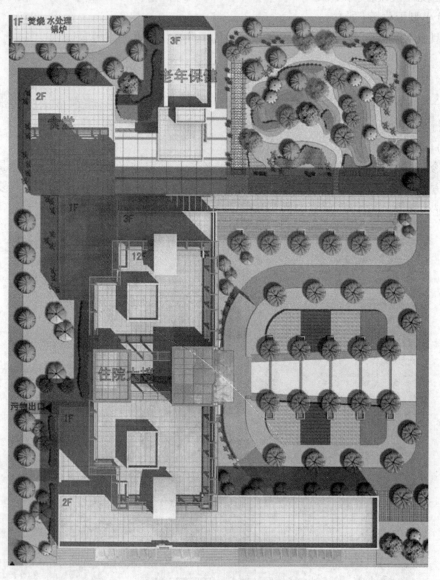

图2-4-15 住院部绿化设计图

(3) 其他部分绿地

医院的辅助医疗部分，主要由手术室、药房、X光室、理疗室和化验室等组成，大型医院随各门诊部和住院部布置，中小型医院则合用。

医院的行政管理部门主要是对全院的业务、行政和总务进行管理，有的设在门诊楼内，有的则单独设在一幢楼内。

医院的总务部门属于供应和服务性质的部门，包括食堂、锅炉房、洗衣房、制药间、药库、车库及杂务用房和场院。总务部门与医务部门既要有联系，又要隔离，一般单独设在医院中后部较偏僻的一角。

此外，还有病理解剖室和太平间，一般单独布置，与街道和其他部分保持较远距离，进行隔离。

医院其他部分单独设置的，建筑周围有一定宽度的绿化带。

4.3.3 医疗机构绿地的功能

(1) 改善医院的小气候条件

医院绿地可调节气温，使夏季降温、冬季保温，尤其是夏季园林树木阻挡吸收太阳直接辐射热，所起的遮阴作用是十分明显的；调节空气湿度，夏季使人们感到凉爽、湿润；防风并降低风速，防尘和净化空气。

(2) 为病人创造良好的户外环境

医疗机构优美的、富有特色的园林绿地可为病人创造良好的户外环境，提供观赏、休息、健身、交往、疗养的多功能的绿色空间，有利于病人早日康复。同时，园林绿地作为医疗环境的重要组成部分，还可以提高其知名度和美誉度，塑造良好的形象，有效地增加就医量，有利于医疗机构的生存和竞争。

(3) 对病人心理产生良好的作用

优雅安静的绿化环境对病人的心理、精神状态和情绪起着良好的安定作用。例如，植物的形态色彩对视觉的刺激，芳香袭人的气味对嗅觉的刺激，色彩鲜艳、青翠欲滴的食用植物对味觉的刺激，植物的茎叶花果对触觉的刺激，园林绿地中的水声、风声、虫鸣、鸟语以及雨打叶片声对听觉的刺激等。使病人置身于绿树花丛中，沐浴自然，接受明媚的阳光，呼吸清新的空气，感受鸟语花香，这种自然疗法，对稳定病人情绪，放松大脑神经，促进康复都有着十分积极的作用。据测定，在绿化环境中，人的体表温度可降低 1~2.2℃，脉搏平均减缓 4~8 次/min，呼吸均匀，血流舒缓，紧张的神经系统得以放松，对神经衰弱、高血压、心脑血管疾病和呼吸道疾病都能起到间接的治疗作用。

(4) 在医疗卫生保健方面具有积极的意义

植物可大大降低空气中的含尘量，吸收、稀释地面3~4m高范围内的有害气体。许多植物的芽、叶、花粉分泌大量的杀菌素，可杀死空气中的细菌、真菌和原生动物。科学研究表明，景天科植物的汁液能消灭流感类病毒，松林释放出的臭氧和杀菌素能抑制、杀灭结核菌，樟树、桉树的分泌物能杀死蚊虫，驱除苍蝇。因此，在医院、疗养院绿地中，选择松柏等多种杀菌力强的树种，其意义就显得尤为重要。

(5) 卫生防护隔离作用

医院中，一般病房、传染病房、制药间、解剖室、太平间之间都需要隔离，传染病医院周围也需要隔离。园林绿地中乔灌木合理配置，可以起到有效的卫生、防护、隔离作用。

4.3.4 医疗机构绿地树种选择

在医院、疗养院绿地设计中，要根据医疗机构的性质和功能，合理地选择和配置树种，以充分发挥绿地的功能作用。

(1) 选择杀菌力强的树种

具有较强杀灭真菌、细菌和原生动物能力的树种主要有：侧柏、圆柏、铅笔柏、雪松、杉松、油松、华山松、白皮松、红松、湿地松、火炬松、马尾松、黄山松、黑松、柳杉、黄栌、盐肤木、锦熟黄杨、尖叶冬青、大叶黄杨、桂香柳、核桃、月桂、七叶树、合欢、刺槐、槐树、紫薇、广玉兰、木槿、楝树、大叶桉、蓝桉、柠檬桉、茉莉、女贞、日本女贞、丁香、悬铃木、石榴、枣树、枇杷、石楠、麻叶绣球、枸橘、银白杨、钻天杨、垂柳、栾树、臭椿及蔷薇科的一些植物。

(2) 选择经济类树种

医院、疗养院还应尽可能选用果树、药用等经济类树种，如山楂、核桃、海棠、柿树、石榴、梨、杜仲、槐树、山茱萸、白芍药、金银花、连翘、丁香、垂盆草、麦冬、枸杞、丹参、鸡冠花、藿香等。

4.4 机关单位绿地规划设计

4.4.1 机关单位绿化的特点

机关单位绿地是指党政机关、行政事业单位、各种团体及部队管界内的环境绿地，也是城市园林绿地系统的重要组成部分。做好机关单位的园林绿化，不仅能为工作人员创造良好的户外活动环境，工休时间得到身体放松和精神享受，给前来联系公务和办事的人员留下美好印象，提高单位的知名度和荣誉度；也是提高城市绿化覆盖率的一条重要途径，对于绿化美化市容，保护城市生态环境的平衡，起着举足轻重的作用；还是机关单位乃至整个城市管理水平、文明程度、文化品位、城市面貌和形象的反映(图2-4-16)。

图 2-4-16 某市政府绿地规划效果图

机关单位绿地与其他类型绿地相比，规模小，较分散。其园林绿化需要在"小"字上做文章，在"美"字上下工夫，突出特色及个性化。

机关单位往往位于街道侧旁，其建筑物又是街道景观的组成部分。因此，园林绿化要结合文明城市、园林城市、卫生城市和旅游城市的创建工作，结合城市建设和改造，逐步实施"拆墙透绿"工程，拆除沿街围墙或用透花墙、栏杆墙代替，使单位绿地与街道绿地相互融合、渗透、补充、和谐统一（图2-4-17），办公楼绿地与城市景观融为一体。新建和改造的机关单位，在规划阶段就应进行控制，尽可能扩大绿地面积，提高绿地率。在建设过程中，通过审批、检查、验收等环节，严格把关，确保绿化美化工程得以实施。大力发展垂直绿化和立体绿化，使机关单位在有限的绿地空间内取得较好的绿化效果，增加绿量（图2-4-18）。

图 2-4-17　某机关办公楼前绿地

图 2-4-18　垂直绿化与休息设施

4.4.2　机关单位绿地的组成

机关单位绿地主要包括：大门入口处绿地、办公楼绿地，附属建筑旁绿地、庭院休息绿地（小游园）、道路绿地等。

(1) 大门入口处绿地

大门入口处是单位形象的缩影，入口处绿地也是单位绿化的重点之一。绿地的形式、色彩和风格要与入口空间、大门建筑统一谐调，设计时应充分考虑，以形成机关单位的特色和风格。一般大门外两侧采用规则式种植，以树冠规整、耐修剪的常绿树种为主，与大门形成强烈对比，或对植于大门两侧，以衬托大门建筑，强调入口空间，或在入口对景位置设计花坛、喷泉、假山、雕塑、树丛、树坛及影壁等。

大门外两侧绿地，应由规则式过渡到自然式，并与街道绿地中的人行道绿化带结合。入口处及临街的围墙要通透，也可用攀缘植物绿化。

(2) 办公楼绿地

办公楼绿地可分为楼前装饰性绿地、办公楼入口处绿地及办公楼周围基础绿地。

根据空间和场地大小，大门入口至办公楼前往往规划成广场，供人流集散和停车，绿地位于广场两侧。若空间较大，也可在楼前设置装饰性绿地，两侧为集散和停车广场。办公楼前广场两侧绿地，视场地大小而定，场地小宜设计成封闭型绿地，起绿化美化作用；场地大可建成开放型绿地，兼具休息功能（图 2-4-19）或封闭性设计模式。

图 2-4-19　机关单位绿地开放性设计模式

图 2-4-20　以图案造型装饰入口空间　　**图 2-4-21　以植物对称栽植强调入口空间**

办公楼入口处绿地，一般结合台阶或坡道，设花台或花坛，用球形或尖塔形的常绿树或耐修剪的花灌木，对植于入口两侧，或用盆栽的苏铁、棕榈、南洋杉、鱼尾葵等摆放于大门两侧（图 2-4-20、图 2-4-21）。

办公楼周围基础绿带（图 2-4-22），位于楼与道路之间，呈条带状，既能美化和衬托建筑，又能进行隔离，保证室内安静，还作为办公楼与楼前绿地的衔接过渡。绿化设计应简洁明快，绿篱围边，草坪铺底，栽植常绿树和花灌木，低矮、开敞、整齐、富有装饰性。

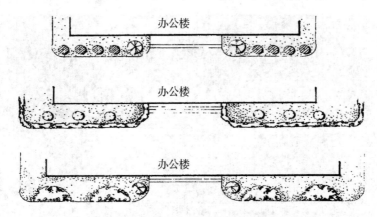

图 2-4-22　办公楼前基础绿带

在建筑物的背阴面，要选择耐阴植物。为保证室内通风采光，高大乔木可栽植在距建筑物 5m 之外，为防日晒，也可于建筑两山墙处结合行道树栽植高大乔木。

不同机关单位的职能性质不同。进行绿地规划设计时要充分结合单位的性质功能；如外交部内庭绿地设计以和平鸽造型构成主景，以体现和平外交的主旨（图 2-4-23）。

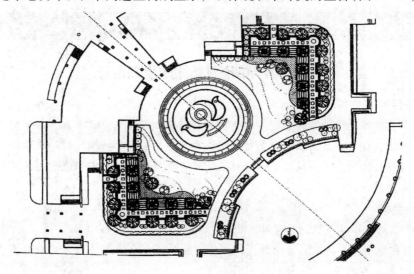

图 2-4-23　外交部内庭绿地设计图

（3）庭院休息绿地（小游园）

如果机关单位内绿地面积较大，可设计成休息性的小游园。游园中以植物绿化、美化为主，结合道路、休闲广场布置水池、雕塑及花架、亭、桌椅等园林建筑小品和休息设施，满足人们休息、观赏、散步活动的需求（图 2-4-24）。

（4）附属建筑绿地

单位附属建筑绿地是指食堂、锅炉房、供变电室、车库、仓库、杂物堆放等建筑及围墙内的绿地。这些地方的绿化首先要满足使用功能，如堆放煤及煤渣、垃圾、车辆停放、人流交通、供变电要求等。其次要对杂乱、不卫生、不美观之处进行遮蔽处理，用植物形成隔离带，阻挡视线，起到卫生防护隔离和美化作用。

图 2-4-24　某单位中心游园

项目实训

实训 4-1　单位附属绿地规划设计

1. 实训目的

为培养学生的规划设计能力、艺术创新能力和理论知识的综合运用能力,掌握单位附属绿地绿化设计的方法和要求,为从事专业技术工作奠定坚实基础。特选择当地某学校或工厂的绿地进行规划设计,或依据学校或工厂的园林绿地进行模拟设计。根据单位大小的不同,可作局部绿地设计或整体设计。

2. 实训要求

(1)立意新颖,格调高雅,具有时代气息,与单位环境协调统一。

(2)根据绿地性质、功能、场地形状和大小,因地制宜地确定绿地形式和内容设施,体现多种功能,突出主要功能。

(3)以植物绿化、美化为主,适当运用其他造景要素。

(4)道路广场进行平面布局,园林建筑小品仅进行平面设计。

(5)植物选择配置应乔、灌、花、草结合,常绿、落叶结合,以乡土树种为主。植物种类、数量适当。能正确运用种植类型,符合构图规律,造景手法丰富,注意色彩、层次变化,能与道路、建筑相协调,空间效果较好。

(6)图面表现能力:按要求完成设计图纸,能满足施工要求;图面构图合理,清洁美观;线条流畅,墨色均匀;图例、比例、指北针、设计说明、文字和尺寸标注、图幅等要素齐全,且符合制图规范。

3. 方法与步骤

(1)现场踏查,了解情况:到设计现场实地踏查,熟悉设计环境,了解建设单位绿地的性质、功能、规模及其对规划设计的要求等情况,作为绿化设计的指导和依据。

(2) 搜集基础图纸资料：收集建设单位总体布局平面图、管道图等基础图纸资料。若建设单位没有图纸资料，可实地测量，室内绘制。

(3) 描绘、放大基础图纸：若建设单位提供的基础图纸比例太小，可按 1∶200～1∶300 的比例放大、分幅，或将实测的草图按此比例绘制，作为绿化设计的底图。

(4) 总体规划设计：绘出设计草图，送建设单位审定，征求意见，修改定稿。

(5) 完成设计任务：按制图规范，完成墨线图、晒蓝图或复印，做苗木统计和预算方案。作为设计成果，评定成绩，或交建设单位施工。

4. 实训成果

(1) 总体规划图：比例为 1∶200～1∶300，1～2 号图（图中进行道路、广场、园林建筑小品等的规划布局，并标注尺寸，可提供 CAD 设计图）。

(2) 绿化设计图（含彩色平面图）：比例、图幅同总体规划图（可提供 CAD 设计图）。

(3) 单位整体或局部效果图（彩色图）。

(4) 设计说明书：包括小游园园名、景名、功能分区及种植设计景观特征描述。

(5) 植物名录及其他材料统计表。

(6) 绿化工程预算方案。

5. 考核评价

(1) 功能要求：能结合环境特点，满足设计要求，功能布局合理，符合设计规范。

(2) 景观设计：能因地制宜进行合理的景观规划设计，合理展开景观序列，景观丰富，功能齐全，立意构思新颖巧妙。

(3) 植物配置：植物选择正确，种类丰富，配置合理，植物景观主题突出，季相分明。

(4) 方案可实施性：在保证功能的前提下，方案新颖，可实施性强。

(5) 设计表现：图面设计美观大方，能够准确地表达设计构思，符合制图规范。

知识拓展

宾馆饭店绿地规划设计

一、宾馆饭店的性质与组成

宾馆饭店是向顾客提供住宿、餐饮、会议以及娱乐、健身、购物、商务等服务的公共建筑。按照规模、建筑、设备、设施、装修、管理水平、服务项目与质量标准，将宾馆饭店划分为五星级，星越多级别越高。

宾馆饭店的总体规划，除合理设置出入口、组织主体建筑群外，还应根据功能要求，综合考虑集散广场、停车场、道路、杂物堆放、运动场地及庭园绿化等。一般宾馆饭店由客房、公共行政办公及后勤服务 3 部分组成。

客房部分是为顾客提供住宿服务的地方，体现宾馆饭店的主要功能，是宾馆饭店的主体建筑，一般临街设置。

公共部分是为住宿的客人提供餐饮、会议、商务、娱乐、健身等服务之处，由门厅、会议厅、餐厅、商务中心、商店、康乐设施等组成。

行政办公及后勤服务包括行政办公及员工生活、后勤服务、机房与工程维修等附属建筑或用房。

二、宾馆饭店的绿地组成

宾馆饭店绿地又称之为公共建筑庭园绿地。所谓庭园，就是房屋建筑周围及其围合的院落，可以在其中栽植各种花草树木，布置人工山水等景观,供人们欣赏、娱乐、休息,是人们生活空间的一部分。公共建筑所接待的人形形色色,职业、地位、性格爱好各不相同,因而在进行庭园绿化时,要根据服务对象的层次,满足各类庭园性质和功能的要求,植物造景尽量做到形式多样、丰富多彩、突出特色,在格调上要与建筑物和环境的性质、风格相协调,与庭园绿化总体布局相一致。

根据庭园在建筑中所处的位置及其使用功能不同,宾馆饭店绿地可以划分为前庭、中庭(内庭)和后庭。

1. 前庭

前庭位于宾馆饭店主体建筑前,面临道路,供人、车交通出入,也是建筑物与城市道路之间的空间及交通缓冲地带。一般前庭较宽畅,其总体规划要综合考虑交通集散、绿化美化建筑和空间等功能,根据场地大小,布置广场、停车场、喷泉、水池、雕塑、山石、花坛、树坛等,采用规则式构图,严整堂皇,雄伟壮观,也可采用自然式布局,自由活泼,富有生机和野趣。绿地中可用平坦的草坪铺底,修剪整齐的绿篱围边,点缀球形和尖塔形的常绿树木和低矮、耐修剪的花灌木。

2. 中庭

中庭又叫内庭。为满足各种使用功能,活跃建筑内的环境气氛,宾馆饭店等高层建筑常将建筑内部的局部抽空,形成玻璃屋顶的大厅,或在建筑底层门厅部分形成功能多样、景观变化丰富的共享空间。

内庭的绿化造景部分往往位于门厅内后墙壁前,正对大厅入口,或位于楼梯口两侧的角隅处。内庭布置宜少而精,自由灵活。或半席园地,清池一口,清流滴润,笋石点点;或对壁景窗一扇芭蕉,迴廊转角数株棕竹,会客大厅盈盈涌泉,茶座栏下游鱼媕娓,景架壁上巧悬气兰,步廊两侧顽石相伴等。内庭绿化造景,将自然气息引入室内,富有生活情趣。如广州白天鹅宾馆内庭,布置假山、藏式小亭、瀑布、水池、折桥,加之植物的配置,展现了热带风光。

3. 后庭

后庭位于主体建筑后,或是由不同建筑围合而成的庭院,空间相对较大。绿化造景除满足各建筑物之间的交通联系等使用功能外,可以植物绿化、美化为主,综合运用各种造景要素,规划设计成具有休息观赏功能、自然活泼、开放性的小游园。既可运用传统造园手法,设计成具有中国古典园林意境和风格的游园,也可运用现代景观设计手法,营造富有时代气息的游园。根据场地大小,繁简皆宜。地势平坦或微起伏,园中挖池堆山,池边、道旁及坡地上堆砌置石,园路蜿蜒曲折,小型休闲广场,周围置桌、凳、椅等休息设施。植物配置疏密有致,高低错落,形成优美、清新、幽静的庭园环境。庭院绿化一般都是在较小的范围内进行,因而要充分利用可绿化的空间,增加庭院的绿量,选用多种植物,形成具有生物多样性的景观环境。如利用攀缘的藤本植物在围栏、墙面及花架上进行垂直绿化,形成绿色走廊;用耐阴的草坪、宿根花卉等地被植物覆盖树池、林下、道旁,使庭院充满绿意;或在建筑角隅处、围墙边栽植花灌木,使庭院生机盎然。

 思考与练习

1. 简述工厂绿化的基本原则。
2. 简述工厂绿地各组成部分的设计方法。
3. 简述医疗机构的类型。

4. 简述医疗机构绿化的基本原则。
5. 简述机关单位绿地的组成。
6. 简述根据功能分区，简述大专院校校园绿地的组成。
7. 简述宾馆饭店的用地组成。
8. 简述宾馆饭店绿地各组成部分的功能要求。

项目 5
屋顶花园规划设计

学习目标

【知识目标】
(1) 了解屋顶花园的概念及国内外屋顶花园的历史与发展;
(2) 理解屋顶花园的作用与特点;
(3) 掌握屋顶花园的类型、设计原则与内容;
(4) 理解屋顶花园的防水与荷载。

【技能目标】
(1) 能对屋顶花园进行布局与造景;
(2) 能够配制满足需要的种植土,并选择合适的植物种类;
(3) 能独立完成屋顶花园设计项目。

 项目案例

南京水游城屋顶花园设计

1. 项目概述

南京水游城屋顶花园(六楼)面积约为 7000m^2,与周边的甘熙故居、朝天宫及新街口的景观绿化带相呼应。屋顶形状不规则,现状较为复杂。有 5 处出入口,一个高度约为 5m 的冷却塔矗立在屋面南面,另外,屋面还分布着若干通风口(图 2-5-1)。

2. 设计依据

① 《屋面防水施工技术规程》(DBJ 01—93—2004);
② 《公园设计规范》(CJJ 48—1992);
③ 《南京市城市规划建设管理条例》。

3. 地段分析

南京水游城位于健康路和中华路交叉路口、夫子庙商圈核心地段,距离南京商业集群新街口 2km,处在城市中心轴线上,属于南京五分钟都市生活圈繁荣核心地带。是一个大型综合性商业项目,建筑面积 $16.7 \times 10^4 m^2$,水游城以流动的水为主体,是一个集购物、休闲、餐饮、娱乐、旅游、文化等于一体的休闲购物主题公园(图 2-5-2)。

项目5 屋顶花园规划设计

图 2-5-1 水游城屋顶花园平面图　　　　　图 2-5-2 水游城鸟瞰图

4. 设计理念

水游城屋顶花园属于公共休憩型,在设计中要考虑其公共性,满足人们在屋顶上休憩娱乐等多种需要。除此之外,还要考虑到因屋顶的特殊位置所受到的防水、承重等限制因素。

考虑到水游城轻松自由的建筑形式和其商业性质,屋顶花园在设计上采用混合式手法,以自然式为主,空间布局、园路处理、植物配置等方面均以自然的手法,追求连续的景观组合。同时穿插规整的局部小景作为点缀,自然与规则协调共融。

5. 规划原则

① 实用性原则;
② 精美性原则;
③ 安全性原则。

6. 设计图纸

(1) 景观分区(图 2-5-3)

根据现有建筑形式,屋顶花园可分为北园和南园。通过园路的分布、铺装材料的变化、景观节点等多方面元素的运用,进一步将南园划分为中央广场、中心水景区、木平台观景区 3 个区域,北园则以植物观赏区为主,形成由开放空间到私密空间的自然过渡。

① 中央广场(图 2-5-4)　中央广场的出入口以中心电梯为主,经一条主要园路便可到达广场,位于屋顶花园的中心地段。此区域虽有较多硬质铺装,但铺装形式的变化使广场轻松趣味化。橙色景墙引导游人视线,3 个阵列树池软化了广场的氛围,这虚实相间的两座景墙不仅巧妙的化解了冷却塔这一庞然大物的尴尬,还使其产生神秘色彩感,在保持视

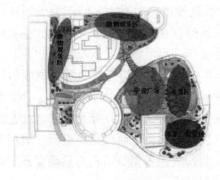

图 2-5-3 景观分区图　　　　　图 2-5-4 水游城屋顶花园中央广场

线畅通的前提下达到景观效果的最大化。

② 中心水景区 由 4 组高低不同、错落有致的造型水池形成的跌水水景成为该区域的主要景观。四周层次分明、色彩丰富的植物造景软化了由棱角分明的水池带来的坚硬与冰冷。在植物景观的衬托下，涓涓流水自上而下缓慢流动，水底满铺鹅卵石，清澈的水面在阳光的照射下波光粼粼，跌水与植物及周围环境完美结合，形成一个有形、有色、有光、有声、有意境的园林景观（图 2-5-5）。除此之外，水景区内色调统一、深浅相异的圆形图案铺装和简单的墨绿色休闲亭更是锦上添花，给花园增添了轻松愉悦的氛围。

③ 木平台观景区（图 2-5-6） 屋顶南园与冷却塔相连高于地面 70cm 的两根管道是较难处理的部分。在保证楼顶荷载在屋顶结构承重范围的前提下，建立架空的木质平台，将地坪抬高约 1m，合理地将管道隐藏在平台之下，同时也丰富了立面景观层次，起到了隔景的作用。站于木平台之上，放眼皆景，木平台将广场、跌水池、休闲亭等主要景观连接起来，起到了桥梁作用。

图 2-5-5 水游城屋顶花园水景区

图 2-5-6 木平台观景区

④ 植物观景区 屋顶东侧是较为清静的地段，以丰富的植物配置为主，此区的长椅为游客提供了一个较为私密的交流和休息的空间，满足了不同人群的行为要求。

(2) 植物配置

水游城屋顶花园在植物品种的选择上，以生态多样性为目的，因地制宜。同时，充分考虑植物层次、色彩的合理配置。植物配置方式也以自然式种植为主。种植区内根据地被、草坪、灌木、乔木的种类和形态，形成了一定的绿色生态群落，并且根据一定的构图形式进行组合，创造出丰富多样的植物景观；同时种植区不同的植物种类、种植土深度，使屋顶出现局部的微地形变化，丰富了屋顶的造景层次。

① 景园树 屋顶花园因多种因素的限制，不宜种植高大乔木，但作为屋顶花园中的局部中心景观，可以选用小乔木以增强花园的层次感。在水游城屋顶花园中，主要以观花的紫薇、桂花、紫荆、二乔玉兰，观叶观形的紫叶李、鸡爪槭、龙爪槐为主。

② 灌木 由于屋顶花园不能种植过多的乔木，因此，中等高度的灌木便成为植物景观的主体。如在水游城屋顶花园中，使用了多种灌木，如山茶、月季、栀子、杜鹃花、冬青、南天竹、八角金盘、苏铁、枸骨、金叶女贞、花叶蔓长春、红叶石楠球、红花檵木球等。这些灌木的布置在形态和色彩上与乔木相呼应，构成和谐而美观的组合；运用多组叶色不同的灌木（如杜鹃花、紫叶小檗、金叶女贞组合）有高有低、有前有后地穿插于乔木周围，形成了曲折变化、高低错落、疏密有致的植物群落。

③ 地被植物　在灌木下种植各种地被植物，丰富植物景观的层次和色彩。在水游城屋顶花园中，一方面，采用了同种植物成片种植作为地被，加强植物景观的统一性；另一方面，采用不同叶形、花色的多种植物配置，混交种植，形成自然野趣，如沟草叶结缕草、鸢尾、红花酢浆草之间的混合配置。

④ 园路铺装、小品及照明设计（图 2-5-7）　在水游城屋顶花园中，园路以自由、曲线的变化方式为主，以规则、直线的方式作为补充，通过园路铺装材料和形式的变化对屋顶花园进行了合理而轻松的空间划分。园中小品较少，主要使用体量较小的景石、简单的休闲亭和造型灯柱作为点缀。

图 2-5-7　水游城屋顶花园铺装、小品及灯具

水游城部分商铺夜间继续营业，所以屋顶花园也要相应地满足一定的景观照明功能。在花园中设置了彩色灯柱、庭院灯、壁灯、草坪灯、地灯，使整个屋顶花园在夜间灯光的映衬下更加绚丽迷人。

知识准备

5.1　屋顶花园概述

5.1.1　屋顶花园的概念

屋顶花园是指在各类建筑物的顶部（包括屋顶、楼顶、露台或阳台）栽植花草树木，建造各种园林小品所形成的绿地。

屋顶花园又被称为"空中花园""空中绿洲"或"屋顶绿化"。屋顶花园既源于露地造园，又区别于露地造园。源于露地造园，是由于屋顶花园同露地造园一样，都是充分运用植物、微地形、水体、建筑小品等造园要素，采取多种造园手法组织空间，创造出具有不同使用功能的园林景观。区别于露地造园，是因为以下几点：

① 屋顶花园必须要考虑建筑屋顶的承重能力　在荷载设计时应考虑的荷载包括屋顶自身结构层的重量、屋顶自身构造层的重量、屋顶活荷载、屋顶园林工程增加的荷载等。

② 屋顶上的自然环境相对恶劣　由于屋顶上的日晒、风力等自然条件不同于地面，加上种植土层较薄，所以选择植物的生态习性一定要与场地的环境相适应，通过对环境的

分析，合理规划屋顶各部分的位置。

③ 屋顶花园需要考虑防水层和快速排水　因为植物根系具有很强的穿透能力，如果不采用技术手段阻止植物根系破坏建筑屋面和防水层，就有可能造成防水层受损，从而影响其使用寿命，甚至造成屋顶漏水。同样，如果屋面长期积水，轻则会造成植物烂根死亡，重则会导致屋面漏水。

④ 屋顶花园完成后的日常维护保养更精细　屋顶花园不同于地面庭院，由于是建在数层高的房顶之上，所以其后期的维护保养要更为精心和严格。

总之，屋顶花园的设计不仅要比地面上的景观设计更加关注场地的环境条件、荷载、种植土改良、植物的选择与植物配置等问题，还要结合各种环境的特殊性、使用功能及艺术效果综合考虑，充分地把地方文化融入屋顶花园的设计之中。

5.1.2　国外屋顶花园的历史与发展

(1) 古代的屋顶花园

早在公元前 2000 年左右，在古代幼发拉底河下游地区（即现在的伊拉克）的古代苏美尔人最古老的名城之一——乌尔城，曾经建造了雄伟的亚述古庙塔（图 2-5-8），又称"大庙塔"，此塔被后人称之为屋顶花园的发源地。亚述古庙塔沿着塔外阶梯状的平台上，栽植了一些树木和灌木丛，用以缓解人们攀爬神庙的劳累，同时有助于驱走酷热。

类似这种阶梯状的平台花园在新巴比伦的"空中花园"里也有采用。根据古希腊历史学家狄奥多·西库勒斯的描写，花园长宽各 100 英尺*，在阶梯状平台上栽种植物，平台逐层增高，下方以拱顶支撑，最高的拱顶可达 70 英尺（图 2-5-9）。有的文献还认为此园为金字塔型多层露台，在露台四周种植花木，整体外观恰似悬空，故称之为"Hanging Garden"。

利用盆栽植物进行屋顶绿化的古希腊阿多尼斯花园、U 形平台上种植花草树木的庞贝神秘别墅，进一步丰富了古代屋顶花园的内容。

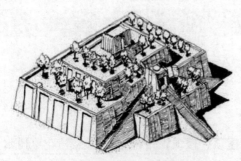
图 2-5-8　亚述古庙塔

图 2-5-9　新巴比伦的"空中花园"

(2) 中世纪和文艺复兴时期的屋顶花园

这个时期的屋顶花园有的已经被破坏。为人们所熟知的有法国的圣米歇尔山（图 2-5-10）、意大利皮恩扎的皮科洛米尼宫、卢卡的橡树塔等。

(3) 1600—1875 年的屋顶花园

这一时期，德国的屋顶花园技术迅速发展，如柏林的拉比兹屋顶花园。为了解决屋顶

----
* 1 英尺 = 0.3048m。

花园所面临的"以严冬和终年持续雨水著称"的自然条件,拉比兹在屋顶上运用了一种独创的硬化水泥,这一技术被认为是防水材料方面的突破。

17世纪,克里姆林宫修建了一个大型的双层空中花园,上层的花园占地面积为10英亩*,与宫殿的宅邸位于同一层,同时还有两个附属平台向下延伸。这两个屋顶花园修建在拱型柱廊之上,顶层花园为石墙所环绕,有一个93m²的水池,池中设喷泉,水池中的水从莫斯科河提升而来。低层的屋顶花园于1681年建造于紧靠莫斯科河的石结构建筑的屋顶之上,面积为600m²,也有一个水池。

另外,由于挪威特有的自然天气情况,草皮屋顶被广泛应用并产生了极大的发展(图2-5-11)。随着取暖设施的发展,草皮屋顶逐渐减少。

图2-5-10 法国的圣米歇尔山

图2-5-11 草皮屋顶

(4) 20世纪初到第二次世界大战前的屋顶花园

19世纪初美国主要城市的屋顶花园的夏季娱乐功能十分普遍。1893年开始了真正的屋顶剧场的应用。纽约的冬季花园和麦迪逊广场就是其中的代表。这一时期的屋顶花园开始向公众游憩、盈利性方向转化,因此屋顶剧场、高级宾馆的屋顶花园逐渐兴起。

(5) 第二次世界大战后的屋顶花园

尽管战前的屋顶花园在当时颇具影响力,但随着经济萧条以及随后而来的第二次世界大战,公共建筑兴建计划停止。直到20世纪50年代末,才重新开始设计并建造新的大规模的公共和私人屋顶花园。这一时期兴建的屋顶花园有奥克兰的帝国中心(图2-5-12)、奥克兰博物馆、旧金山的圣玛丽亚广场和朴茨茅斯广场(图2-5-13)等。

图2-5-12 奥克兰帝国中心屋顶花园

图2-5-13 朴茨茅斯广场

---

* 1英亩=4046.86m²。

5.1.3 我国屋顶花园的历史与发展

我国古代建筑一般为全木结构，且多为尖形屋顶，在承重和保水上都不利于屋顶花园的营造，因而尚未发现有关这方面的资料，但在我国长城上曾栽植过树木，如在山海关上植有成排的松树，嘉峪关长城上种植过其他树木，这可能是我国最早的类似于屋顶花园的记载了。

国内如深圳、重庆、成都、广州、上海、长沙、兰州、武汉等城市，有的已经对屋顶进行开发。如广州东方宾馆屋顶花园、白天鹅宾馆的室内屋顶花园，上海华亭宾馆屋顶花园，重庆泉外楼、沙平大酒家屋顶花园等，有的城市已把城市楼群的屋顶作为新的绿源。但是，多年来屋顶花园的建设一直没有一个标准模式和规范工艺，所以暴露出了很多缺陷和不足。例如，不能长时间防渗抗漏，水土流失，污染严重，植物配置不合理，荷载超标，建造成本过高等。随着科学技术的发展，这些问题将会逐步得到解决。

5.2 屋顶花园的作用与特点

5.2.1 屋顶花园的作用

(1) 改善城市生态环境，增加城市绿化面积

根据北京市园林科学研究所的统计，实行屋顶绿化后室内温度可降低 2.6℃ 左右，因绿色植物的反射率比灰色水泥屋顶大 $1/4\sim1/3$，且绿色植物有遮阳作用，绿化屋顶的净辐射热量比未绿化屋顶少 $4\sim5$ 倍。同时，绿化屋顶因植物的蒸腾作用和潮湿土壤的蒸发作用所消耗的潜热明显比未绿化的屋面要大，使得绿化屋顶的贮热量以及地气的热交换量大大减少，从而使得绿化屋顶空气获得的热量少，热效应降低，减弱了城市的"热岛"效应（图 2-5-14）。

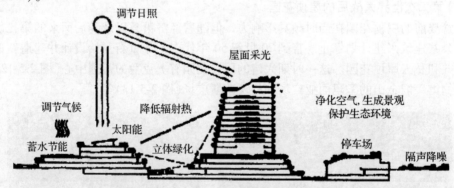

图 2-5-14　屋顶花园可以有效改善城市生态环境

屋顶花园中的植物与地面植物具有同样的功能，此外，屋顶上的植物由于生长的地势较高，能在城市空间多层次地净化空气，起到地面绿化所起不到的作用。

(2) 保护建筑构造层

建筑屋顶构造的损坏，多数是由于温度的迅速变化造成的。由于温度的变化，导致屋顶构造膨胀和收缩，建筑材料受到很大的负荷，其强度降低，进而造成建筑物出现裂缝，导致寿命缩短。而具有不同覆土厚度的绿化屋面，其隔热、防渗性能比架空薄板隔热屋面

表 2-5-1　覆土植草与架空薄板屋面各项最大温差　　　　　　　　　　　℃

屋面隔热层	冬季昼夜最大温差		夏季昼夜最大温差		年最大温差		板顶、板底最大温差	
	板顶	板底	板顶	板底	板顶	板底	冬季	夏季
覆土植草	0.45	0.90	1.65	1.10	31.95	29.80	2.45	1.70
架空薄板	2.60	2.43	10.1	8.10	37.25	34.35	2.83	10.90

（引自：刘小丽，《覆土植草屋面优化人居与城市生态环境》）

要好，良好的降温隔热与保温作用使屋面结构的年温差及板顶、板底最大温差均较一般架空薄板屋面小得多（表2-5-1），从而避免了屋面因温度剧变而引起的裂缝。

（3）塑造城市立体景观

无论是在高架桥上，还是高层建筑之上，又或是乘坐飞机之时，俯瞰城市，整个城市尽收眼底。传统建筑的屋顶表面材料常为水泥砖和黑色沥青等防水材料，在强烈的阳光之下，反射出刺眼的眩光。屋顶花园代替了灰色混凝土、黑色沥青的屋顶，使身处高层或登高远眺的人们感受到置身于绿色环抱的自然美景中，充实了城市绿色景观体系。

5.2.2　屋顶花园的特点

组成园林景观的素材主要是自然山水、各种建筑物和动植物，这些素材按照园林美的基本法则构成美丽的景观。

屋顶花园同样也是由上述各种素材组成的，但因其受特殊条件的制约，又不完全等同于地面的园林，有其特殊性。

（1）地形、地貌和水体方面

屋顶上营造花园，一切造园要素均要受到建筑物顶层承重的制约，其顶层的负荷是有限的。一般土壤容重要为1500~2000kg/m³，而水体的容重为1000 kg/m³，山石就更大了，因此，在屋顶上利用人工方法堆山理水，营造大规模的自然山水是不可能的。把地面造园的内容置于屋顶花园上必然受到制约。因此，在屋顶花园上一般不能设置过大的山景，在地形处理上以平地为主，可以设置一些小巧的山石，但要注意必须安置在支撑柱的顶端，同时，还要考虑承重范围。在屋顶花园上的水池一般为形状简单的浅水池，水的深度在30cm左右为宜，面积虽小，但仍可以利用喷泉来丰富水景。

（2）建筑物、构筑物和道路广场

园林建筑物、构筑物、道路、广场等是从人们的实用要求出发，完全由人工创造的，地面建筑物的大小是根据功能需要及景观要求建造的，不受地面条件制约，而在屋顶花园上这些建筑物的大小必然要受到花园的面积及楼体承重的制约。因为楼顶本身的面积有限，多数在数百平米左右，大的也不过上千平米，因此，如果完全按照地面上所建造的尺寸来安排，势必会造成比例失调。另外，一些园林建筑（如石桥）远远超过楼体的承重能力，因此在楼顶上建造是不现实的。

根据上述分析，是否可以认为在屋顶花园中就不能建造这些建筑了呢？并非如此，在屋顶花园上建造的建筑必须遵循如下原则：一是从园内的景观和功能考虑是否需要；二是建筑本身的尺寸必须与地面上的尺寸有较大的区别；三是建筑材料可以选择那些轻型材料；四是选择在支撑柱的位置建造。例如，建造花架，在地面上通常选用的材料是钢筋混泥土，而在屋顶花园建造中，则可以选择木质、竹质或钢材建造，同样可以满足使用要求。

另外，要求屋顶花园内的建筑应相对少些，一般有1~3个即可，否则会显得拥挤。

(3) 园内植物分布

由于屋顶花园一般在距地面高度较高的位置，即使在首层屋顶的花园高度也在4~5m，如北京首都宾馆的第16层和第18层屋顶花园距地面近百米，因此，植物本身与地面形成隔离的空间，屋顶花园的生态环境是不完全同于地面的，其主要特点表现在以下几个方面：

① 园内空气通畅，污染较少，屋顶空气湿度比地面低，同时，风力通常要比地面大得多，使植物本身的蒸发量加大，而且由于屋顶花园内的种植土较薄，很容易使树木倒伏。

② 屋顶花园的位置高，很少受周围建筑物遮挡，因此接受日照时间长，有利于植物的生长发育。另外，阳光强度的增加势必使植物的蒸发量增加，在管理上必须保证水的供应，所以在屋顶花园上应尽可能以选择那些阳性、耐旱、蒸发量较小的植物为主（一般为叶面光滑、具有蜡质结构的树种，如南方的茶花、枸骨，北方的松柏、鸡爪槭等）。在种植层有限的前提下，可以选择浅根系树种，或以灌木为主；如需选择乔木，为防止被风吹倒，可以采取加固措施有利于乔木生长。

③ 屋顶花园的温度与地面也有很大的差别。一般在夏季，白天屋顶花园内的温度比地面高出3~5℃，夜间则低于地面3~5℃，温差大对植物进行光合作用是十分有利的。在冬季，北方一些城市屋顶花园温度要比地面低6~7℃，致使植物在春季发芽晚，秋季落叶早，观赏期变短。因此，在选择植物时必须注意植物的适应性，应尽可能选择绿期长、抗寒性强的植物种类。

④ 植物在抗旱、抗病虫害方面也与地面不同。由于屋顶花园内植物所生存的土壤较薄，一般草坪为15~25cm，小灌木为30~40cm，大灌木为45~55cm，乔木(浅根)为60~80cm。植物在土壤中吸收养分受到限制，如果每年不及时为植物补充营养，必然会使植物的生长势变弱。同时，一般屋顶花园的种植土为人工合成轻质土，其容重较小，土壤空隙较大，保水性差，土壤中的含水量与蒸发量受风力和光照的影响很大，如果管理跟不上，很容易使植物因缺水而生长不良，生长势弱，必然使植物的抗病能力降低，一旦发生病虫害，轻者影响植物观赏价值，重则可使植物死亡。因此，在屋顶花园上必须选择抗病虫害、耐瘠薄、抗性强的树种。

由于屋顶花园面积小，在植物种类上应尽可能选择观赏价值高、无污染(不飞毛、落果少)的植物，要做到小而精，矮而观赏价值高，只有这样才能建造出精巧的花园来。

5.3 屋顶花园的类型

5.3.1 按功能要求分类

(1) 公共休憩型屋顶花园

公共休憩型屋顶花园为国内外屋顶花园的主要形式之一。多建在居住区、商业区及一些其他公共建筑的屋顶上或者内部的公共平台上，除了具有绿化环境的作用之外，还是一种集活动、游乐、休闲于一体的公共休憩场所,所以在设计上要尤其考虑其公共性,满足人们在屋顶上活动、休息等多种需要。应以草坪、小灌木和花卉为主,设置少量座椅及园林小品作为点缀,园路宜宽,便于人们活动。

(2) 盈利型屋顶花园

盈利型屋顶花园大多建于宾馆、饭店、酒店等商业场所,可以在屋顶花园中开办露天歌舞会、晚宴、茶座等,以此达到盈利的目的。此类屋顶花园中的植物小品等均以小巧精致取胜,保证有较大的活动空间,设计风格要与其建筑形式相统一。由于盈利型屋顶花园也是一个提供夜生活的场所,所以在植物配置上应选择一些夜间开花的芳香品种,照明灯也应精美、适用、安全。商业空间的花园设计,一方面满足了人们向往自然的渴望;另一方面也创造了可观的商业利润。

(3) 家庭型屋顶花园

随着经济的发展,人们的居住条件越来越好,特别是多层式、阶梯式住宅公寓的出现,使得这类屋顶小花园走入了家庭。家庭型屋顶花园多用于阶梯式住宅和别墅式居住场所,此类屋顶花园通常面积小、荷载小、人流量小、具有一定的私密性。所以在设计时应该轻型、简洁、安静,以植物配置为主,一般不设置或设置少量的园林小品,可利用墙面进行垂直绿化的设计。另一类家庭式屋顶花园用于公司写字楼的楼顶,这类花园主要作为接待个人、洽谈业务、员工休息的场所,应种植一些名贵的花卉,布置一些精美的小品,还可以根据实力做能反映公司精神的微型雕塑、小型壁画等。

(4) 科研生产性屋顶花园

科研生产性屋顶花园以科学生产、研究为主要目的。可以设置小型温室,用于培育新型花卉品种以及观赏植物、盆栽瓜果等,也可以进行常规的农副业生产,将绿化和生产相结合,既有绿化效益,又有较高的经济收入。这类花园的设置,一般应有必要的设施,种植池和人行道应规则布局,形成闭合的、地毯式的种植区。

例如,日本早稻田大学的大隈花园礼堂,在这个建筑屋顶中,因采用了该大学开发的屋顶绿化施工方法的实验区所开发的施工技术而受到社会的广泛关注。学校教授与建筑公司共同研究开发的"水凝胶绿化施工方法",其保水性能比一般土壤高3~5倍,实验数据证明:如果土壤厚度达到12cm以上,植物只要靠雨水就能够生长。

5.3.2 按植物材料分类

(1) 地毯式

地毯式花园中种植的植物绝大部分为草本,包括草坪和草本花卉,因植株低矮,在屋顶形成一种类似于绿色地毯的效果。由于草本植物所需的种植土层厚度较薄,一般土层厚度为10~20cm,因此,它对屋顶所加的荷重较小,一般能上人的屋顶均可以承受。这种形式不仅绿化效果好,绿地覆盖率高,而且建园的技术要求也较低。例如,我国深圳"锦绣中华"微缩景园就采用了这种屋顶绿化方式布置,效果极佳。

这种地毯式的屋顶花园在管理中也有不利的一面,特别是在北方地区,由于草本植物的绿叶期短,一些草种在东北的绿期不过200余天,而一些草本花卉的观赏期就更短了,因此,在北方营建这种屋顶花园时要注意观赏期的问题。另外,由于土层较薄,种植土壤中的水分极易蒸发,所以很容易使土壤中的水分散失,如果不能够满足植物对水分的需求，很有可能影响其生长和观赏效果，甚至全部死亡，这一点在干燥多风的北方要特别注意；而在我国南方地区，由于气温适当，降水量较多，植物全年均能保持正常的生长，可以大面积推广。

(2) 花坛式

这种形式实际属于规则式种植中的一种常见形式，主要特点是在花园内分散布置一些规则式的种植池，植物以观花为主，同时，在园中也常应用一些观叶植物，在外观上类似于地面的花坛。花卉可以随时更换，观赏价值较高，但在管理的工作量上相对较大，常用一些草本植物代替草花以延长观赏期。还可以将一些低矮的、花期较长的草本花卉种植其中，效果极佳。通常这种形式不单独出现在屋顶花园中，可与其他形式结合，丰富花园的色彩，效果更突出。

(3) 花境式

花境在中国园林绿地中十分常见，因为几乎所有的园林植物均可以作为花境的材料，选材容易，使花境的整体色彩丰富，美化效果十分突出。这种形式在屋顶花园中也经常出现，园内所选用的植物种类可以是乔、灌木或草本，种植的外形轮廓为规则的，植物种植形式是自然的。在屋顶花园周边布置花境是最恰当的，一般可以以绿色植物组成的树墙为背景，在前方配以花灌木，使游人的行走路线沿花境边缘方向前进，以便游人观赏。

5.3.3 按规划形式分类

屋顶花园必须以足够的绿地面积作保证，绿色植物在园内的种植方式是不同的，通常有以下几种形式：

(1) 规则式

由于屋顶的形状多为几何形，且面积相对较小，为了使屋顶花园的布局形式与场地取得协调，通常采用规则式布局，特别是种植池多为几何形，以矩形、正方形、正六边形、圆形等为主，有时也做适当变换或为几种形状的组合。

① 周边规则式　在花园中植物主要种植在周边，形成绿色边框，这种种植形式给人一种整齐美。

② 分散规则式　这种形式多采用几个规则式种植池分散地布置于园内，而种植池内的植物可为草本、灌木或草本与乔木的组合，这种种植方式形成一种类似花坛式的块状绿地，如兰州市园林局屋顶花园的种植多为此类型。

③ 模纹图案式　这种形式的绿地一般成片栽植，绿地面积较大，在绿地内布置一些具有一定意义的图案，展现一种整齐美丽的景观，特别是在低层的屋顶花园内布置，从高处俯视，其效果更佳。例如，香港海洋公司的屋顶花园，是以该园的"海马"图案来布置的；云南"世界园艺博览会"内的一个服务性建筑的屋顶以世界园艺博览会吉祥物来布置。

④ 苗圃式　这种布置方式主要见于我国南方一些城市，居民常把果树、花卉等用盆栽植，按行列式的形式摆放于屋顶，这种场所一般摆放花盆的密度较大，以经济效益为主。

(2) 自然式

中国园林的特点就是以自然式为主，主要特征表现在反映自然界的山水与植物群落，以体现自然美为主。

在屋顶花园规划中，以自然式布局的占有很大比例，如长城饭店屋顶花园内的布局属此类型。重庆市园林局的屋顶花园虽然规模较小，但植物种植也是按自然式布置的，这种形式的花园布局，要体现自然美，植物采用乔灌草混合方式，创造出有强烈层次感的立面效果。

(3) 混合式

这种形式的花园具有以上两种形式的特色，主要特点是植物采用自然式种植，而种植池的形状是规则的，这在屋顶花园属最常见的形式。

5.3.4 按建筑结构与屋顶形式分类

(1) 开敞式屋顶花园

开敞式屋顶花园是指在单体建筑的屋顶上建造屋顶花园，屋顶四周不与其他建筑相连，为一座独立的空中花园。开敞式屋顶花园的特点是视野开阔，通风好，日照充足等。一般情况下，多层住宅、办公楼、地下停车场以及地下广场上的屋顶花园多属于此种类型（图 2-5-15）。

图 2-5-15　北京某小区屋顶花园

图 2-5-16　南京市政府屋顶花园

(2) 半开敞式屋顶花园

半开敞式屋顶花园是指一面或多面被建筑物的墙体或门窗所包围的屋顶花园。从建筑形式上看，建筑的裙房、出挑的平台或阶梯式建筑的层层退台上建造的屋顶花园多属于此类，这类屋顶花园多用于为宾馆、医院或私家服务的空中花园。半开敞式屋顶花园有助于改善室内环境，可以为同层房屋的室内提供很好的室外景观效果（图 2-5-16）。

(3) 封闭式屋顶花园

封闭式屋顶花园是指屋顶花园四周被高于它的建筑所包围，形成向心型的花园，一般难以接受自然光照，因而需要人工光，多选择阴生植物。这种花园主要是为四周建筑服务，设计时需要结合四周的建筑形式和功能。

5.4 屋顶花园的设计原则与内容

5.4.1 屋顶花园的设计原则

屋顶花园的设计不同于一般花园，这主要由其所在的位置和环境所决定的。在满足其使用功能、绿化效益和园林美化的前提下，必须注意其安全和经济方面的要求。同时，在其规划过程中，应与建筑规划同步进行，这样不仅有利于屋顶花园的建造，也更有利于建筑技术为屋顶花园的营造创造一些必要的条件。

(1) 实用性原则

建造屋顶花园的目的就是要在有限的空间内进行绿化，增加城市绿地面积，改善城市的生态环境，同时，为人们提供一个良好的生活与工作场所和优美的环境景观，但是不同场所的营造目的(因使用对象的不同)是不同的。对于一般宾馆饭店，其使用目的主要是为宾客提供一个优雅的休息场所；对小区是从居民生活与休息的角度考虑的；对于科研单位，其最终目的是以科研、试验为主。因此，不同性质的花园就应有不同的设计内容，包括园内植物、建筑及相应的服务设施。但不管什么性质的花园，都应将其绿化放在首位，因为屋顶花园本身面积就很小，如果绿化覆盖率又很低，则达不到建园的真正目的。一般屋顶花园的绿化(包括草本、灌木、乔木)覆盖率最好在60%以上，只有这样才能真正发挥绿化的生态效应。其植物种类不一定很多，但要求必须有相应的面积指标作保证，缺少足够绿色植物的花园不能称之为真正意义上的花园。

(2) 精美性原则

园林美是生活美、艺术美与自然美的综合产物，生活美主要体现在园林为人们的生活提供了休息与娱乐的场所。植物的自然美决定于植物本身的色彩、形态与生长势，是构成园林美的重要素材；而园林的艺术美主要体现在园内各种构成要素的有机结合上，也就是园林的艺术布局。

屋顶花园为人们提供了一个优美的休息娱乐场所，这种场所的面积是有限的，如何利用有限的空间创造出精美的景观是屋顶花园不同于一般园林绿地的区别所在。在设计屋顶花园时，其景物的设计、植物的选择均应以"精美"为主，各种小品的尺度和位置都要仔细推敲，同时还要注意使小尺度的小品与体形巨大的建筑取得协调。另外，由于一般的建筑在色彩上相对单一，因此，在屋顶花园的建造中还要注意用丰富的植物色彩来淡化这种单一，突出其特色，通常以绿色为主，适当增加其他色彩明快的花卉品种，通过对比突出其景观效果。

另外，在植物配置时，还应注意植物的季相景观问题，在春季应以绿草和鲜花为主；夏季以浓浓的绿色为主；秋季应注意叶色的变化和果实的观赏。北方地区冬季应适当增加常绿树种的数量，南方可以选择一些开花植物。

(3) 安全性原则

在地面建园，可以不考虑其承重问题，但是屋顶花园是把地面的绿地搬到建筑的顶部，且其距地面有一定的高度，因此必须注意其安全指标，这种"安全"取决于两个方面的因素：一是屋顶本身的承重；二是游人在游园时的人身安全。

首先，楼顶本身的承重问题是能否建造屋顶花园的先决条件。如果屋顶花园的附加重量超过楼顶本身的负荷，就会影响整个楼体的安全，在这种情况下就无法造园。所以在建屋顶花园之前，必须对建筑的一些相关指标和技术资料做全面调查，认真核算。同时在核算过程中除考虑园林附属设施及造园材料的重量之外，还必须对游人的数量进行认真计算，既不能把屋顶花园做成只能"远观"不能"近赏"的"海市蜃楼"式的花园，也不能不考虑楼顶的承重而无限制地增加游人数量。因此，屋顶花园来自安全方面的要求在设计中必须加以准确核算，同时必须有一定的安全系数作保障。在安排游人游览线路的同时，要考虑四周安全防护围栏的设置,防止游人在游园时人和物落下。围栏的高度应在1m以上,且必须牢固。为使游人能够有良好的通透视野,一般情况下最好不用墙体做围栏。

从顶层的结构上看,由于楼顶的防水层一般在表面,即使有种植层的保护,在建造过程中也有可能因施工人员的工作而使防水层遭到破坏,如果不能及时修补会对楼体的防水产生不利影响,使屋顶漏水,造成很大的经济损失,特别是在建造一些建筑小品时更是如此,这一点应引起设计与施工人员的足够重视,否则会对屋顶花园的营造工作带来负面影响。

(4)经济性原则

评价一个设计方案的优劣不仅要看营造的景观效果如何,还要看是否现实,是否有足够的经济条件作保障。一般情况下,建造同样的花园在屋顶要比在地面上的投资高出很多。因此,要求设计者必须结合实际情况,做出全面考虑。同时,屋顶花园的后期养护也应做到"养护管理方便,节约施工与养护管理的人力物力",在经济条件允许的前提下建造出适用、精美、安全并有所创新的优秀花园来。

5.4.2　屋顶花园的设计内容

5.4.2.1　屋顶层的结构设计(图2-5-17、图2-5-18)

一般屋顶花园屋面面层结构从上到下依次是:

(1)植被

这是屋顶花园的主要功能层,生态效益、经济效益、社会效益都体现于这一层当中。植物的选择要遵循适地适树的原则,景点设置要注意荷载不能超过建筑结构的承重能力,同时还要满足艺术要求。

(2)轻质培养土层

为使植物能良好地生长,同时尽量减轻屋顶的附加荷重,种植基质一般不直接用地面

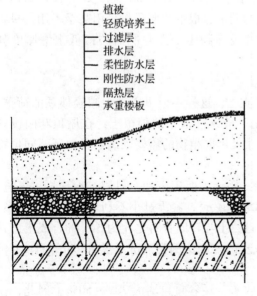

图2-5-17　屋顶层结构示意图

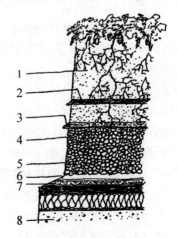

图2-5-18　德国权威性屋顶花园结构示意图
1. 轻质培养土　2. 根床网　3. 过滤层　4. 排水层
5. 雨水阻壅层　6. 防根保护层　7. 隔离保护层　8. 屋盖结构

的自然土壤(主要是因为土壤太重),而是选用既含各种植物生长所需元素又较轻的人工基质,如蛭石、珍珠岩、泥炭及其与轻质土的混合物等。

(3) 过滤层

为防止种植土中的小颗粒及养料随水流失,堵塞排水管道,采用在种植基质层下铺设过滤层的方法,常用的过滤层材料有粗砂(50mm 厚)、玻璃纤维布、稻草(30mm 厚)。所要达到的质量要求是,既可排灌通畅又可防止颗粒渗漏。

(4) 排水层

排水层设在防水层之上,过滤层之下。其作用是既能排除上层积水和过滤水,又能储存部分水分以供植物生长之用。主要材料有:陶粒、碎石、轻质骨料(厚 200~100mm)或砾石(200mm 厚)、焦渣层(厚 50mm)。

(5) 防水层

采用柔性(油毡卷材)防水层、刚性防水层或新材料(如三元乙丙防水布)均可,但目前使用最多的是柔性防水层。

(6) 隔热层

隔热层对建筑具有稳定良好的保温隔热作用,可节省建筑能耗。研究表明,绿化屋顶顶板全天热通量值变化极其微弱,对建筑屋面顶板的保温、隔热作用明显。绿化屋顶夏季室温比未绿化屋顶室温平均低 1.3~1.9℃;冬季室温比未绿化屋顶室温平均高 1.0~1.1℃,是有效缓解城市热岛效应的重要途径。

5.4.2.2 种植设计

(1) 植物对土层厚度的最低限度

屋顶花园的土层厚度与植物生长的要求是相矛盾的。人们只能根据不同植物生存所必须的土层厚度,在屋顶花园上尽可能满足植物生长的基本需要,一般植物的最小土层厚度是:草本(草坪、草花等)为 15cm;小灌木为 25~35 cm;大灌木为 40~45 cm;小乔木为 55~60 cm;大乔木(浅根系)为 90~100 cm;深根系为 125~150 cm。因此,在设计屋顶花园时,应注意多选用草本和小灌木,而大乔木特别是深根系的要尽量少用甚至不用,只要能达到同样的效果,最好不用深根系乔木。各类植物生长发育所需的最低土壤厚度如图 2-5-19 所示。

(2) 种植土的配制

屋顶花园的种植土一般均为人工合成的轻质土,这样不但可以大大减轻楼顶的荷重,还可以根据各类植物生长的需要配制养分充足、酸碱性适中的种植土,在屋顶花园设计时,要结合种植区的地形变化和植株本身的大小及不同植物的需要来确定种植区不同位置的土层厚度,以满足各类植物生长发育的需求。

人工配制种植土的主要成分有蛭石、泥炭、砂土、腐殖土和有机肥、珍珠岩、煤渣、发酵木屑等材料,但必须保证其容重在 700~1500kg/m³,容重过小不利于固定树木根系,容重过大又会对楼顶承重产生影响。日本采用自然土与轻质骨料之比为 3:1 的合成土,其容重在 1400 kg/m³,北京长城饭店采用的合成土的配制比例为 7 份草炭 +2 份蛭石 +1 份沙土,容重为 780 kg/m³。

以上容重均为土壤的干容重,土壤充分吸收水分后容重可增大 20%~50%,因此,在配置种植土的过程中应按照湿容重来考虑,尽可能降低容重。另外,在配置好土壤之后,

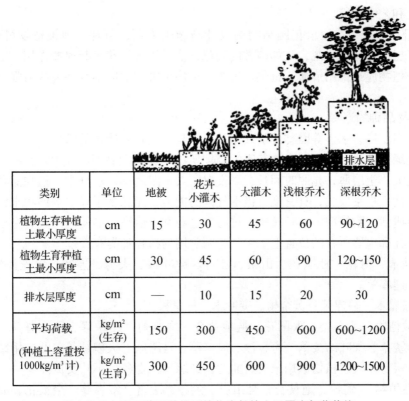

类别	单位	地被	花卉小灌木	大灌木	浅根乔木	深根乔木
植物生存种植土最小厚度	cm	15	30	45	60	90~120
植物生育种植土最小厚度	cm	30	45	60	90	120~150
排水层厚度	cm	—	10	15	20	30
平均荷载（种植土容重按1000kg/m³ 计）	kg/m²（生存）	150	300	450	600	600~1200
	kg/m²（生育）	300	450	600	900	1200~1500

图 2-5-19 屋顶花园种植区植物生长的土层厚度与荷载值

还必须适当添加一些有机肥，其比例可根据不同植物生长发育的需要而定，本着"草本少施，木本多施，观叶少施，观花多施"的原则。

(3) 常见的种植方法

① 孤植 又称孤赏树，这类树种与地面相比，不能要求树体本身巨大，而以优美的树姿、艳丽的花朵或累累硕果为观赏目标，如圆柏、龙柏、南洋杉、龙爪槐、叶子花、紫叶李等均可作为孤赏树。

② 丛植 是自然式种植方式的一种，它是通过树木的组合创造出富于变化的植物景观。在配置树木时，要注意植株的大小、姿态及相互距离。

③ 绿篱 在屋顶花园中，可以用绿篱来分隔空间，组织游览线路，同时，在规则式种植中，绿篱还成为必不可少的镶边植物。北方可以选用大叶黄杨、小叶黄杨、圆柏等做绿篱，南方则可以选用九里香、珊瑚树、黄杨等做绿篱。

④ 花池(花坛、花台)花境 屋顶花园中除了栽植乔、灌木外，花卉也是不可缺少的部分，起到烘托和渲染气氛的作用，色彩鲜明艳丽的花卉能同乔、灌、草共同营造出繁花似锦、绿草如茵、景色怡人的园林景观和意境。

屋顶花园结构的设计除了植物配置外，还对花系的搭配有一定的讲究。例如，就花坛、花境来说，花坛有单独、连续带状及成群组合等类型；花台类似于花坛但面积通常较小；花境是以树丛、绿篱、矮墙或建筑小品作背景的带状自然式花卉布置，可以是曲线也可以采用直线，栽植时多选用植株低矮、枝叶紧密、花繁叶茂、花期较长且一致的花卉品种，如矮牵牛、金盏菊、一串红、万寿菊、百日草等。这些都为屋顶花园设计提供了一定的观赏价值和艺术意境。

⑤ 草坪、地被　在屋顶花园结构的设计与施工方面，草坪、地被植物可与乔、灌、花卉形成多层次的绿色景观，犹如园林的底色，能对树木、花卉起衬托作用。屋顶花园的草坪或地被植物应选择耐瘠薄、抗热、抗寒、抗病虫害、适应不良环境能力强且观赏价值高的品种。

(4) 植物品种的选择

假山、亭、廊、水体等园林建筑或小品虽然是屋顶花园造景的重要部分，但屋顶花园的主体仍是绿色植物，各类树木、花卉、草坪所占的比例应在50%~70%。屋顶花园比较高，风力较大，土层薄，光照时间长，昼夜温差大，湿度小，水分少、植物品种的选择应具备以下特性：根系较浅，具有抵抗极端气候的能力，能忍受干燥、潮湿积水，抗屋顶大风，易移植成活，耐修剪，生长缓慢，抗污染且观赏价值高。如使用高大有主根的乔木应种植在承重柱和主墙所在的位置上。屋顶花园常用的植物种类有：

① 花灌木　梅花、杜鹃花、山茶、牡丹、榆叶梅、火棘、连翘、垂丝海棠、月季、云南黄馨、迎春等。

② 常绿灌木　福建茶、黄金榕、变叶木、鹅掌楸等。

③ 地被植物　美女樱、太阳花、遍地黄金、蟛蜞菊、红绿草、吊竹梅等。草坪草南方用沟叶结缕草、细叶结缕草、海金沙、凤尾草、马蹄蕨、天鹅绒等；北方用结缕草、野牛草、狗牙根等。镶边植物选用葱兰、韭兰、红绿草、麦冬、小叶女贞等。

④ 蔓性植物　葡萄、炮仗花、爬山虎、紫藤、凌霄、常春藤、金银花、油麻藤、牵牛花、茑萝、落葵等。

⑤ 绿篱　瓜子黄杨、冬青、小檗、枸骨、黄刺梅、女贞、珍珠梅、木槿等。

⑥ 抗污染的树种　无花果、桑树、合欢、木槿、茉莉、桂花、棕榈等。

5.4.2.3　园林工程与建筑小品设计

(1) 水景工程

屋顶花园的水景与地面上的水景相比有很大的区别，主要体现在水景的类型及尺寸上。地面上的水景可以是宽广的湖面、收放自如的河流小溪、气势雄伟的喷泉，而在屋顶花园上这些水景因受楼体承重的影响和花园面积的限制，在内容上发生了变化。

① 水池　屋顶花园的水池由于受到场地和承重的影响，一般多为几何形状，水体的深度在30~50cm，建造水池的材料一般为钢筋混泥土结构，为提高其观赏价值，在池的外壁可用各种饰面砖装饰，同时，可以用蓝色的饰面砖镶于池壁内侧和池底部，利用视觉效果来增加其深度。

我国北方地区由于冬季寒冷，水池极易冻裂，因此，在冬季应清除池内的积水，同时可以将一些保温材料覆盖在池中。南方冬季温暖，有水的保护，池壁不会产生裂缝，可以终年不断水。

另外，在施工中必须做好防水，其做法是：可以在楼顶防水层之上再附加一层防水处理。还要注意水池位置的选择。池中的水必须保持洁净，可以采用循环水。

对于一些自然形状的水池，可以将一些小型毛石置于池壁处，在池中可以用盆栽的方式养植一些水生植物，如荷花、睡莲、水葱等，增加其自然山水特色，且更具有观赏价值。

② 喷泉　喷泉的水姿丰富，富于变化，在屋顶花园中一般可安排在规则的水池之内，管网布置成独立的系统，便于维修。对水的深度要求较低，特别是一些临时性喷泉的做法很适用于屋顶花园。

(2) 假山置石

屋顶花园上的假山一般只可观赏不能游览，所以花园内的假山置石必须注意形态上的观赏性及位置上的选择。除了将其布置于楼体承重柱、梁之上以外，还可以利用人工塑石的方法来建造，这种方法营造的假山重量轻，外观可塑性强，观赏价值也较高，在屋顶花园中很常见，如上海华亭宾馆屋顶花园上的大型假山就是用这种方法建造的。对于小型的屋顶花园可以用石笋、石峰等置石，也有十分明显的效果，如北京首都宾馆屋顶花园的置石。

(3) 园路铺装

园路在屋顶花园中占有较大的比重，它不但可以联系各景物，而且也可成为花园一景。

在铺装园路时，不能破坏屋顶的隔热保温层与防水层。另外，园路应有较好的装饰性并且与周围的建筑、植物、小品等相协调，路面所选用的材料应具有柔和的光线色彩，具有良好的防滑性，常用的材料有水泥砖、彩色水泥砖、大理石、花岗岩等，有些地方还可以选用卵石拼成一定的图案。

另外，园路在屋顶花园中常被作为屋顶排水的通道，因此要特别注意其坡度的变化，在设计时要防止路面积水。路面宽度可根据实际需要而定，但不宜过厚，以减小楼体的负荷。

(4) 园亭

屋顶花园可建造少量的小型亭廊建筑。亭的设计要与周围环境相协调，在造型上能够成为独立的构图中心。构造应简单，也可采用中国传统建筑风格，这样可以使其与现代建筑形成鲜明的对比，突出其观赏价值。如北京长城饭店屋顶花园上的四方攒顶琉璃瓦亭就别具一格。

建亭所用的材料可以是竹木结构，如我国南方一些地区，常用南方特有的竹子作为建亭的材料，很有地方特色。如果选用钢筋混泥土结构建亭，要选择好位置，如香港太古城天台花园上的亭子就是用现代建筑材料建造的。

(5) 花架

屋顶花园上建造的花架可以是独立型也可以是连续型的，具体选用哪种形式可根据花园的空间情况来定。植物选择以适应性强、观赏价值高、能与花架相协调的种类为主。小尺寸的花架可以选用五叶地锦、常春藤等，大尺寸的则可选用紫藤、葛藤等。

花架所用的建筑材料应以质轻、牢固、安全为原则，可用钢材焊接而成，也可以是竹木结构。如果用钢筋混泥土结构要注意其尺寸和位置选择。

(6) 其他

在花园内除了以上小品之外，还可以在适宜的地方设置少量人物、动物或其他形象的雕塑，在尺寸、色彩及背景方面要注意其空间环境，不可形成孤立之感。如上海华亭宾馆屋顶花园的花鹿雕塑就给人一种自然之感。

屋顶花园还应考虑夜间的使用功能，特别是那些以盈利为目的的花园，在园内设置照明设施是十分必要的。园灯在满足照明功能的前提下,还应注意其装饰性和安全性,特别是在线路布置上,要采取相应的防水、防漏电措施。园灯的尺寸以小巧为宜,可以结合环境将其装饰在种植池的池壁上,如北京长城饭店屋顶花园的园灯即属此做法,也可结合一些园林小品来安装照明设施。

项目实训

实训5-1　屋顶花园规划设计

1. 实训目的

了解屋顶花园的概念、特征及发展趋势,掌握屋顶花园设计应遵循的原则和方法,掌握屋顶花园的构造和要求,掌握屋顶花园的植物种植设计。

2. 实训条件

(1) 测量仪器:全站仪、激光测距仪和地质罗盘仪。

(2) 绘图工具:1号图板、900mm丁字尺、45°及60°三角板、量角器、曲线板、模板、圆规、分规、比例尺、绘图铅笔、鸭嘴笔和针管笔等。

(3) 计算机辅助设计:高配置电脑及相关绘图软件。

(4) 其他:数码照相机、打印机、拷贝桌等各类辅助工具。

(5) 图纸:采用国际通用的A系列幅面规格的图纸,以A2图幅为准,绘制平面效果图。

(6) 现有的图纸及文字材料。

3. 方法与步骤

(1) 以本校的办公楼或图书馆楼顶为设计对象进行屋顶绿化设计。

(2) 以小组为单位,每组3~5人进行设计,查阅相关资料,每人提出各自的设计方案。

(3) 对每人提出的设计方案进行小组内的讨论总结,确定最后的设计方案,确定屋顶花园的绿化形式。以植物种植设计为主,绘制办公楼或图书馆屋顶绿化平面图,并写出设计说明,附植物名录。

(4) 绘制该屋顶花园的结构层次剖面图。

(5) 完成实训报告。

4. 实训成果

(1) 实训报告。

(2) 设计图纸一套。要求:

① 符合屋顶绿地的性质及设计的原则和要求,充分考虑其与周边环境的关系,有独到的设计理念,风格独特、特点鲜明,布局合理。

② 种植设计的树种选择正确,能因地制宜地运用造景手法,与道路、建筑小品等很好地结合。

③ 层次结构合理,安全性高。通过单独的剖面图纸进行表现。

④ 图面表现能力强,图面效果好,设计图种类齐全,设计深度能满足施工的需要。线条流畅,清洁美观,图例、文字标注、图幅等符合制图规范。

(3) 设计说明书一份。要求:

① 语言流畅，言简意赅，能对图纸进行准确的补充说明，体现设计意图。
② 绿化材料的统计基本准确，有一定的可行性。

知识拓展

垂直绿化

垂直绿化是指利用城市地面以上的各种不同立地条件，选择各类适宜的植物，栽植于人工创造的环境，使绿色植物覆盖地面以上的各类建筑物、构筑物及其他空间结构的表面，利用植物向空间发展的绿化方式。

目前广泛使用的形式有屋顶绿化、壁面绿化、挑台绿化、柱廊绿化、立交绿化和围栏、棚架绿化等。

一、壁面绿化

壁面绿化是指在与水平面垂直或接近垂直的各种建筑物外表面上进行的绿化。包括攀缘类壁面绿化和设施类壁面绿化。攀缘类壁面绿化是利用攀缘类植物的吸附、缠绕、卷须、钩刺等攀缘特性，使其在生长过程中依附于建筑物的垂直表面。攀缘类壁面绿化的问题在于不仅会对墙面造成一定的破坏，而且植物需要很长时间才能布满整个墙壁，绿化速度慢，绿化高度也受到限制。设施类壁面绿化是近年来新兴的壁面绿化技术，在墙壁外表面建立构架支持容器模块，将基质装入容器中，形成垂直于水平面的种植土层，再在容器内植入适宜的植物，完成壁面绿化。设施类壁面绿化不仅需要有构架支撑，而且多数还需要有配套的灌溉系统。

二、挑台绿化

挑台绿化是技术上最容易实现的立体绿化方式，包括阳台、窗台等各种容易人为养护管理的小型台式空间绿化，常见的绿化方式是使用槽式、盆式容器盛装介质栽培植物。挑台绿化应充分考虑挑台的荷载，切忌配置过重的盆槽。栽培介质应尽可能选择轻质、保水保肥能力较好的腐殖土等，云南黄馨、迎春、天门冬等悬垂植物是挑台绿化的良好选择，同时也可以选用如丝瓜、葡萄、葫芦等蔬菜瓜果，增添生活情趣。

阳台绿化不同于地面绿化，由于其特殊位置界定，形式上有凸、凹、半凸半凹3种，日照及通风情况各不相同，具有种植营养面积小、空气流通强、墙面辐射大、水分蒸发快等特点，给管理带来了很大的不便。因此，需要做种植箱和盆景架等。阳台绿化的方式也是多种多样的，如可以将绿色藤本植物引向上方阳台、窗台构成绿幕；可以向下垂挂形成绿色垂帘；也可以附着于墙面形成绿壁。应用的植物可以是一、二年生草本植物，如牵牛花、茑萝、豌豆等；也可以是多年生植物，如金银花、蔓蔷薇、葡萄等；花木、盆景更是品种繁多。但无论是阳台还是窗台的绿化，都要选择叶片茂盛、花美鲜艳的植物，使得花卉与窗户的颜色、质感形成对比，相互衬托，相得益彰。

三、柱廊绿化

柱廊绿化主要是指对城市中灯柱、廊柱、桥墩等有一定人工养护条件的柱形物进行绿化，一般有两种模式：攀缘式和容器式。攀缘式可选用具有缠绕或吸附特性的攀缘植物包裹柱形物，形成绿柱、花柱的艺术效果；容器式是通过悬挂等方式固定人工定期管理的小型盆栽来实现绿化。

四、立交绿化

立交绿化指对立交桥体表面的绿化，既可以从桥头上或桥侧面边缘挑台开槽，种植具有蔓性姿态的悬垂植物，也可以从桥底开设种植槽，利用牵引、胶粘等手段种植具有吸盘、卷须、钩刺类的攀缘植物。同时还可以利用攀缘植物、垂挂花卉种植槽和点缀花球来进行立交桥柱绿化等。这种绿化形式属于低养护强度的空间形态，要求植物具有一定的耐旱和抗污染能力。

五、围栏、棚架绿化

道路护栏、建筑物围栏可使用观叶、观花攀缘植物间植绿化，也可利用悬挂花卉种植槽、花球装饰点缀。棚架绿化宜选用生长旺盛、枝叶繁茂、开花观果的攀缘植物，常见的有紫藤、凌霄、藤本月季、忍冬、金银花、葡萄、牵牛花等。同时可根据建筑物的质地、体量以及环境要求来选择适宜的植物材料。

思考与练习

1. 简述屋顶花园的功能。
2. 简述屋顶花园规划设计的原则。
3. 简述屋顶花园植物材料的选择要求。
4. 简述屋顶花园的构造。
5. 简述屋顶花园的荷载要求。

项目 6
城市公园绿地规划设计

学习目标

【知识目标】
(1) 了解城市公园绿地的类型;
(2) 理解各类城市公园绿地规划设计的基本原则;
(3) 掌握各类城市公园绿地的规划设计方法。

【技能目标】
能够进行城市公园绿地规划设计。

 项目案例

四川省邛崃市凤凰大道街旁绿地规划设计

1. 项目概述

该地段是新城区建成后的城市街道中轴线视觉中心,同时担负着疏导商业街人流,提供市民游览、休憩的功能。市委市政府现决定对堤、路、景、绿地进行综合规划,进一步完善沿街及南河临水地段的绿化,建成沿河绿带和小游园性质的绿化景区,力图建成一个融生态环境、城市文化展示、景观游览体系、水上观光于一体的开放式城市公共环境。为了加强城市美化建设,对邛崃市的经济和社会发展起到推动作用,决定对该区域进行系统的绿地规划设计。要求绿地应具有时代特色,体现地方精神,成为集商业、休闲娱乐、生态保护和历史文化教育于一体的开放式城市景观(图 2-6-1、图 2-6-2)。

2. 设计依据

(1) 自然环境

邛崃市位于四川省中部,成都平原西南,气候温和,雨量充沛,四季分明,年降水量1117.3mm,年平均气温 16.3℃。市区林木葱郁,生态优良,青山连绵,江流萦绕。设计地段范围大,地形平坦、开阔,略有起伏,因毗邻南河,可选用的绿化植物种类丰富。

(2) 社会环境

邛崃是巴蜀最早栽桑养蚕、生产丝绸的地方之一,是我国古代远通西亚、南亚各国的南方丝绸之路的起点,市区内气候温凉,盛产茶叶,还享有"万担茶乡"的美誉。国家重点

图 2-6-1　凤凰大道街旁绿地区位图

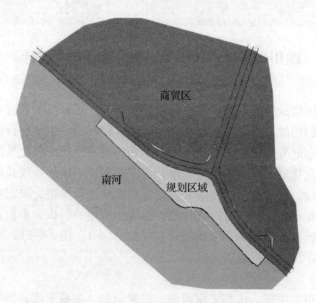

图 2-6-2　凤凰大道街旁绿地规划区域图

风景名胜区天台山以"山奇、石怪、水美、林幽、云媚"而闻名于世。邛崃正着力构建特色引力强，市场优势大，经济效益佳的"川西旅游强市"。

(3) 设计条件或绿地现状

设计地段位于城市一级主干道凤凰大道与玉带街交汇处，南河东北岸、玉带街是正在发展中的商业街，该绿地既担负着疏散商业街人流，提供休憩环境的功能，又起着美化新城区面貌，彰显着绿色生态环境的作用。现场原有植物种类单调，数量较少，种植位置散乱，因多年缺乏养护管理，无景观性可言，玉带街视线端部有株大树需要保留。现有园路均为自然形成的步石铺路，原有路线可保留，但铺装需重新设计。

3. 地段分析

（1）现状分析

根据绿地的区域位置、场地现状和周边环境，在规划设计之前对基地的用地适宜性、使用者人群、绿地对外交通和外部视觉景观等进行详细的分析，以便使绿地规划更加合理健全、景观优美，并能与城市环境有机结合。

（2）功能分区

根据场地特色、使用者活动内容、绿地周边环境及景观视觉因素等确定各功能区及其平面位置。

（3）道路系统规划

结合场地现状，功能区的位置、特征等因素确定出入口的位置、形式及道路系统布局。

（4）景观规划

根据绿地的总体布局，绿地的位置、功能等，确定绿地的景观格局和空间格局，明确景观空间系列。

（5）植物规划

根据当地自然条件和植被类型，确定各功能区的绿化树种及季节性景观树种。

4. 设计理念

该处街旁绿地应结合周边环境情况进行统一规划，通过艺术化的绿化建设和生态修复，打造集时尚、现代、品位于一体的生态环境，为市民提供更多的亲水环境和活动空间，成为新城区的标志性绿地。设计力求塑造以绿地为主，兼有商业、文化、休闲、娱乐功能的城市广场。

① 滨临南河，历史悠远——以浪漫的形式造景，以文化的故事点题。

② 规划与城市肌理斑驳交融的市民绿地空间。为周边居民、残疾人提供开展各项活动的空间并成为维护生态的示范场所。

③ 开发内、外部沟通空间。完成室内与室外、广场与城市、文化与商业的交流和融合。

④ 挖掘汉代千古爱情故事，提炼出"同心同德"的东方传统文化观、爱情观。从另一个层面上，实现党中央提出的建设和谐社会的目标。

⑤ 作为功能转换空间，注重与交通的衔接，疏导商业人群，缓解地面交通压力。

5. 规划原则

（1）生态原则

尊重场所特有的自然特征，协调人与自然的关系。

（2）场地性原则

尊重城市自身的历史文化，规划设计要体现地方特色。

(3)功能性原则

增强广场的实用性,满足市民购物、休闲等多样需求。

(4)经济原则

在规划中考虑广场开发建设的可行性,全面考虑广场建设和经营过程中的经济效益问题,通过多种渠道降低维护运营成本。

6. 设计图纸

(1)设计平面图(图2-6-3)

(2)剖、立面图(图2-6-4 至图2-6-8)

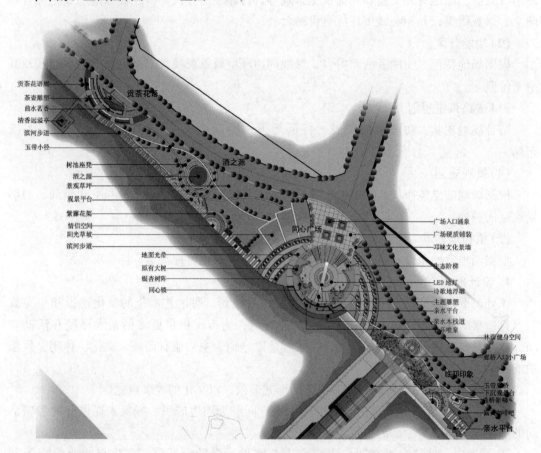

图2-6-3 总体规划平面图

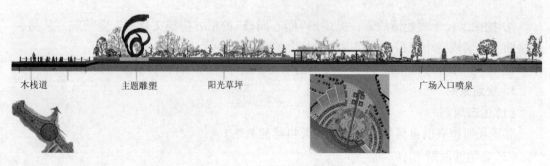

图2-6-4 同心广场剖面图

项目6 城市公园绿地规划设计

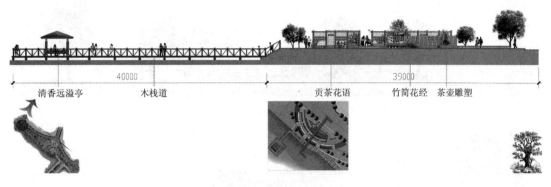

图 2-6-5　贡茶花语剖面图

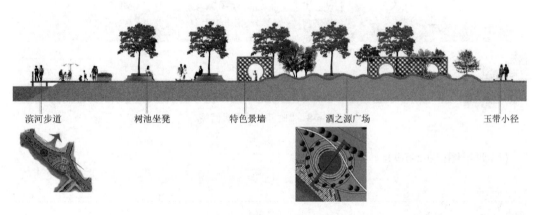

图 2-6-6　酒之源广场剖面图

图 2-6-7　廊桥入口广场剖面图

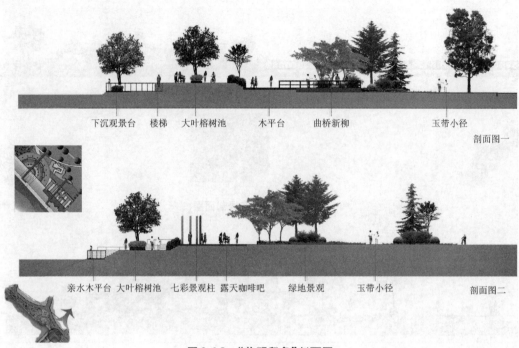

图 2-6-8 "临邛印象"剖面图

(3) 效果图(图 2-6-9)

图 2-6-9 鸟瞰图

项目6 城市公园绿地规划设计

知识准备

6.1 街旁绿地规划设计

6.1.1 街旁绿地布局形式

街旁绿地布局形式应根据绿地面积、形状、周围建筑物的性质、附近居民和环境情况以及投资、养护管理水平等综合考虑。一般可归纳为以下几种类型：规则对称式、规则不对称式、自然式、混合式等。

(1) 规则对称式

有明显的中轴线，绿化种植、道路和广场设计呈有规律的几何图形。其优点是外观庄重整齐，容易与街道、建筑物等取得协调。缺点是由于受对称形式的约束，易显得呆板，不够活泼，有时为了图形的完整而在功能上欠合理，不能充分发挥其作用（图2-6-10）。

(2) 规则不对称式

绿带布局整齐而不对称，可以根据其功能组成不同的空间。虽布局不对称，也有均衡的效果（图2-6-11）。

(3) 自然式

绿地布局没有明显的轴线，但有重心。道路为曲线，植物按自然式种植。其优点是容易结合地形，尤其是绿地形状不规则时采取自然式布局较易处理（图2-6-12）。

(4) 混合式

混合式是规则式与自然式相结合的形式，运用灵活，布置不受限制。根据地形和每个地段的特点设计成规则式或自然式，面积较大时可组织成几个空间，主次配合。这种形式应用较广（图2-6-13）。

图2-6-10 规则对称式布局

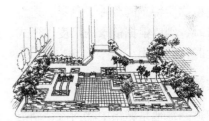

图2-6-11 规则不对称式布局

图2-6-12 自然式布局

图2-6-13 混合式布局

6.1.2 街旁绿地规划布置

街旁绿地的设计内容包括确定出入口、组织空间、设计园路、选择场地、设置活动设施、种植设计等。以休息为主的街道小游园,其道路场地可占总面积的30%～40%,以活动为主的街道小游园道路场地可占60%～70%,因游园大小及环境的不同而有所变化。

当面积范围较小时,可用常绿乔木为背景,在前面种植花灌木、置石、设置雕塑或广告栏等小品,形成一个封闭式的装饰绿地,但要注意与周围环境相协调。位于道路转弯处的绿地,应注意视线通透,不阻挡司机和行人的视线,可选择低矮的灌木或地被植物。

当面积较大时,可栽植大乔木,布置适当的设施,供人们休息、散步或运动。当绿化地段较长而呈带状分布时,可将游园分成几段,设多个出入口,以便游人出入。但不能与相邻建筑物的出入口相互干扰,在小游园内部不宜分隔过多,但可适当设置儿童游戏设施,形成小型的儿童游戏场。小游园内建亭、廊等休息设施,其地面铺装可用方砖或水泥,以方便游人散步或老人做些轻微的运动。散步小道可用鹅卵石或石块铺成冰裂纹路面,在道路旁可设置后退场地,设座椅供人们休息,以免行走和休息相互干扰。也可与挡土墙、花台、栏杆等小品相结合做成座椅,一物多用,且美观大方,有利于游人坐息赏景。

街旁绿地以绿化为主,可用树丛、树群、花坛、草坪等,布置成乔灌木、常绿或落叶树相互搭配的形式,追求层次的丰富性和四季景观的变化性。为了遮挡不美观的建筑立面和节约用地,其外围可选用藤本植物进行绿化,充分发挥垂直绿化的作用。

植物配置方式应与游园布局形式相统一,分为规则式、自然式和混合式。规则式配置装饰性强,乔、灌木树种相同、体形大小相同、株行距相同并与对称轴的垂直距离相等,植篱要修剪成一定的形状。自然式配置强调自然,树冠不进行整形修剪,通常采用丛植的方式,在构图上既要表现出单株的个性美,又要注重群体美。由乔木、灌木和花卉、草地组成的植物景观,主要表现群体美,按生物学特性模拟自然而进行组合。植物作为主景时,利用植物所特有的芳香、色彩、造型、意境等,创造出各种主题的植物景观。植物被当作背景时,则应根据前景的尺度、形式、质感和色彩等选择植物的高度、宽度等,使其具有对比和衬托作用。

6.2 滨河绿地规划设计

滨河道路绿地是城市中临河流、湖沼、海岸等水体的道路绿地。其绿化应区别于一般道路绿化,与自然环境相结合,展示出自然风貌。其侧面临水,空间开阔,环境优美,是城镇居民休息游憩的好地方,加以绿化便可吸引大量游人。

6.2.1 滨河绿地的规划布置

① 若水面不宽,对岸又无风景,滨河道路可以布置得较为简单,除车行道和人行道之外,临水一侧可修筑游步道,成行种植树木,驳岸地段可设置栏杆,树间设安全座椅,供游人休息。

② 若水面宽阔,沿岸风光绮丽,对岸风景点较多,就应沿水边设置较宽阔的绿化地带,布置游步道、草地、花坛、座椅等园林设施。游步道应尽量靠近水边,以满足人们近水边行走的需要;在可以观看风景的地方可以设计小型广场或突出岸边的平台,以供人们

休息。在水位较低的地方，可以因地势高低，设计成两层平台，以踏步联系；在水位较稳定的地方，驳岸应尽可能砌筑得低一些，满足人们的亲水性（图2-6-14）。

在具有天然坡岸的地方，可以采用自然式布置游步道和树木，凡未铺装的地面都应种植灌木或铺设草皮。如有顽石置于岸边，更显自然。

图2-6-14　滨河绿地

6.2.2　滨河绿地的种植设计原则

滨河绿地上除选用一般行道绿地树种外，还可在临水边种植耐水湿的树木。除了乔木以外，还可种植一些灌木和花卉，以丰富景观。

树木种植要注意林冠线的变化，不宜种得过于闭塞，要留出景观透视线。如果沿水岸等距离密植同一树种，则显得林冠线单调闭塞，既遮挡了城市景色，又妨碍观赏水景及借景。在低湿的河岸上或一定时期水位可能上涨的水边，应特别注意选择能适应水湿和耐盐碱的树种。滨河道路的绿化，除有遮阳功能外，有时还具有防浪、固堤、护坡的作用。斜坡上要铺设草皮，即可防止水土流失，又可起到美化作用。对于人的视觉，垂直面上的变化远比平面上的变化更能引起人们的关注与兴趣。滨水景观空间开阔，岸边结合实际情况设计成起伏的地形，与自然界的水体相得益彰（图2-6-15）。

滨河林荫路的游步道与车行道之间应尽可能用绿化带隔离开来，以保证游人安静休息和安全。国外滨河道路的绿化一般布置得比较开阔，以草坪为主，乔木种得比较稀疏，在开阔的草地上点缀修剪成形的常绿树和花灌木。有的还把砌筑的驳岸与花池结合起来，种植花卉和灌木，形式多样。

图2-6-15　滨河绿化带植物配置

6.3 综合性公园规划设计

综合性公园是城市公园系统的重要组成部分，也是城市居民文化生活不可缺少的重要因素，它不仅能为城市提供大面积的绿地，而且具有丰富的户外游憩活动的内容和设施，适合于各种年龄和职业的城市居民进行一日或半日游赏活动。它是城市居民的文化教育、娱乐、休息场所，并对城市的形象和面貌、生态环境的保护以及社会生活发挥着重要的作用。

6.3.1 综合性公园的分类

我国根据综合性公园在城市中的服务范围，分为市级公园和区级公园两种类型。

（1）市级公园

市级公园为全市居民服务，是全市公共绿地中集中、面积最大、功能最多、活动内容和游憩设施最完善的绿地。公园面积一般在100hm^2以上，根据市区居民总人数的多少而有所不同。其服务半径为2~3km，步行30~50min可达，乘坐公共汽车10~20min可达。

（2）区级公园

在特大、大城市中除设置市级公园外，还设置区级公园。区级公园是为一个行政区的居民服务。公园面积根据该区居民的人数而定，园内一般也有比较丰富的内容和设施。其服务半径为1~1.5km，步行15~25min可达，乘坐公共汽车10~15min可达。

6.3.2 综合性公园的功能

综合性公园除具有园林绿地的一般功能作用外，在丰富城市居民的文化娱乐活动方面的功能更为突出。

（1）政治文化方面

宣传党的方针政策，举办各种展览和节日游园活动，举行联谊活动、集体活动。

（2）游乐休憩方面

供不同年龄、职业、兴趣爱好、生活习惯的游人进行游览、娱乐、休息等。

（3）科普教育方面

宣传科技成果，普及生态及生物地理知识，通过公园中各组成要素的布置以及形成的景观环境，潜移默化地影响游人，寓教于游，寓教于乐，提高人们的科学文化水平。

6.3.3 综合性公园在城市中的位置

①综合性公园的服务半径应使城市居民能方便使用，并与城市主要交通干道、公共交通设施有方便的联系。

②符合城市园林绿地系统规划中确定的公园性质及规模，尽量结合城市原有的地形地貌、河湖水系、道路交通、生活居住用地规划进行综合考虑。并选择不宜开展工程建设及农业生产的地段。

③充分发挥城市水系的作用，选择包含水面的地段建设公园，既有利于保护水体，改善城市小气候，丰富公园景色，也有利于开展水上游乐活动、城市和公园地面排水以及园

区灌溉、水景用水。

④尽量选择地形起伏较大、植被丰富以及有古树名木的地段，还可在原有林场或苗圃的基础上加以改造，建设公园，投资少、见效快。

⑤选择原有的古典园林、名胜古迹、革命遗址、人文历史古迹、园林建筑等地点建设公园绿地，既丰富了公园内容，又可保护历史文化遗产。

⑥园址选择还要考虑到今后发展的可能性，预留出适当的发展备用地。

6.3.4 综合性公园的功能分区

公园内功能分区的划分，要因地制宜，对于规模较大的公园，要使各功能区布局合理，游人使用方便，便于各类游乐活动的开展，互不干扰；对于面积较小的公园，分区若有困难，应对活动内容作适当调整，进行合理安排。一般可分为：文化娱乐区、观赏游览区、安静休息区、儿童活动区、老人活动区、体育活动区、园务管理区及服务设施（图2-6-16）。

图 2-6-16 综合性公园全景

(1) 文化娱乐区

文化娱乐区是人流集中的活动区域。公园内的主要建筑一般都设在该区，成为全园布局的构图中心，因此，该区常位于公园的中部，并对单体建筑和建筑群组合的景观要求较高。文化娱乐区有展览馆、游戏场、技艺表演场、展览室、科技活动场等，各种设施应根据公园的规模大小、内容要求因地制宜地进行合理的布局设置。避免区内各项活动彼此之间相互干扰，为达到活动舒适、方便的要求，文化娱乐区的用地以 $30m^2$/人为宜，以避免不必要的拥挤。文化娱乐区内游人密度大，要考虑设置足够的道路、广场和生活服务设施。文化娱乐区的规划应尽可能利用地形特点，创造出景观优美、环境舒适、投资少、见效快的景点和活动区域。文娱活动建筑的周围要有较好的绿化条件，与自然景观融为一体(图2-6-17)。

图 2-6-17　综合性公园文化娱乐区

(2) 观赏游览区

观赏游览区以观赏、游览参观为主,主要进行相对安静的活动。为达到良好的观赏游览效果,要求区内游人密度较小,以人均游览面积 $100m^2$ 左右为宜。该区在公园中占地面积较大,是公园的重要组成部分。选择现状用地地形起伏较大、植被等比较丰富的地段,设计布置园林景观。

如何在观赏游览区中设计合理的游览路线,形成较为合理的动态风景序列,是十分重要的问题。道路的平、纵曲线,铺装材料、纹样、宽度变化等都应根据景观展示和动态观赏的要求进行规划设计。

(3) 安静休息区

安静休息区主要供游人安静休息、学习、交往或开展较为安静的活动,如太极拳、太极剑、漫步、聊天等,是公园中占地面积最大、游人密度最小的区域。一般选择地形起伏较大、景色最优美的地段,如山地、谷地、溪边、河边、湖边、瀑布环境最为理想,并且要求树木茂盛、绿草如茵,有较好的植被景观。该区景观要求也比较高,宜使用园林造景要素巧妙组织景观,形成景色优美、环境舒适、生态效益良好的区域。区内建筑布置宜分散不宜聚集,宜素雅不宜华丽;结合自然风景,设置亭、水榭、花架、曲廊、茶室、阅览室等园林建筑。可布置在远离公园出入口处。游人的密度要小,用地以 $100m^2$/人为宜。

(4) 儿童活动区

儿童活动区主要供学龄前儿童和学龄儿童开展各种游乐活动。为了满足儿童的特殊需要,在公园中宜单独划出供儿童活动的一个区域。大公园的儿童活动区与儿童公园的作用相似,但比单独的儿童公园的活动及设施简单。一般可分为学龄前儿童区和学龄儿童区,也可分成体育活动区、游戏活动区、文化娱乐区、科学普及教育区等。用地最好能达到人均 $50m^2$,并根据用地面积大小确定所设置的内容。

儿童活动区的规划设计应注意以下几个方面:

① 该区位置一般靠近公园主出入口,便于儿童能在进园后尽快地到达区内开展自己喜爱的活动。避免儿童入园后穿越其他功能区,影响其他各区游人的活动。

② 儿童区的建筑、设施要考虑到少年儿童的尺度,且造型新颖、色彩鲜艳;建筑小品的形式要适合少年儿童的兴趣,富有教育意义,最好有童话、寓言的内容或色彩;道路的布置要简洁明确,容易辨认,最好不要设台阶或坡度过大,以方便童车通行。

③ 植物种植应选择无毒、无刺、无异味、无飞毛飞絮、不易引起儿童皮肤过敏的树木、花草；儿童区也不宜用铁丝网或其他具有伤害性的物品，以保证活动区儿童的安全。

④ 儿童区活动场地周围应考虑遮阴，并能提供缓坡林地、小溪流、宽阔的草坪，以便开展集体活动及有更多遮阴。

⑤ 儿童区还应考虑成人休息、等候的场所，因儿童一般都需要家长陪同照顾，所以在儿童活动、游戏场地的附近要留有可供家长停留休息的设施，如坐凳、花架、小卖部等。

(5) 老年人活动区

随着城市人口老龄化速度的加快，许多老年人早晨在公园中晨练，白天在公园中活动，晚上和家人、朋友在公园中散步、谈心，公园中老年人活动区的设置是必不可少的。

老年人活动区在公园规划中应设在观赏游览区或安静休息区附近，要求环境优雅、风景宜人。具体内容可从以下几个方面进行考虑：

① 动静分区　在老年人活动区内宜再分为动态活动区和静态活动区。动态活动区以健身活动为主，可进行球类、武术、舞蹈、慢跑等活动；静态活动区主要供老人们晒太阳、下棋、聊天、观望、学习、打牌、谈心等，活动区外围应有遮阴的树木及休息设施，如设置亭、廊、花架、坐凳等，以便老年人活动后休息。

② 设置必要的服务建筑和活动设施　在公园绿地的老人活动区内应注意设置必要的服务性建筑，并考虑到老人的使用方便，如设置厕所。还应考虑无障碍通行。选择有林阴的草地或设置一些体育健身设施等。

③ 设置一些有寓意的景观激发老人的生命活力　有特点的建筑小品，建筑上的匾额、对联，景石、碑刻、雕塑以及植物等景观，只要设计构思恰当，都可以获得较好的效果。通过景物引发联想，唤起老人的生命活力或激起他们的美好遐想，都可以起到很好的心理调节作用。

④ 注意安全防护要求　由于老人的生理机能下降，其对安全的要求较高，所以在老人活动区设计时应充分考虑到相关问题，如道路广场注意平整、防滑，供老人使用的道路不宜太窄、道路不宜用汀步，钓鱼区近岸处水位应浅些等。

(6) 体育活动区

居民对体育活动参与性日渐增强，在城市的综合性公园内，宜设置体育活动区。该区是比较喧闹的功能区，应以地形、建筑、树丛、树林等与其他各区有分隔开。区内可设场地较小的篮球场、羽毛球场、网球场、门球场、武术表演场、大众体育区、民族体育场地、乒乓球台等。如经济条件允许，还可设体育场馆，但一定要注意建筑造型的艺术性。各场地不必同专业体育场一样设专门的看台，可使用缓坡草地、台阶等作为观众看台，更增加人们与大自然的亲和性。

(7) 园务管理区

园务管理区是为公园经营管理的需要而设置的内部专用地区。区内可设置办公室、仓库、花圃、苗圃、生活服务等设施和水电通信等工程管线。园务管理区要与城市街道有方便的联系，设有专用出入口。要有行车道相通，以便于运输和消防。本区要隐蔽，不要暴露在风景游览的主要视线上。

6.3.5 综合性公园的景区划分

公园景观分区要将其风景观赏与将用功能要求相结合，增强功能要求的效果。综合性公园以不同的景观效果和内涵，激发游人的审美情趣，给游人以不同情感的艺术享受。景观分区的形式一般有以下几类：

(1) 按游人对景观环境的观赏效果划分景区

① 开朗景区　宽广的水面，大面积的草坪，宽阔的铺装广场，形成开朗的景观，给人以心胸开阔、豁然开朗、畅快怡情的感受，是游人比较集中的区域。

② 雄伟的景区　利用陡峭的山峰、耸立的建筑和高大挺拔的植物等，形成雄伟庄严的环境氛围。

③ 清静的景区　利用四周封闭而中间空旷的地形环境，形成安静休息的区域，一般在规模较大的公园中设置，使游人能够安静地欣赏景观或进行较为安静的活动。

④ 幽深的景区　利用地形较大的起伏变化，道路的蜿蜒曲折，山石建筑分隔和联系，植物的遮挡隐蔽，形成曲折多变的空间，达到幽雅深邃、"曲径通幽"的景观效果。这种景区的空间变化比较丰富，景观内容也较多。

(2) 按复合空间组织景区

这种景区在公园中有相对的独立性，形成各自的特有空间，一般都是在较大的园林空间中开辟出一些相对较小的空间，如园中园、水中之岛、岛中之水，形成园林景观空间层次的复合性，增加景区空间的变化和韵律，是深受欢迎的景区空间类型。

(3) 按不同季相景观组织景区

景区的组织主要以植物的季相变化为特色进行布局规划，一般根据春花、夏荫、秋叶、冬绿的植物季相特征分为春景区、夏景区、秋景区、冬景区，每个景区内都以选取有代表特色的植物为主，结合其他植物进行规划布局，四季景观特色鲜明。

(4) 按不同的造园材料和地形为主体构成景区

① 假山园　以人工叠石为主，突出假山造型艺术，配以水体、建筑和植物，在我国古典园林中较为多见。如上海豫园的黄石大假山、苏州狮子林的湖石假山、广州的黄蜡石假山。

② 水景园　利用自然的或模仿自然的河、湖、溪、瀑等人工构筑的各种形式的水池、喷泉、跌水等水体构成的风景园。

③ 岩石园　以岩石及岩生植物为主，结合地形选择适当的沼泽、水生植物，展示高山草甸、牧场、碎石陡坡、峰峦溪流、岩石等自然景观，全园景观别致，极富野趣，是较受欢迎的一种景区形式。

6.3.6 综合性公园出入口规划设计

公园出入口的规划设计，是公园规划设计中的一项重要内容，关系到游人能否方便地出入公园，同时，对城市交通、市容及园内功能分区均会产生直接的影响。

6.3.6.1 综合性公园出入口类型

公园一般设一个主要出入口，一个或若干个次要出入口和专用出入口。

(1) 主要出入口

在设置公园出入口时，要充分考虑城市规划的要求，合理地安排。主要出入口应在城市主要交通干道、游人主要来源方位以及公园用地的自然条件诸因素综合考虑后确定。主要出入口的位置应设在临近城市主要道路和公共交通方便的地方，在出入口内外应留有足够大的人流集散广场，附近应设停车场及自行车存放处，方便游人出入，但不要受外界过境交通的干扰（图2-6-18）。

图 2-6-18　综合性公园主要出入口

(2) 次要出入口

次要出入口是为附近地区居民和城市次干道的人流服务的。同时，在节假日游人高峰时期，也可为主要出入口分散人流。

(3) 专用出入口

专用出入口是根据公园管理工作的需要而设置的，既方便生产管理，又不破坏公园景观，多选择在园务管理区附近或较偏僻而不易为人所发现之处，由园务管理区直接通向街道，一般不供游人使用。

6.3.6.2　综合性公园出入口设计要点

公园出入口设计要充分考虑其对城市街景的美化作用，以及公园景观外貌的形成，作为游人进入公园的第一个视线焦点，给游人以深刻的第一印象，其平面布局、立面造型、整体风格应根据公园的性质、规模和内容具体而确定。一般公园大门的造型应与周围的城市建筑有较明显的区别，以突出公园特色。

出入口的布局形式多种多样，常见的手法有以下几种：

(1) 欲扬先抑，柳暗花明

此手法适于规模较小的公园，通常在出入口处设置障景，或者通过空间开合的强烈对比，使游人入园后产生豁然开朗、别有洞天之感，如苏州留园、西安春晓园和洛阳西苑公园等。

(2) 开门见山，一览无余

规模较大的公园以及纪念性公园，为了产生宏伟壮观、通透开敞、庄严肃穆的观景效果，往往采用这种手法，从出入口到园内有一条明显的轴线和开阔的空间，如南京中山陵、北京天坛公园等。

(3) 外场内院，空间多变

该手法一般以公园大门为界，门外为大空间的交通集散广场，门内为较封闭的、小空间的步行内院，布置有山石、植物等小景，亲切宜人。如北京紫竹院公园、西安盆景园。

(4)"T"形空间，夹景障景

入园后广场与主要园路呈"T"形连接，两侧及前方以山石、植物形成夹景和障景，如北京紫竹院公园西门、洛阳西苑公园和北京大观园等。

6.3.7 综合性公园的地形改造

公园总体规划在出入口确定、功能分区的基础上，必须进行整个公园的地形设计。无论规则式、自然式或混合式园林，都存在着地形设计问题。地形设计涉及公园的艺术形象、山水骨架、种植设计的合理性以及土方工程等问题。从公园总体规划的角度出发，地形设计就是要满足公园造景的需要而进行的地形处理(图 2-6-19)。

图 2-6-19　综合性公园地形处理

规则式园林的地形设计，主要是运用直线或折线，创造不同高程的平面地形。水体造型轮廓为规则的几何形状。不同标高平面所构成的平台，又适合布置规则式平面图案。

自然式园林的地形设计，首先要根据公园用地的现状地形特点，进行利用或改造。地形设计的基本手法是"高方欲就亭台，低凹可开池沼"的"挖湖堆山"法。即使是平地，也是人工"平地挖湖"，将挖出的土方堆山。

公园中的地形设计还应与全园的植物种植规划紧密结合。公园中的块状绿地，如密林和草坪应在地形设计中结合山地、缓坡进行布置；结合水面及周围的驳岸应考虑水生、湿生、沼生植物等不同的生物学特性创造地形。山林地坡度应小于33%；草坪坡度不应大于25%。

地形设计还应结合各功能分区规划的要求，如安静休息区、老年人活动区等，要求一定的山林地、溪流蜿蜒的小水面，或利用山水组合空间营造出局部幽静的环境。而文娱活动区的地形起伏变化不宜过大，以便开展大量游人短期集散活动。儿童活动区宜选用平坦或起伏不大的地形，以保证儿童活动的安全。

公园地形设计中，为保证公园内的游人安全，水体深度一般控制在0.8~1.5m，硬底人工水体的近岸2.0m范围内的水深不得大于0.7m，超过者应设护栏。无护栏的园桥，汀步附近2.0m范围以内水深不得大于0.5m。竖向控制还包括：园路主要转折点、交叉点、变坡点的标高；主要建筑的底层、室外地坪的标高；各出入口内、外地面的标高；地下工程管线及地下构筑物的埋深标高。

6.3.8 综合性公园园路与广场规划设计

6.3.8.1 园路规划设计

(1) 园路的功能与类型

园路既是公园的构景要素，同时也是公园景观的骨架、脉络和纽带。各种园路联系着公园各个功能区、建筑、活动设施、景区景点，担当着组织交通、分隔联系空间、引导游览等功能。

园路根据功能要求可分为：主干道、次干道、专用道、游步道等，各种类型的园路形成公园的园路系统。

① 主干道　是全园的主要道路，通往公园各功能区、主要活动建筑设施、景区和景点，要求方便游人集散，通畅、蜿蜒曲折、高低起伏，并组织园区景观。路宽 4~6m，纵坡 8% 以下，横坡 1%~4%，能通行运输和管理车辆。

② 次干道　是公园各功能区内的主道，引导游人到达各景点、专类园，自成体系，组织景观，对主干道起着分流作用。

③ 专用道　多为园务管理使用，在园内应尽可能与游览路分开，减少交叉，以免干扰游人游览。

④ 游步道　为游人游览使用的道路，联系各个景区景点，方便快捷，宽 1.2~2m。

(2) 园路的布局

规则式园林需要规则式的园路布局，笔直宽大，轴线对称，呈几何形。自然式园林需要自然式的园路布局，蜿蜒曲折、高低起伏。公园中的园路设计要求主次分明。园路的布局应考虑以下因素：

① 回环性　公园中的道路应多为四通八达的环行路，游人从园内任何一处出发都能游遍全园，不走回头路。

② 疏密度　园路的疏密度与公园的性质、规模有关，一般公园内的道路用地面积大体占全园总面积的 10%~12%。

③ 因景筑路　将园路与侧旁的景观结合起来布置，取得因景筑路、因路得景的效果。

④ 曲折性　园路随地形和景物而蜿蜒曲折，高低起伏，若隐若现，丰富景观，延长游览路线，增加景深层次，活跃空间气氛。

⑤ 多样性和装饰性　公园中的道路形式是多种多样的，且应具有较强的装饰性。在人流聚集的地方或在庭院中，园路可以转化为场地；在林间或草坪中，园路可以转化为步石小径或休息性的集散广场；遇到建筑，园路可以转化为亭廊花架；遇水，园路还可以转化为桥、堤、汀步等。园路以其丰富的形式和情趣装点园林，达到引人入胜的目的。

(3) 园路线形设计

园路线形设计应与地形、水体、植物、建筑物、铺装场地及其他场地相结合，形成完整的景观构图，创造连续的园林景观空间或欣赏前方景物的透视线。

(4) 弯道的处理

园路遇到山水陡坡、建筑、树木等障碍，必然会产生弯曲。弯曲有组织景观的作用，弯道的两侧，往往是绿化造景的重点部位，形成层次丰富的道路景观。园路的弯曲转折应衔接通顺，符合游人的行为规律。弯曲弧度要大，外侧高，内侧低，外侧应设防护墩或护栏，以免发生交通事故。

(5) 园路交叉口处理

两条主干道相交时，应成正交方式交叉，交叉口应做扩大处理，形成小广场，以方便游人、车辆相会、通行。次干道应斜交，但不应交叉过多，两个交叉口也不宜距离太近，而要主次分明，相交角度不宜太小。"丁"字交叉口是视线的焦点，可形成对景，也是绿化造景的重点部位。上山路与主干道交叉要自然，半藏半露，含蓄朦胧，冰山一角，耐人寻味，吸引游人上山。

(6) 园路与建筑的关系

园路通往大型建筑时，为了避免游人干扰建筑内部的活动，可在建筑前设置集散广场，形成空间过渡带，使园路通过广场的过渡和建筑相联系，同时，广场及其绿化也美化衬托了建筑物；园路通往一般建筑时，可在建筑前适当加宽路面或形成分支，以方便游人分流。

6.3.8.2 园林广场规划设计

公园中的广场是园路的扩大，主要是供游人集散、活动、演出、休息等使用，其形式有自然式和规则式两种。根据功能又可分为集散广场、休息广场和生产广场。

(1) 集散广场

集散广场以集中、分散人流为主，可设置在出入口内外、大型建筑前和主干道交叉口处。

(2) 休息广场

休息广场以供游人休息为主，多设置在公园的僻静之处。与地形结合，如山间、林下、水旁，形成幽静的环境；与道路结合，方便游人到达；与休息设施结合，如亭廊花架、花坛花台、桌椅坐凳、铺装地面、树丛草坪等，以便游人坐息赏景。

(3) 生产广场

生产广场为公园生产的晒场、堆场等。

公园中广场的排水坡度应大于1%，树池周围的广场应选用透气性良好的铺装材料，范围为树冠投影区域。

6.3.9 综合性公园建筑布局设计

建筑的形式要与公园的性质、功能相协调，全园的建筑风格应保持统一。建筑物的位置、朝向、体量、空间组合、造型、材料、色彩及其使用功能，应符合公园总体规划的要求。建筑设计要讲究造型艺术，既要有统一风格，又要避免千篇一律，单体建筑之间要有一定的对比和变化，体现民族风情、地方风格和时代特色。充分发挥园林建筑在公园景观中的画龙点睛作用。

游览、休憩、服务性建筑物设计应与地形、地貌、山石、水体、植物等其他造园要素统一协调。公园中的服务、生产管理性建筑及其他工程设施的布局设计，要满足游览观景、生产管理的需要，如变电室、泵房、厕所等，在设置时，位置要隐蔽，体量应尽量小，保证环境卫生和景观优美，要有明显的标志，方便游人使用。公园内不得修建与其性质无关的、单纯以赢利为目的的餐厅、旅馆和舞厅等建筑。公园中方便游人使用的餐厅、小卖部等服务性建筑设施的规模应与游人容量相适应。

6.3.10 综合性公园种植设计

6.3.10.1 综合性公园植物配置的原则

综合性公园的植物配置，是综合性公园规划设计中的一项重要内容，其对公园整体绿地景观的形成、良好的生态和游憩环境的营造，起着极为重要的作用。

(1) 全面规划，重点突出，远期和近期相结合

公园的植物配置规划，必须根据公园的性质、功能，结合植物造景、游人活动、全园景观布局等要求，全面考虑，布置安排。由于公园面积大，立地条件及生态环境复杂，活动项目多，所以在选择绿化树种时不仅要掌握一般规律，还要结合公园的特殊要求，因地制宜，以乡土树种为主，以经过驯化后生长稳定的外地珍贵树种为辅。对公园用地内的原有树木，加以充分利用，尽快形成整个公园的绿地景观骨架。使速生树种与慢生树种相结合，常绿树种与落叶树种相结合，针叶树种与阔叶树种相结合，乔、灌、花、草相结合，尽快形成绿色景观效果。选择既有观赏价值，又有较强抗逆性、病虫害少的树种，易于管理；不得选用有浆果和招引害虫的树种。

(2) 注重植物种类搭配，突出公园植物特色

每个公园在植物配置上应有自己的特色，突出一种或几种植物景观，形成公园绿地的植物特色。如杭州西湖孤山公园以梅花为主景，"曲院风荷"以荷花为主景，西山公园以茶花、玉兰为主景，"花港观鱼"以牡丹为主景，"柳浪闻莺"以垂柳为主景。

全园的常绿树与落叶树应有一定的比例。一般华北、西北、东北地区常绿树占30%~40%，落叶树占60%~70%；华中地区，常绿树占50%~60%，落叶树占40%~50%；华南地区，常绿树占70%~80%，落叶树占20%~30%。在林种搭配方面，混交林可占70%，单纯林可占30%。做到三季有花有色，四季常绿，季相明显，景观各异。

(3) 注意全园基调树种和各景区主、配调树种的规划

在树种选择上，应该有1~2个树种分布于整个公园，在数量和分布范围上占优势，成为全园的基调树种，起统一景观作用。还应在各个景区选择不同的主调树种，形成各个景区不同的植物景观主题，使各景区在植物配置上各有特色而不雷同。公园中各景区的植物配置，除了有主调树种外，还要有配调树种，以起到烘托陪衬的作用。全园植物规划布局，要达到多样变化、和谐统一的效果。

(4) 充分满足使用功能要求

根据游人对公园绿地游览观赏的要求，除了用建筑材料铺装的道路和广场外，整个公园应全部用植物覆盖起来。把公园中一切可以绿化的地方，乔、灌、花、草结合配置，形成复层林相。主要建筑物和活动广场，也要考虑遮阴和观赏的需要，配置乔、灌、花、草。

公园中的道路，应选用树冠开展、树形优美、季相变化丰富的乔木作行道树，既形成绿色纵深空间，也起到遮阴作用。规则式道路的行道树采用行列式种植；自然式道路则采用疏密有致的自然式种植。儿童活动区、安静休息区、体育活动区等各功能区也应根据各

自的使用要求，进行植物的种植规划。

(5) 四季景观和专类园设计是植物造景的突出点

植物的季相表现不同，因地制宜地结合地形、建筑、空间和季节变化，进行规划设计，形成富有四季特色的植物景观，使游人春观花，夏纳荫，秋观叶品果，冬赏干观枝。

(6) 适地适树，根据立地条件选择植物，为其创造适宜的生长环境

植物的选择和配置，必须根据园区的立地条件和植物生长的生态习性，使植物与之相适应，以利于树冠和根系的发展，保证高度适宜和适应近、远期景观的要求。在不同的生态环境下，选择与之适应的植物种类，则更易形成各景区的特色。

6.3.10.2 公园设施环境及分区的绿化

在统一规划的基础上，根据不同的自然条件，结合不同的功能分区，将公园出入口、园路、广场、建筑小品等设施环境与植物合理配置，形成景区、景点，才能充分发挥其功能作用。

(1) 出入口绿化

大门是公园的主要出入口，大都面向城镇主干道，绿化时应注意丰富街景，并与大门建筑相协调，同时还要突出公园的特色。规则式大门建筑，应采用对称式绿化布置；自然式大门建筑，则要用不对称方式来布置。大门前的集散广场，四周可用乔、灌木绿化，以便夏季遮阴及相对隔离周围环境；在大门内部可用花池、花坛、灌木与雕像或导游图标牌相配合，也可铺设草坪，种植花灌木，但不应妨碍视线，且便利交通和游人集散。

(2) 园路绿化

主要干道绿化，可选用高大、荫浓的乔木作行道树，用耐阴的花卉植物，在两侧布置花境，但在配置上要有利于交通，还要根据地形、建筑、风景的需要而起伏、蜿蜒。次干道和游步道延伸到公园的各个角落，景观要丰富多彩，达到步移景异的观赏效果。山水园的园路多依山面水，绿化应点缀风景而不妨碍视线。山地则要根据地形起伏、环路，绿化布置疏密有致；在有风景可观的山路外侧，宜种植低矮的花灌木及草花，才能不影响景观；在无景可观的道路两旁，可密植、丛植乔灌木，使山路隐在丛林之中，形成林间小道。平地处的园路，可用乔灌木树丛、绿篱、绿带分隔空间，使园路侧旁景观高低起伏，时隐时现。园路转弯处和交叉口是游人游览视线的焦点，是植物造景的重点部位，可用乔木、花灌木点缀，形成层次丰富的树丛、树群。

(3) 广场绿化

广场绿化既不能影响交通，又要能形成景观，妥善处理观赏空间、交通空间和休息空间的关系。如休息广场四周可植乔木、灌木，中间布置草坪、花坛，形成宁静的氛围。铺装的停车广场应留有树穴，种植落叶大乔木，利于夏季遮阴，但树冠下分枝点高应不低于4m，以方便停车。可与地形相结合，种植乔灌木、花卉、草坪，还可设计成山地、林间、临水之类的嵌草铺装活动广场。

(4) 园林建筑小品绿化

公园建筑小品附近可设置花坛、花台、花境。展览室、游艺室内可种植耐阴花木，门前可种植冠大荫浓的落叶大乔木或布置花台等。沿墙可种植各种花卉形成花境，成丛布置花灌木。所有树木花草的配置，都要和建筑小品相协调统一，与周围环境相呼应，四季色彩变化要丰富，给游人以愉快之感。

(5) 科学普及文化娱乐区绿化

该区要求地形开阔平坦,绿化以花坛、花境、草坪为主,便于游人集散,适当点缀几株常绿大乔木,不宜多植灌木,以免妨碍游人视线,影响交通。在室外铺装场地上应留出树穴,种植大乔木。各种参观游览的室内,可配置一些耐阴的盆栽花木。

(6) 体育运动区绿化

该区应选择速生、高大挺拔、冠大而整齐的乔木树种,栽植于场地周边,以利夏季遮阴;但不宜选用易落花、落果、种毛散落的树种,以免影响游人运动。球类场地四周的绿化,要距离场地5~6m,树种的色调要单一,以便形成绿色背景,不要选用树叶反光发亮的树种。在游泳池附近可设花廊、花架,不可栽种带刺或夏季落叶落果的花木。日光浴场周围应铺设柔软而耐践踏的草坪。

(7) 儿童活动区绿化

该区绿化可选用生长健壮、冠大荫浓的乔木,忌用有刺、有毒或有刺激过敏性反应的植物。在四周应栽植浓密的乔灌木使其与其他区域相隔离。不同年龄的少年儿童,也应分区活动,各分区用绿篱、栏杆相隔,以免相互干扰。活动场地中要适当疏植大乔木,供夏季遮阴。在出入口可设置雕塑、花坛、山石或小喷泉等,配以体形优美、色彩鲜艳的灌木和花卉,以提升儿童的活动兴趣。

(8) 游览休息区绿化

该区可以当地生长健壮的几个树种为骨干,突出周围环境季相变化的特色。在植物配置上应根据地形的高低起伏和天际线的变化,采用自然式种植,形成树丛、树群和树林。在林间空地中可设置草坪、亭、廊、花架、坐凳等,在路边或转弯处可设月季园、牡丹园、杜鹃园等专类花园。

(9) 公园管理区绿化

要根据各项生产管理活动的功能不同,因地制宜地进行绿化,但要与全园景观相协调。

6.4 专类公园的规划设计

6.4.1 植物园

6.4.1.1 植物园的概念、性质和任务

植物园是植物科学研究机构,包括植物采集、鉴定、引种驯化、栽培实验、培育和引进国内外优良品种,挖掘、保护野生植物资源,并扩大在各方面的应用。也是供人们游览的公园绿地。其主要任务是:

(1) 科学研究

科学研究是植物园的主要任务之一。利用科学手段,挖掘野生植物资源,调查收集稀有珍贵和濒危植物种类,驯化野生植物为栽培植物,引进、驯化外来植物,培育新的优良品种,丰富栽培植物的种类和品种,为生产实践服务,为城市园林绿化服务,建立具有园林外貌和科学内容的各种展览和试验区,作为科研科普的园地。

(2) 科学普及

植物园通过露地展区、温室、标本室等室内外植物材料的展览,丰富广大群众的自然

科学知识。

(3) 科学生产

将通过科学研究得出的技术成果,推广应用到生产领域,创造社会效益和经济效益,是建立植物园进行科学研究的最终目的。

(4) 观光游览

植物园还应结合植物的观赏特点,以公园绿地的形式进行规划设计和分区,创造优美的植物景观环境,供人们观光游览。

6.4.1.2 植物园的类型

植物园按其性质可分为综合性植物园和专业性植物园。

(1) 综合性植物园

综合性植物园兼有科研、游览、科普及生产等功能。一般规模较大,占地面积在 $100hm^2$ 左右。

综合性植物园有的隶属于科学院系统,以科研为主,结合其他功能,如北京植物园(南园)、南京中山植物园、武汉植物园、昆明植物园等;有的隶属于园林系统,以观光游览为主,结合科研科普和生产功能,如北京植物园(北园)、上海植物园、杭州植物园、深圳仙湖植物园等。

(2) 专业性植物园

专业性植物园是指根据一定的学科专业内容布置的植物标本园,如树木园、药圃等。这类植物园大多隶属于科研单位、大专院校,又称为附属植物园。如浙江农业大学植物园,广州中山大学标本园、武汉大学树木园等。

6.4.1.3 植物园的组成部分

综合性植物园主要分三大部分,即:以科普为主、结合科研与生产的展览区,以科研为主、结合生产的苗圃试验区,还有职工的生活服务区。

(1) 科普展览区

本区的目的是把植物世界的客观自然规律,以及人类利用植物、改造植物的知识陈列和展览出来,供人们参观和学习。其展览形式主要以下几种:按植物的进化系统布置展览区,按植物的经济生产价值布置展览区,按植物的地理分布和植物区系布置展览区,按植物的形态、生态习性与植被类型布置展览区,按植物的观赏特性布置展览区,树木园,温室植物展览区,自然保护区等。

(2) 苗圃试验区

本区是专门进行科学研究和生产的用地,不向游人开放,仅供专业人员参观、学习。主要有苗圃区、实验地、检疫苗圃、引种驯化区等。

(3) 生活服务区

植物园一般布置在市郊,离市区较远,需设生活服务区。包括行政办公楼、宿舍楼、餐厅、托儿所、幼儿园、理发室、供暖设施以及服务于生活的银行、邮局、医院、商店等。

6.4.1.4 植物园的规划设计

(1) 植物园用地选择

① 选在城市近郊区,既要与市区有方便的交通联系,同时又要远离城市污染区,位于城市水系的上游和上风方向,以免影响植物的正常生长。

② 为了满足植物不同生态环境和生态因子的要求,宜选择有较复杂地形地貌的地段,从而形成不同的小气候条件,以利于植物的生长。

③ 应有充足的水源,以满足灌溉要求。同时要排水良好,尽可能创造和利用人工与自然水体,丰富园中景观。

④ 要注意选择不同的土壤类型、土壤结构和酸碱度,同时要求土层深厚,腐殖质含量高。

⑤ 丰富的自然植被是的建园极有利的条件。

(2) 植物园的规划设计要点

① 确定建园的目的、性质和任务。

② 确定植物园的用地总面积、分区与各部分的用地面积和比例,进行用地平衡。一般展览区可占全园用地总面积的 40%~60%;苗圃及实验区占 25%~35%;其他用地占 25%~35%。

③ 确定展览区的位置。展览区是向群众开放的,所以在确定位置时,应考虑既要选择有起伏变化的地形,形成丰富多彩的景观,又要考虑对外有便捷的交通,便于游人到达。

④ 苗圃试验区不向群众开放,应与展览区分开,但应与城市交通有方便的联系,可设专用出入口。

⑤ 确定建筑的位置及面积。植物园建筑有展览性建筑、科学研究用建筑及服务性建筑 3 类。

⑥ 道路系统可起联系、分隔、引导的作用,也是园林景观中的重要因素。一般可分成以下 3 级:

主干道:园内的主要干道,满足园内的交通运输,引导游人进入各主要展览区及主要建筑区,并作为大区的分界线,一般以 5~7m 宽为宜。

次干道:各分区内的主要道路,是联系各小区及小区界线的道路,一般不通行大型汽车,可通行小型运输车辆,一般以 3~4m 宽为宜。

游步道:为了方便游人近距离观赏植物及管理工作的需要而设,以步行为主,有时也起着分界线的作用。一般宽 1.5~2m。

⑦ 确定排灌系统。植物园排灌系统功能应完善,以保证植物健壮生长,一般利用地势的自然起伏,用明沟或暗沟将雨水排至园中主要水体,生活污水必须经过处理后才能排出。灌溉系统均以埋设暗管为宜,避免明沟破坏园林景观。

6.4.2 动物园

6.4.2.1 动物园的概念、性质与任务

(1) 动物园的概念和性质

动物园收集多种野生动物及优良品种的家畜、家禽,集中饲养,以供展览、科研之

用，因而，它是动物科学研究机构。同时，还可供人们休息、游览、观赏，进行动物科普教育。在城市园林绿地系统中，动物园是很受人们欢迎的一类公园绿地。动物园在大城市中是独立设置的园林绿地，在中小城市中则常附设在综合性公园内，以动物角的形式出现。

(2) 动物园的任务

① 科学研究 是动物园的主要任务之一。

② 科学普及教育 动物园能使人们在园内正确识别动物，了解动物的进化、分类、利用以及本国具有特点的动物区系和动物种类，同时还可以满足学生学习生物课程的需要，起到教育人们热爱自然、保护野生动物资源的作用。

③ 异地保护 动物园是重要的野生动物庇护场所，尤其是为濒临灭绝的动物提供避难地。

④ 观光游览 供游人观光游览也是动物园的任务之一，结合丰富的动物科学知识，以公园绿地的形式，供游人游览观光。

6.4.2.2 动物园的类型

依据动物园的位置、规模、展出形式，一般将动物园划分为4种类型。

(1) 城市动物园

该类型动物园一般位于大城市的近郊区，用地面积大于 $20hm^2$，展出的动物种类丰富，几百种甚至上千种，展出形式比较集中，以人工兽舍结合动物室外运动场为主。这类动物园根据规模的大小又可分为：全国性大型动物园、综合性中型动物园、特色性动物园、小型动物园等。

(2) 专类动物园

该类型动物园多数位于城市的近郊，用地面积较小，一般在 $5\sim20hm^2$ 之间。多数以展出具有地方性或类型特点的动物为主要内容。

(3) 人工自然动物园

该类型动物园多数位于城市的远郊区，用地面积较大，一般在上百公顷左右。动物的展出种类不多，通常为几十种。一般模拟动物在自然界的生存环境群养或敞养，富于自然情趣和真实感。

(4) 自然动物园

多数位于自然环境优美、野生动物资源丰富的森林、风景区及自然保护区。用地面积大，动物以自然状态生存。游人可以在自然状态下观赏野生动物，富有野趣。

6.4.2.3 动物园的组成部分

(1) 科普、科研活动区

该区是全园科普、科研活动中心，主要分布有动物科普馆，一般布置在出入口地段，有足够的活动场地，并有方便的交通联系。

(2) 展览区

该区用地面积较大，由各种动物的兽舍及活动场地组成，并给游人留出足够的参观活动空间。

(3) 服务、休息设施

服务、休息设施包括亭廊、花架、接待室、餐厅、小卖部、服务点等，应均匀地分布在全园内，便于游人使用并靠近展览区。

(4) 管理区

管理区包括行政管理处、办公楼、兽医所、检疫站、饲料站等，可设在单独地区，并与其地区有绿化隔离且隐蔽，但同时也要有方便的交通联系。可设专用出入口。

(5) 生活区

生活区应考虑避免干扰和卫生防疫，不宜设在园内，一般设在园外集中的地段上或园中单独的地段，并有专用出入口。

6.4.2.4 动物园的规划设计

(1) 动物园的用地选择

① 以城市园林绿地系统规划确定的位置为原则，设置在城市的近郊，并与市区有方便的交通联系。

② 动物园应设置在城市的下游及下风方向的地段，动物园要与居民区有适当的距离。

③ 动物园要远离垃圾场、屠宰场、动物加工厂、畜牧场、动物埋葬地等，同时也要远离工业区。

④ 动物园的游人量较大，应在园内外留有足够的场地，设置集散广场和各种车辆的停车场。

⑤ 由于动物在自然界有各自不同的生态环境，园中应选择复杂地形地势和良好的植被条件，仿造自然景观，展览动物。

⑥ 动物园用地范围内，应有充足的水源、良好的地基及便于供电的条件。

(2) 动物园的规划设计要点

① 要有明确的功能分区，各区之间既要适当隔离，又应有方便的联系，以便游人参观和休息。

② 展览区的动物兽舍要与动物的室外活动场地，以及游人的参观路线、园路的设置及游人的活动空间等同时布置，使参观者顺利进行参观休息。

③ 动物笼舍的安排应集中与分散相结合，建筑设计要注意与地形结合，因地制宜。建筑风格应统一协调，使游人有身临其境、融入大自然的感觉。

④ 动物园内不宜设置俱乐部、剧院、音乐厅等喧闹的文娱设施，尤其夜间要保证动物安静休息。

⑤ 保证安全，动物园的兽舍必须牢固，并设置防护带、隔离沟、安全网等。

⑥ 动物园的绿化设计要遵循动物展览的要求。仿造动物的自然生态环境，对兽舍背景的衬托设计等，形成一个具有特色的动、植物相互协调的自然群体。为了便于游人参观，要注意遮阴及观赏视线的问题，一般可在安全栏内外种植乔木或搭设花架。

⑦ 在动物园中的适当地段布置儿童游戏场，并结合其特点，设置一些园林小品、雕塑、游戏器械及绿化，以增进儿童的兴趣。

6.4.3 儿童公园

儿童公园是为学龄前后的儿童创造以户外活动为主的良好环境，满足儿童游戏、娱乐、体育活动的需要，并使儿童从中获得科学文化知识的城市专类公园，从而锻炼了身体,增长了知识,培养了优良的道德风尚。

6.4.3.1 儿童公园的类型

(1) 综合性儿童公园

这类公园有市属和区属两种。综合性儿童公园的内容设施较为丰富、全面,功能多,能满足儿童多种活动的要求,如设置各种球场、游戏场、小游泳池、电动游戏、露天剧场、少年科技活动中心等。例如,杭州儿童公园、湛江儿童公园为市属,西安建国儿童公园为区属。

(2) 特色性儿童公园

这种公园突出某一活动内容,且比较系统完整。如哈尔滨儿童公园。

(3) 一般性儿童公园

这类公园主要为一定区域的少年儿童服务,活动内容不求全面,可根据具体条件而有所侧重,但主要内容仍然是体育和娱乐方面。

(4) 儿童乐园

儿童乐园的作用与儿童公园相似,但占地面积较小,设施简易且数量少,通常设在综合性公园内,如上海杨浦公园的儿童乐园。

6.4.3.2 儿童公园的规划设计

(1) 儿童公园的功能分区

根据不同年龄儿童的生理、心理特点和活动要求,功能分区一般可分为:学龄前儿童区、学龄儿童区、青少年活动区、体育活动区、文化娱乐区、自然景观区、办公管理区。

(2) 儿童公园规划设计要点

① 儿童公园的用地应选择在日照、通风、排水良好的地方,或创造良好的自然环境。

② 儿童公园的绿化用地应占50%以上,绿化覆盖率宜占全园的70%以上。

③ 儿童公园的园路网宜简单明确,便于儿童辨别方向,寻找活动场所。

④ 学龄前儿童区最好靠近大门出入口,以便幼儿寻找和童车的通行。

⑤ 儿童公园的建筑与设施、雕塑、园林小品等要形象生动,色彩鲜艳丰富,可运用儿童易接受的童话、寓言、民间故事等为主题,作为宣传教育和儿童活动之用。

⑥ 儿童公园的水景,可给儿童公园带来极其生动的景象和活动内容。

⑦ 各分区活动场地附近应设置座椅、坐凳、休息亭廊等,供带领、陪同儿童来园的成人使用。

⑧ 儿童玩具、游戏器械是儿童公园的重要内容,要组织好这些活动场,配置好设施,同时可用不同的活动方式将其组合起来。

(3) 儿童公园的绿化配置

为了创造良好的自然环境,公园周围需栽植浓密的乔、灌木以作屏障,园内各区应有绿化适当分隔,尤其是幼儿活动区要保证安全。注意园内庇荫,适当种植行道树和庭荫树。

儿童公园绿化种植要忌用以下植物:

① 有毒植物 凡花、叶、果等有毒的植物均不宜选用,如凌霄、夹竹桃等。

② 有刺植物 易刺伤儿童皮肤和刺破儿童衣物的植物,如刺槐、蔷薇等。

③ 有刺激性和有奇臭的植物 会引起儿童的过敏性反应,如漆树等。

④ 易生病虫害及结浆果的植物 如柿树、桑树等。

项目6 城市公园绿地规划设计

实训6-1　城市公园绿地规划设计

1. 实训目的

通过对城市公园绿地的设计训练，进一步提高学生综合运用所学知识对城市园林景观绿地的规划形式、景观要素进行合理布置的设计技能，并能达到实用性、科学性与艺术性的完美结合。培养学生的规划设计、艺术创新能力和理论知识的综合运用能力，掌握城市公园绿地规划设计的基本程序、方法和要求，为从事专业技术工作奠定坚实的基础。

2. 实训要求

到当地园林城建部门或园林规划设计单位，收集城市公园绿地规划设计的图纸资料。结合相关的实地考察，对某market头绿地或滨河绿地进行园林景观设计。学生要将使用者的行为习惯、当地的历史文化底蕴、思想感情等考虑到设计中去。设计要求如下：

(1) 设计项目现状图一幅：比例为 1∶200～1∶500。

(2) 道路园林景观设计平面图一幅：表现规划用地范围内各种造园要素（如园林建筑小品、山石、水体、园林植物等）总体平面布局图样。要求环境优雅、布局合理、植物的配置季相分明，具有人性化、科学性、艺术性。

(3) 透视或鸟瞰图一幅：表示园林中各个景点、各种造园要素及地貌等在高程上的高低变化和协调统一的效果图样。

(4) 园林植物种植设计图：表示设计植物的种类、数量、规格、种植位置及要求的平面图样，可与总平面设计图结合在一起。

(5) 不少于400字的简要文字说明。

(6) 表现手法不限。

(7) 图纸大小为 A2。

(8) 设计方案要与实地相符，体现人性化与艺术性，达到美观、实用、经济的效果。

3. 考核评价

(1) 根据景观绿地的性质、功能、场地形状和大小，提出规划设计的原则，因地制宜地确定其构图形式、内容和设施。

(2) 总体规划阶段，因地制宜地进行地形设计及出入口、园路广场的规划布局，合理地进行功能分区，布置适当的园林建筑和种植规划。

(3) 要立意新颖，格调高雅，体现民族文化特色，具有时代气息。

(4) 地形设计适当处理，要进行竖向设计，标注相关部位的高程。

(5) 道路广场要有系统性，注意道路、广场与山水地形的结合。道路、广场、园林建筑要进行竖向设计，标注高程。

(6) 以植物绿化造景为主，适当利用其他造景要素。植物的选择和配置应乔灌花草结合，常绿树种与落叶树种结合。以乡土树种为主，注意季相景观变化。全园有统一的基调树种，各功能区有特色树种。植物种类数量适当，能正确运用种植类型，符合构图规律，造景手法丰富，色彩层次有变化，植物与地形、道路、建筑相协调，空间效果较好。

(7) 图面要求图面构图合理，干净美观；线条流畅，墨色均匀；图例、比例、指北针、图标栏、图幅等要素齐全且符合制图规范。

4. 实训成果

(1) 总体规划图：比例 1:500~1:1000，1 号或 2 号图纸。图中应显示出山水、地形地貌、出入口、园路、广场、园林建筑及绿化用地。

(2) 竖向设计图：在总体规划图的基础上进行高程设计，标注各相关部位的高程。图中显示原高程(等高线)和设计高程(等高线)，确定填挖深度和区域，计算土方等工程量。

(3) 种植规划图：在总体规划图的基础上，进行种植规划。

(4) 绘制某一景点的透视图或鸟瞰图(钢笔淡彩)。以上图纸也可提供 CAD 设计图。

(5) 设计说明书：包括园名、景名、功能分区及种植景观特征描述。

(6) 植物名录及其他材料统计表、造价概算表。

知识拓展

一、体育公园规划设计

1. 体育公园的概念

体育公园是指以体育运动为主题的公园。以各种体育运动场地和设施为主要组成内容，设有停车场及各类附属建筑，有着良好的绿色环境。它是城市居民锻炼身体和进行各种体育比赛的运动场所。

2. 用地选择

① 符合城市总体规划和文化体育设施的布局要求，位置合理，便于城市居民的使用，与城市交通有着方便的联系，应至少有一面或两面临近城市干道，以便交通集散。

② 用地较为完整，便于设置各种体育活动场地和设施。

③ 有方便的市政管线，如上、下水，供热、供电、煤气等基础设施。

④ 应有良好的环境，远离污染源、高压线路、易燃易爆品场所。

⑤ 考虑结合城市绿化自然现状和水面，创造较好的自然环境，并为水上活动项目奠定良好的基础。

⑥ 用地选择应满足体育运动对朝向、地形等方面的特殊要求。

⑦ 满足体育场地和设施对用地面积的要求，一般要求面积在 $10hm^2$ 以上。

3. 设计原则

① 有全面系统的规划，远、近期分阶段实施，为改建和扩建留有余地。

② 功能分区明确，布局紧凑，功能分区要考虑不同运动的性质和动静关系。

③ 人流量大的运动场地和设施应尽量靠近城市，并设有足够大的人流集散场地，便于人流集散。

④ 停车场的设置，其面积指标应符合有关规定和停车场的设计要求。

⑤ 要有合理的交通组织，方便的市政配套管线，便利的管理维修。

⑥ 满足有关体育设施和内容在朝向、光线、风向、风速、安全、防护、照明等方面的要求。

⑦ 充分利用自然地形和天然资源，如山体、水面、森林、绿地等，设置人们喜爱的体育游乐项目，如攀岩、跳伞、蹦极、骑马、游泳、垂钓等。

⑧ 出入口和道路应满足安全和消防的需要。主出入口不应少于 2 个，并以不同方向通向城市道路，观众出口的有效宽度应不小于 5m。满足消防通行要求，道路净宽度不小于 3.5m。

⑨ 设置相应的服务设施，如餐厅、体育用品商店、游人休息场所。

⑩ 停车场地应与绿化相结合，保证绿化覆盖率。

4. 绿化设计要点

① 注意四季景观，特别是人们使用室外

活动场地较长的季节。

② 植株大小的选择应与运动场地的尺度相协调。

③ 植物的种植应注意人们夏季对遮阴、冬季对阳光的需要。在人们需要阳光的季节，活动区域内不应有常绿树的阴影。

④ 树种选择应以本地区观赏效果较好的乡土树种为主，便于管理。

⑤ 树种应少污染，如落果和飞絮。落叶整齐，易于清扫。

⑥ 在露天比赛场地的观众视线范围内，不应有妨碍视线的植物，观众席铺设草坪应选用耐践踏的品种。

二、纪念性公园规划设计

1. 纪念性公园的性质与任务

纪念性公园是人类利用技术与物质手段，通过形象思维而创造的一种精神意境，从而激发人们的思想情感的专类公园绿地，如革命圣地、烈士陵园、历史名人活动旧址及墓地等。其主要功能是供人们瞻仰、凭吊、开展纪念性活动和游览、休息、赏景等。

2. 规划原则

① 总体规划应采用规划式布局手法，不论地形高低起伏或平坦，都要形成明显的主轴线干道。主体建筑、纪念碑、雕塑等应布置在主轴线上、其制高点上或视线的交点上，以便突出主景。其他附属性建筑物一般也受主轴线控制，对称布置在主轴线两侧。

② 用纪念性建筑物、雕塑、纪念碑等来体现公园的主体，表现英雄人物的性格、作风等主题。

③ 以纪念性活动和游览休息等不同功能活动来划分不同的分区和空间。

3. 功能分区及其设施

(1) 纪念区

该区由纪念馆、纪念碑、塑像、墓地等组成。不论是主体建筑组群，还是纪念碑、雕塑等，在平面构图上均用对称的布置手法，其本身也多采用对称均衡的构图手法来表现主体形象，创造肃穆的纪念性意境，为群众开展纪念性活动服务。

(2) 园林区

该区主要是为游人创造良好的游览、观赏景观，为游人休息和开展游乐活动服务。全区地形处理、平面布置都要因地制宜，自然布置。亭、廊等建筑小品造型均采取不对称的构图手法，创造活泼、自然的游乐气氛。

4. 绿化种植设计

纪念性公园的植物配置，应与其公园特色相适应，既有严肃的纪念性活动区，又有活泼的园林休息活动区。种植设计要与各区的功能特性相适应。

(1) 出入口

出入口集散大量游人，需要视野开阔，多用混凝土、草坪铺装广场。而出入口广场中心的雕塑或纪念碑周围，可以用花坛来衬托主体。主干道两旁多配置排列整齐的常绿乔灌木，营造庄严肃穆的环境氛围。

(2) 纪念碑、墓园的环境

多用常绿的松、柏等作为背景林，象征着烈士的爱国主义精神万古长青，前面点缀红叶树或红色的花卉，寓意今天的幸福生活是用烈士的鲜血换来的，激发后人奋发图强的爱国主义精神。

(3) 纪念馆

多用庭院绿化形式进行布置，应与纪念性建筑的主题思想协调一致。以常绿植物为主，结合花坛、树坛、草坪，点缀花灌木。

(4) 园林区

以绿化为主，因地制宜地采用自然式布置。花草树木的种类应丰富多样。色彩要有对比和季相变化，层次分明。

思考与练习

1. 简述公园的类型。
2. 简述综合性公园的功能分区。
3. 简述植物园的选址要求。
4. 简述动物园的绿化设计要点。
5. 简述儿童公园的设计要求。
6. 简述体育公园用地的选择要求。

项目 7
其他类型绿地规划设计

学习目标

【知识目标】
(1) 理解风景名胜区的概念；
(2) 掌握风景名胜区的类型、风景名胜资源分类；
(3) 理解生态观光园的概念；
(4) 了解生态观光园的类型、设计原则；
(5) 掌握农业观光园的园址选择及规划设计。

【技能目标】
(1) 能够运用风景名胜区规划的相关知识，进行风景名胜区规划设计；
(2) 能够运用生态观光园规划设计的相关知识，进行生态观光园规划设计。

 项目案例

无锡鹅湖白米荡农业观光园规划设计

1. 项目概况

白米荡，全村区域范围 4.95km²，耕地面积 3709 亩*，鱼塘面积 1062 亩，外荡水面 500 多亩，是著名水产品"甘露牌"青鱼的主要产地(图 2-7-1)。

2. 规划条件分析

(1) 项目规划优势(可利用的条件)(图 2-7-2)

① 整个白米荡有充足的水资源，水位稳定，水质可基本得到保证。
② 荡口古镇游和上游的开发有利于凝聚品牌效益。
③ 原先基本无历史河流，因而工程设计限制少。
④ 原有的零星鱼塘可加以利用，既减少了挖方工程量，又能使水位线曲折多变显得自然。

---

* 1 亩 = 667m²。

图 2-7-1　无锡鹅湖白米荡农业观光园的场地分析

图 2-7-2　无锡鹅湖白米荡农业观光园规划优势

(2) 项目规划劣势(制约因素)(图 2-7-3)

① 湖周围地势平坦,无高低起伏的丘陵变化。

② 规划区域的水体形态呈"H"形,整个水面不开阔,水位无高差变化,不利于形成有落差的水体景观。

③ 现有植物种类较少,景观价值低,生态效益和旅游价值也有欠缺。

④ 拟规划区域历史沉淀和文化底蕴较薄弱,设计时需从别处移植文化创意。

项目7 其他类型绿地规划设计

图 2-7-3 无锡鹅湖白米荡农业观光园规划劣势

3. 农业观光园规划设计

总体规划设计主要借鉴了苏州树山生态村的"小流域综合治理、高效经济林果生产、生态环境保护、旅游观光"四位一体的开发模式，针对普通生态旅游提出特色园区的设计理念（图 2-7-4）。

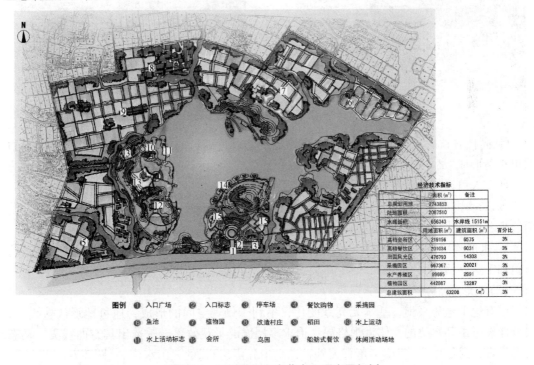

图 2-7-4 无锡鹅湖白米荡农业观光园规划

(1)功能分区

把全园划分为6大功能分区：植物园区、田园风光区、高级会所区、高档餐饮区、采摘生态区、水产养殖区。

① 植物园区　主要应用现代科学技术和方法引种栽培药用植物，研究开发和综合利用；为国内中药材研究提供技术资料和种子、种苗；建立药用植物标本园。

② 田园风光区　主要是改造原有村民的住房，满足游客的住宿要求，建在风景优美的乡间，以村落为背景面向度假游客。设计了儿童乐园、教育乐园、农耕乐园、观光田园和乡村运动场地。

③ 高级会所区　高级会所区分为3个分区：鸟园、会所建筑和水上运动区域（图2-7-5）。

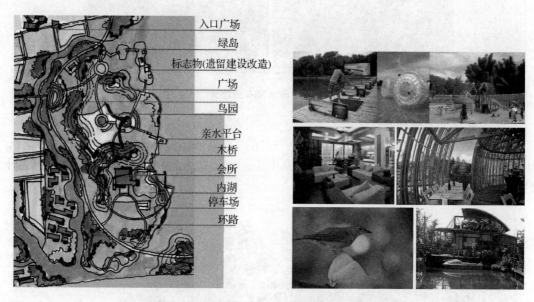

图 2-7-5　无锡鹅湖白米荡农业观光园高级会所区

④ 高档餐饮区　利用原有水系整合场地，使靠近湖边的地段独立成岛屿，岛屿上再挖出小岛形成"岛中岛"的效果。高档餐饮区就位于小岛上，形式采用船舫或完全生态的方式，使游人可以最大限度地享受沿湖风光（图2-7-6）。

⑤ 采摘生态区　果蔬采摘园内种植番茄、黄瓜、玉米、萝卜等蔬菜；还有樱桃、葡萄、枣、桃等水果。游客可以亲手采摘，体验收获的乐趣。

⑥ 水产养殖区　以鱼文化为特色设置了鱼港风情、渔家故事。游客可以垂钓并进行鲜鱼加工烹制活动。

(2)地形设计

原有地形地势平坦，基本无高差变化，不利于景观空间的形成，通过地形改造设计，充分体现了山环水绕的立体景观格局，追求多层次的景观效果，营造出具有曲线美、动态美的景观，最终形成"三山半落青天外，二水中分栖羽洲"的大山水格局（图2-7-7）。

项目 7　其他类型绿地规划设计

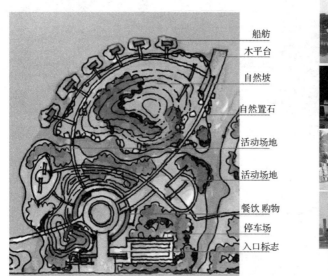

图 2-7-6　无锡鹅湖白米荡农业观光园高档餐饮区

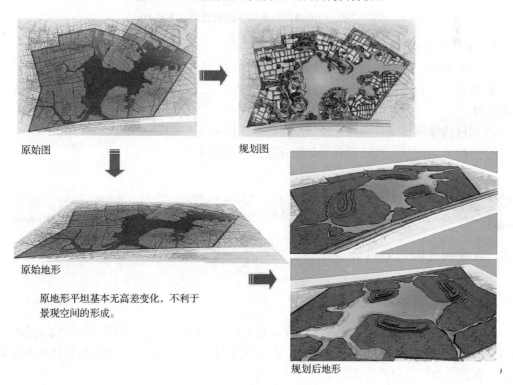

图 2-7-7　无锡鹅湖白米荡农业观光园地形设计

(3) 水系设计

规划区域水体形态呈"H"形，整个水面不开阔，水位无高差变化，不利于形成有落差的水体景观。水系的设计应做到自然引导，畅通有序，以体现景观的秩序性和通达性（图 2-7-8）。

269

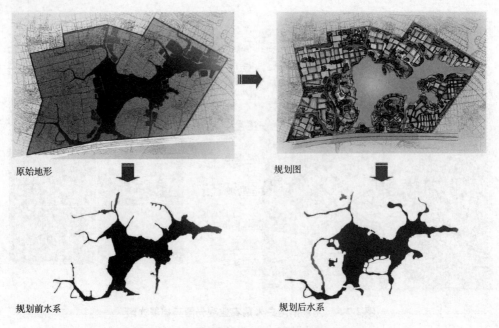

图 2-7-8　无锡鹅湖白米荡农业观光园水系设计

(4) 道路交通规划

① 因地制宜，既着眼长远，又兼顾现状，确定主次出入口。

② 以科学、有效、便捷为原则，既便于集散人流、物流，又利于生产经营的规范园区内路网。

③ 园区内循环有序，流向合理，能通达各功能分区。

④ 道路成网规范，功能配套，合理分隔各大小分区。

知识准备

7.1　农业观光园规划设计

7.1.1　观光农业概述

观光农业是一种新型的产业形态，农业观光园是我国农业转型升级，加快农业现代化和城乡园林化并与国际接轨的必然选择。农业观光园是一种以农业和农村为载体的新型旅游业，有狭义和广义两种含义。

狭义的观光农业仅指用来满足旅游者观光需求的农业。

广义的观光农业应涵盖"休闲农业""观赏农业""农村旅游"等不同概念，是指在充分利用现有的农村空间、农业自然资源和农村人文资源的基础上，通过以旅游内涵为主题的规划、设计与施工，将农业建设、科学管理、农艺展示、农产品加工、农村空间出让及旅游者的广泛参与融为一体，使旅游者能充分领略现代新型农业艺术及生态农业的大自然情趣的新型旅游业。

7.1.2 农业观光园的特征

农业观光园除具有农业的一般特点外，还应具有以下特点和要求：

(1) 农业科技含量高

当前观光农业的项目建设越来越重视科技含量，它包括生物工程、组织培养室、先进的农业生产设施、旅游设施等。让人们在游览的过程中能领略现代高科技农业的魅力。

(2) 经济回报高

观光农业除了发展基础农业外，还可以带动交通、运输、饮食、邮电、加工业、旅游业等相关产业的发展，因此，经济回报高。

(3) 内容具有广博性

农业的劳作形式、传统或现代的农用器具、农村的生活习俗、农事节气、民居村寨、民族歌舞、神话传说、庙会集市以及茶艺、竹艺、绘画、雕刻、蚕桑史话等都是农村旅游活动的重要组成部分。也是观光农业可以挖掘的丰富资源和内容。

(4) 活动具有季节性

除少数自控温室的生产经营活动外，绝大多数农业旅游活动具有明显的季节性。

(5) 形式具有地域性

不同地域自然条件、农事习俗和文化传统的差异，使观光农业具有较强的地域差异性。

(6) 活动内容强调参与性

农事活动较强的可参与性，正迎合了广大游客在旅游活动中的需求，在农业观光园区的规划设计中应尽可能地设置一些参与性强的项目。如自摘果园、五月采茶游、撒网捕鱼、喂牛挤奶等。

(7) 景观表达艺术性

观光农业利用景观美学的对比、均衡、韵律、统一、调和等手法对农业空间、农业景点进行园林化的布局和规划，整个农业景观环境都要求符合美学原理，在空间布局、形式表现、内容安排等多方面都具有园林艺术性的特点。

(8) 农林产品绿色性

观光农业要求用生态学的原理来指导农业生产，农产品要求符合绿色食品和无公害食品的要求。

(9) 融观光、休闲、购物于一体

农业旅游活动既能让游人欣赏到优美的田园风光，又能满足游人参与的欲望，并且还能获得自己的劳动成果。使游人玩得开心，购物满意。

(10) 经济社会综合效益高

观光农业用现有的农业资源，略加整修、管理，就可以较好地满足旅游者的需求；且农业旅游的经济收益也较其他旅游形式多，既有来自农产品本身的收入，旅游消费也带动了农村第三产业的发展，解决了社会就业等方面的问题，具有较好的综合效益。

7.1.3 农业观光园的类型

观光农业是把观光旅游与农业结合在一起的一种旅游活动，它的形式和类型很多。常见的分类方法有以下两种：

7.1.3.1 国际上常用的分类形式分类

(1) 观光农园

一般是指在城市近郊或风景区附近开辟特色果园、菜园、茶园、花圃等，让游客入内摘果、拔菜、赏花、采茶，享受田园乐趣。这是国外观光农业最普遍也是最初的一种形式。

(2) 农业公园

按照公园的经营思路，把农业生产场所、农产品消费场所和休闲旅游场所融为一体。例如，日本有一个葡萄园公园，将葡萄园景观的观赏、葡萄的采摘、葡萄制品的品尝以及与葡萄有关的品评、绘画、写作、摄影等活动融为一体。目前大多数农业公园是综合性的，内部包括服务区、景观区、草原区、森林区、水果区、花卉区及活动区等。

(3) 教育农园

这是兼顾农业生产与科普教育功能的农业经营形态，即利用农园中所栽植的作物、饲养的动物以及配备的设施，如特色植物、热带植物、水耕设施、传统农具展示等，进行农业科技示范、生态农业示范，向游客传授农业知识。有代表性的是法国的教育农场，日本的学童农园，台湾的自然生态教室等。

(4) 民俗观光村

在具有地方或民族特色的农村地域，利用其特有的文化或民俗风情，提供可供夜宿的农舍或乡村旅店之类的游憩场所，让游客充分感受浓郁的乡土风情以及别具一格的民间文化和地方习俗。

7.1.3.2 按照现阶段规划和开发观光农业的功能定位分类

发展观光农业，明确功能定位对于合理确定投资取向和规模以及配置科学管理方式和生产经营战术至关重要。按照现阶段规划和开发观光农业的功能定位可将其分为以下5种类型：

(1) 多元综合型

功能上集农业研究开发、农产品生产示范、农技培训推广、农业旅游观光和休闲度假为一体。

(2) 科技示范型

以农业技术开发和示范推广为主要功能，兼具旅游观光功能。如陕西杨凌农科城（国家级农业高新技术产业示范区）、广东顺德新世纪农业园等。

(3) 高效生产型

以先进技术支撑的农产品综合生产经营为主要功能，兼具观光旅游功能。如江苏邳州银杏风光观光农业区、宁夏银川葡萄大观园、广东番禺化龙镇农业大观园和上海马桥园艺场等。

(4) 休闲度假型

具有农林景观和乡村风情特色，以休闲度假为主要功能。如广东东莞"绿色世界"、北京顺义"家庭农场"、成都郫县农科村（农家乐景区）、深圳"光明农场"等。

(5) 游览观光型

以优美又富有特色的农林牧业为基础资源，以强化游览观光功能为主要经营方向的农游活动。如山东淄博淄川区旅游观光农业线、重庆万盛区农业采摘游、山东长岛"渔家乐"旅游、山东枣庄万亩石榴园风情游等。

7.1.4 农业观光园设计的原则

(1) 因地制宜，营造特色景观

总体规划与资源(包括人文资源与自然资源)利用相结合，因地制宜，充分发挥当地的区域优势，尽量展示当地独特的农业景观。

规划时要熟悉用地范围内的地形地貌和原有道路水系情况，本着因地制宜、节省投资的原则，以现有的区内道路和基本水系为规划基准点，根据现代都市农业园区的体系构架、现代农业生产经营和旅游服务的客观需求以及生态化建设要求和项目设置情况，科学规划园区路网、水利和绿化系统，并进行合理的项目与功能分区。

(2) 远、近期效益相结合，注重综合效益

把当前效益与长远效益相结合，以可持续发展理论和生态经济学原理来经营，提高经济效益。另外，还应充分重视观光农业所带来的其他效益。

(3) 尊重自然，以人为本

在充分考虑园区适宜开发度、自然承载能力的前提下，把人的行为心理、环境心理的需要落实于规划设计之中，在设计过程中，去发现人的需求、满足人的需求，从而营造一个人与自然和谐共处的环境。

(4) 整体规划协调统一，项目设置特色分明

注意综合开发与特色项目相结合，在农业旅游资源开发的同时，既突出特色，又注重整体的协调。

(5) 传统与现代相结合，满足游人多层次的需求

展示乡土气息与营造时代气息相结合，历史传统与时代创新相结合，满足游人多层次的需求。注重对传统民俗活动与有时代特色的项目，特别是与农业活动及地方特色相关的旅游服务活动项目的开发和乡村环境的展示。

(6) 注重"参与式"项目的设置，激发游人兴趣

强调对游客"参与性"活动项目的开发建设。农业观光园的最大特色是，通过游人作为劳动(活动)的主体来体验和感受劳动的艰辛与快乐，并成为园区一景。

(7) 以植物造景为主

生态优先，以植物造景为主，根据生态学原理，充分利用绿色植物对环境的调节功能，模拟园区所在区域的自然植被的群落结构，打破植物群落的单一性，运用多种植物造景，体现生物多样性，结合美学中艺术构图的原则，创造一个体现人与自然双重美的环境。

在尽量不破坏原基地植被及地形的前提下，谨慎地选择和设计植物景观，以充分保留自然风景，表现田园风光和森林景观。

7.1.5 农业观光园常见的布局形式

农业观光园的布局形式一般根据农业观光园中的非农业用地，也就是核心区在整个园区所处的位置来划分，常见的布局形式有以下几种：

(1) 围合式

在农业观光园规划平面图上，非农业用地呈块状、方形、圆形、不等边三角形设置于整个园区中心，四周被农业用地所包围，如江苏昆山丹桂园。

(2) 中心式

非农业用地位于靠近入口处的中心部位，这种形式方便游人和管理人员使用，如苏州西山高科技农业观光园。

(3) 放射式

非农业用地位于整个园区的一角，整个园区的重心还是在农业用地部分，如泰州农林高科技示范园的总体布局。

(4) 制高式

非农业用地一般位于整个园区地势较高处，也就是制高点上，如江苏江浦帅旗农庄和江宁七仙山玫瑰园。

(5) 因地式

将以上几种布局形式相互配合，结合园区基地的实际情况进行非农业用地的布局。

7.1.6 农业观光园的分区规划

农业观光园以农业为载体，属风景园林、旅游、农业等多行业交叉的综合体，农业观光园的规划理论也借鉴于各学科中的相应理论。因我国的农业资源丰富，在进行农业观光园的规划时要有所偏重、有所取舍，做到因地制宜、区别对待。

7.1.6.1 分区规划的原则

① 根据农业观光园的建设与发展定位，按照服从科学性、弘扬生态性、讲求艺术性以及具有可能性的可行性分区原则。

② 根据项目类别和用地性质，示范类作物按类别分置于不同区域且集中连片，既便于生产管理，又可产生不同的季相和特色景观。

③ 科技展示性、观赏性和游览性强且需相应设施或基础投资较大的其他种植业项目均可相对集中地布局在主入口和核心服务区附近，既便于建设，又利于汇聚人气。

④ 经营管理、休闲服务配套建筑用地集中设置于主入口处，与主干道相通，便于土地的集中利用、基础设施的有效配置和建设管理的有效进行。

7.1.6.2 分区规划

典型农业观光园一般可分为生产区、示范区、观光区、管理服务区、休闲配套区。

(1) 生产区

生产区是指在农业观光园中主要供农作物、果树、蔬菜、花卉园艺生产，畜牧养殖，森林经营，渔业生产之处，其占地面积最大。

位置选择要求：土壤、地形、气候条件较好，并且有灌溉、排水设施。此区一般游人密度较小，可布置在远离出入口的地方，但因要与管理区内有车道相通，内部可设生产性道路，以方便生产和运输。

(2) 示范区

示范区是农业观光园中因农业科技示范、生态农业示范、科普示范、新品种新技术的生产示范需要而设置的区域，此区内可包括管理站、仓库、苗圃苗木等。

位置选择要求：要与城市街道有方便的联系，最好设有专用出入口，不应与游人混杂，到管理区内要有车道相通，以便于运输。

(3) 观光区

观光区是农业观光园中的闹区，是人流最为集中的地方。一般设有观赏型农田、瓜果、珍稀动物饲养、花卉苗圃等，园内的景观建筑往往较多地设置在此区。

位置选择要求：可选在地形多变、周围自然环境较好的地方，让游人身临其境地感受田园风光和自然生机。由于观光区内的群众性观光娱乐活动，人流较为集中，因此，必须要合理地组织空间，应注意要有充足的道路、广场和生活服务设施。

(4) 管理服务区

管理服务区是因农业观光园经营管理而设置的内部专用地区，此区内可包括管理、经营、培训、咨询、会议、生活用房以及车库、产品处理厂等。

位置选择要求：要求与园区外主干道有方便的联系，一般位于大门入口附近，到管理区内要有车道相通，以便于运输和消防。

(5) 休闲配套区

休闲配套区主要满足游人的一些休闲、娱乐活动的需求。在农业观光园中，为了满足游人休闲的需要，在园区中单独划出休闲配套区是很必要的。

位置选择要求：休闲配套区一般应靠近观光区，靠近出入口，并与其他区用地有分隔，保持一定的独立性，内容可包括餐饮、垂钓、烧烤、度假、游乐等，营造一个能使游人深入乡村生活空间、参加体验、实现交流的场所。

目前农业观光园分区规划中常见的分区与布局方案。

7.1.7 农业观光园园址选择及规划设计

7.1.7.1 农业观光园的园址选择

① 选择符合国土规划、区域规划、城市绿地系统规划和现代农业规划中确定的性质及规模，选择交通便捷、有利于人流、物流畅通的城市近郊地段。

② 选择宜做工程建设及农业生产的地段，地形起伏变化不是很大的平坦地段，作为农业观光园建设。

③ 利用原有的名胜古迹、人文历史或现代化农村等地点建设农业观光园，展示农林古老的历史文化或崭新的现代社会主义新农村景观风貌。

④ 选择自然风景条件较好及植被丰富的风景区周围的地段，还可在农场、林地或苗圃的基础上加以改造，这样可投资少、见效快。

⑤ 园址的选择应结合地域的经济技术水平，规划相应的园区，水平条件不同，园区类型也不同，并且要规划用地，留出适当的发展备用地。

7.1.7.2 农业观光园水系规划设计

水系也是农业观光园区中的一个重要组成因素，规划设计时应做到以下几点：

① 水系景观的空间结构要完整。

② 水系的设计应做到自然引导，畅通有序，以体现景观的秩序性和通达性。

③ 在一些农业历史文化展示的景观模式中，水系景观应尽可能地保留历史文化痕迹。

7.1.7.3 道路系统规划设计

道路规划包括对外交通、入内交通、内部交通、停车场地和交通附属用地等方面。

(1) 对外交通

对外交通指由其他地区向园区主要入口处集中的外部交通，通常包括公路、桥梁的建设和汽车站点的设置等。

(2) 入内交通

入内交通指园区主要入口处向园区的接待中心集中的交通。

(3) 内部交通

内部交通主要包括车行道、步行道等一般园区的内部道路交通，根据其宽度及其在园区中的导游作用分为以下几类：

① 主要道路　连接园区中的主要区域及景点，在平面上构成园路系统的骨架。路面宽度一般为8m，道路纵坡一般要小于8%。

② 次要道路　主要分布于各景区内部，连接景区内的主要景点。路宽为6m，道路可以有一些起伏，坡度大时可做平台、踏步等处理。

③ 游憩道路　为各景区内的游玩、散步小路。布置比较自由，形式多样，对于丰富园区内的景观起着很大作用。

农业观光园在进行内部道路规划时，不仅要考虑它对景观序列的组织作用，更要考虑其生态功能，如廊道效应。特别是农田群落系统往往比较脆弱，稳定性不强，在规划时应注意其廊道的分隔、连接功能，考虑其高位与低位的不同。

7.1.7.4 建筑与设施小品的规划设计

① 既具有实用功能性，又具有艺术性。

② 与自然环境融为一体，给游人以亲近和感受大自然的机会。

③ 建筑设施景观的体量和风格应视其所处的周围环境而定，宜得体于自然，不能喧宾夺主，既要考虑到单体造型，又要考虑到群体的空间组合。

7.1.7.5 生产种植规划设计

农业观光园内的绿化环境景观规划可以说是农业观光园总体景观的一个有力的补充和完善。不同景区的绿化风格、用材和布局特色应与该区模式环境特点一致。如对于农业综合园区模式，在规划时首先应考虑到温室内外的蔬菜、花卉、林果的生产，因而对光照有较高的要求，在树种选择上可选用一些具有经济价值的林果、花灌木等。在一些农业园内，可选择以一些乡土树种为主，衬托出自然的感受。

7.1.8　农业观光园规划的手法

(1) 艺术表达遵循科技原理

农业观光园内的景观具有科技应用和美学、艺术的双重作用，但它们双重作用的表现是不平衡的。在进行规划设计时，首要应是体现科学原理，艺术处理处于从属地位。因此，在进行园区规划时，景观设计应在体现科技原理指导的前提下，与艺术表达有机结合。例如，在建造一座高科技农业示范区内的智能温室时，我们首先应在遵循科技原理的规划思路下，才可以考虑它的造型、色彩、材质的艺术特色。

(2) 主观造景服从功能实用

在对农业观光园进行规划时，首先必须考虑到园内景观要素的功能实用性，其次才是造景效果。

(3) 布局有序调控时空变化

基于旅游农业产业的本质，农业园的景观排列和空间组合应首先讲求具有序列性和科学性。如农业观光园内可以随着地势高低以及地貌特征安排不同种类、不同色彩的农作物，形成空间上布局优美、错落有序的景观风貌；从入口到园内，可以安排成熟期由早到晚的农作物，以及合理安排一些交叉口，形成时间上变化有序的景观特色。

(4) 动态参与强化视觉愉悦

农业观光园的规划既要达到视觉愉悦的效果，又要具有动态参与的可能性。除了考虑景观的静态效果外，还要强调它的动态景象，即机械化劳作或游人在采摘、收获果实等活动中所形成的动态景观。

(5) 心灵满足融进增知益智

心灵满足与增知益智相结合，也就是游人在参与劳作的过程中，在心灵得到满足的同时，又学到了知识。如游客在参与采茶、制茶的过程中，了解到不同地区、不同民族的茶叶生产、加工，以及泡茶、饮茶的习俗。

(6) 结合自然营造人景亲和

规划时要充分考虑人造景观构成素材要与周围的自然环境景观相融合，让游人充分体会到"天人合一"的深远意境。

(7) 人工美与自然美的和谐

在进行农业观光园(区)规划时，要充分考虑园区内人造景观与自然景观相和谐一致。如在观光果园门区营造一个形似苹果造型的大门。

(8) 主体色彩突出农林氛围

在进行农业观光园(区)规划时，景致是以绿色为主色调，因为绿色是与整个农林产业的氛围最协调一致的色彩。

(9) 人文特征反映乡土特色

运用乡土植被、人文历史、民俗风情、农业文化等展现地方景观特色的景观要素，使设计与之切合，这种手法在农业庄园景观模式的规划中运用较多。当地的自然条件反映当地的景观特色。通俗来说，就是要体现农业、农村、农民、农家的氛围和特色人文性的景观创新特点。

7.1.9 农业观光园的规划设计步骤

(1) 调查研究阶段

① 进行外业踏查　了解农业观光园的用地情况、区位特点、规划范围等。

② 收集整理资料，进行综合分析　收集与基地有关的自然、历史和农业背景资料，对整个基地的环境状况进行综合分析。

③ 提出规划纲要　与甲方充分交换意见，在了解业主的具体要求、愿望的基础上，提出规划纲要，特别是主题定位、功能表达、项目类型、时间期限及投资概算等。

(2) 资料分析研究阶段

① 确定规划纲要　与甲方深入地交换意见，确定规划的框架，最终确定规划纲要。

② 签订设计合同　在规划纲要确定以后，业主和规划（设计）方签订正式的合同或协议，明确规划内容、工作程序、完成时间、成果内容。

③ 进行初步设计　规划（设计）方再次考察所要规划的项目区，并初步勾画出整个园区的用地规划布局，保证功能合理。

(3) 方案编制阶段

① 完成初步方案　规划（设计）方完成方案图件初稿和方案文字稿，形成初步方案。

② 方案论证　业主和规划（设计）方及受邀的其他专家进行讨论、论证。

③ 修改、确定正式方案　规划（设计）方根据论证意见修改完善初稿后形成正稿。

④ 方案再次论证　再次讨论、论证，主要以业主和规划（设计）两方为主，并邀请行政主管部门或专家。

(4) 形成成果文本和图件阶段

完成包括规划框架、规划风格、分区布局、交通规划、水利规划、绿化规划、水电规划、通信规划及技术经济指标等文本内容及相应图纸。

7.2　旅游风景区规划设计

7.2.1　旅游风景区的性质与种类

旅游风景区也称为风景名胜区，指的是自然景物、人文景物比较集中，环境优美，具有一定规模和游览条件的可供人们游赏休憩或进行科学文化活动的地域。我国风景名胜区的审定和命名需经县级以上人民政府批准公布。

旅游风景区的特征体现在"景"与"名"两个字上，有景可赏，有名可慕，方能让人欣然前往。一般而言，旅游风景区的面积都很大，游览的时间相对也比较长，至少要一天以上的时间，所以，解决游客的交通、食宿等问题的设施，进行各种工作、生活、生产活动的场所都要求进行全面的、科学的规划。

根据景物的观赏、文化、科学价值和环境质量、规模大小、游览条件，将旅游风景区划分为3级：市县级风景名胜区、省级风景名胜区、国家风景名胜区。按规定国家风景名胜区的主要入口处要设置"中国国家风景名胜区"的青铜徽志。按照用地规模又可以分为：小型风景区（$20km^2$以下）、中型风景区（$21\sim100km^2$）、大型风景区（$101\sim500km^2$）、特大型风景区（$500km^2$以上）。

从我国现有的旅游风景区来看可分为以下类型：

(1) 自然景源型

① 以山岳、峡谷、冰川、岩溶、火山等特殊地貌或典型的地质现象而闻名。如耸立在齐鲁丘陵之上的泰山，以其山体厚重、山势峭拔、雄伟著称；福建太姥山风景名胜区以裸露的花岗岩形成峡谷等景观著称等。

② 以江河、湖海、瀑布等水景为主的。如以高原湖泊为主的青海湖风景名胜区，河北秦皇岛北戴河风景名胜区等。

③ 以野生动植物、古树名木、观赏花木等闻名。如以动植物资源繁多著称的云南西

双版纳，湖北神农架等。

④ 以日出、云海、佛光等天文现象著称。如被徐霞客誉为"登黄山天下无山"的黄山以其变幻莫测的"云海""佛光"闻名于世，它不假人工之手、不借佛道之名，仅以天然风姿独居群山之冠。

(2) 人文景源型

① 以古建筑、古园林、石窟、古战场等历史遗迹和遗址为主。如八达岭—十三陵风景名胜区，洛阳龙门风景名胜区等。

② 以近代革命活动遗址、战争遗址以及有纪念意义的近现代工程、造型艺术作品等为主。如江西井冈山，北京密云水库等。

③ 有地方和民族特色的村镇、古代民居、集市和节日活动的风土民情等。如广东韶庆丹霞山风景名胜区的民俗、民居景区。

(3) 自然—人文复合型

我国有不少著名的风景名胜区兼有自然、人为景物之胜，很难把它们截然分开。

7.2.2　旅游风景区规划设计的原则

旅游风景区的总体规划应在人民政府领导下，由主管部门会同有关部门组织编制，广泛征求有关部门、专家和人民群众的意见，进行多方面的比较和论证，经主管部门审查后，经审定该旅游风景区的人民政府审批，并报上级主管部门备案。旅游风景区规划应从本地区实际情况出发，突出本地区风景区的特点，其规划工作要求做到以下几点：

① 保护景观本体及其环境，保持典型景观的永续利用，充分挖掘与合理利用景观的特征及价值，突出特点，组织适宜的游赏活动，妥善处理典型景观与其他景观的关系。

② 典型景观规划的原则是保护典型景观本体及其环境，同时挖掘和利用其景观特征与价值，以发挥其应用有作用。

③ 游览设施配置的原则要与需求相对应，既要满足游客多层次的需求，也要适应设施自身管理的要求，合理配备相应类型、相应级别、相应规模的游览设施。

④ 规划项目要符合风景区的实际需要，各项规划的内容和深度及技术标准都应与风景区规划的阶段要求相适应，要与风景区的具体环境和条件相协调。

⑤ 在对景区居民社会因素调控规划中，需要适合风景区的特殊需求与要求，贯彻控制人口的原则。建立适合风景区特点的居民点系统，在居民点用地布局中，需要创建具有风景区特点的风土村、民俗村等。在产业和劳动力发展规划中，需要引导和有效控制淘汰型产业的合理转型。

⑥ 风景区经济结构要以景源保护为前提，合理利用经济资源，确立主导产业与其他产业组合，追求规模与效益的统一，充分发挥旅游经济的催化作用，确保经济持续、稳步发展。

⑦ 各个时期的发展规划应同国民经济发展规划的深度一致，应明确主要内容和具体建设项目。

7.2.3 旅游风景区规划设计的内容与要点

7.2.3.1 旅游风景区规划的内容

(1) 保护保育规划

无论是总体规划还是专项规划都是特别重要的，在专项规划中更加具体化了。旅游风景区规划包括3个内容：

① 明确风景区的保护对象和因素，根据保护资源的调查得出，各类景源和相关的环境因素也应列入。

② 根据保育对象的特点和级别，划定保护范围、确定保护原则。如对水体就应保护其汇水处和流域因素。

③ 制定保护措施及建立保护体系，要因地制宜，有针对性、有效性和可操作性。

(2) 风景游赏规划

风景游赏规划包括景观特征分析与景象展示，游览项目组织、风景单元组织、游线组织与游程安排，游人容量调控，风景游赏系统结构分析等内容。

(3) 典型景观规划

每个风景名胜区都有其代表性的景观，这几乎是吸引游人的一个原因。应充分利用其独特的景观效果及价值，突出特点。它包括典型景观的特征与作用分析，规划原则与目标，规划内容、项目、设施与组织，典型景观与风景区整体的关系等内容。

(4) 游览设施规划

游览设施规划应包括游客与游览设施现状分析，客源分析预测与游人发展规模的选择，游览设施配备与直接服务人口估算，旅游基地组织与相关基础工程，游览设施系统及环境分析等内容。

(5) 景区基础工程规划

景区基础工程规划应包括道路交通、邮电通信、给排水、供电等，如有实际需要，还可进行防洪、放火、抗灾、环保、环卫的工程规划。

(6) 居民社会调控规划

居民社会调查规划包括现状、特征与趋势分析，人口发展规模与布局，经营管理与社会组织，居民点性质、职能、动因特征和分布，用地方向与规划布局，产业和劳动力发展规划等内容。

(7) 经济发展引导规划

经济发展引导规划包括经济现状调查与分析，经济发展的引导方向，经济结构及其调整，空间布局以及控制，促进经济合理发展的措施内容。

(8) 土地利用协调规划

土地利用协调内容应包括土地资源分析评估，做出土地利用现状及其平衡表，土地利用规划及其平衡表等内容。

(9) 风景区各阶段发展规划

为了使风景区得到科学合理的经营并能持续发展，需要进行分阶段的规划，以使这些自然目标能逐步实现和有序过渡，在每一时期安排好发展目标与重点项目。

① 短期发展规划　是指5年以内的发展目标、内容及重点项目，具体包括建设项目、规模、布局、投资概算及实施措施等。

② 中期发展规划　指5~20年的发展规划，要使原规划的内容初具规模，应提出这个时期的发展重点、主要内容、发展内容、发展水平、投资概算、完善发展的步骤与措施。

③ 远期发展规划　指20年后的发展规划，要提出到此时风景区规划应达到的最佳状态和目标。

7.2.3.2 旅游风景区规划的要点

① 把需要保护和保育的对象、因素实施于系统控制和具体安排之中，根据保护对象的种类及其属性特征，按土地利用方式划分出相应类别的保护区，因地制宜地合理调整土地利用。

② 通过审美能力对景观实施具体的鉴赏和分析，制订与之适应的措施和具体处理手法。

③ 提高植被覆盖率，发挥森林的多种功能和效益，改善风景区的生态环境，保护古树名木和现存的大树，培育地带性树种和特有植物群落。

④ 在风景区基础工程规划中要符合保护、利用、管理的要求，不得损坏景源、景观和风景环境。

⑤ 严格控制景区的人口规模，建立适合风景区特点的社会运转机制，建立合理的居民点和居民点系统，有效利用当地人力资源。

7.2.4　旅游风景区规划设计的方法与要求

7.2.4.1　旅游风景区的规划设计方法

(1) 收集资料

收集气象、土壤、地质、水文、动植物、各种地形图、文史、交通、行政区划等资料。

(2) 风景区功能分区

风景区一般可由以下几个部分组成：

① 入口区　旅游风景区的范围大，不便设置固定的界址，其入口处多设置在风景区的主要交通枢纽处，结合自然环境，设立景区入口标志、售票处、小卖部、管理处、停车场等旅游建筑和服务设施。

入口区是游客对该风景区的第一印象，应以其特有的形象体现该景点的性质、内容与特征，同时应结合自然环境创造一个可供观景和休憩的空间，使其成为整个风景区的主要表征。例如，襄樊隆中风景名胜区入口区的规划意图是要强化入口空间，吸引国道上的人流的注意，使之成为古隆中第一景。

② 游览区　为风景区的主要组成部分，是风景区内具有较高观赏价值的地段，也是游人活动的主要场所，为了便于游客游赏和休憩，可设置一些小型休息和服务性的设施，如亭、台、榭、廊、小卖部等，但应注意与周围景观相协调，切忌喧宾夺主。游览区的设置应依据自身的特点体现地方特色，可以山景为主，如黄山、庐山；可以水景为主，如西湖、洞庭湖、太湖等；可以古建筑为主，如峨眉山报国寺；可以地质地貌为主，如天坑；

可以植物资源为主，如西双版纳。

③ 文体活动区　在有条件的地段可结合浏览开展各种有益身心健康的文体活动。如有大水面，可进行泛舟、游泳、垂钓等活动；有高山，可开展登山、攀岩等活动。也可因地制宜地设立各种小型体育活动内容，但不能破坏自然景观。

④ 野营、露营区　开展野营、野宿、野餐等活动，多选择在较平坦的地段，坡度一般在1°以下，在风景区内开设一些林中空地、草坪等，供家庭野营或设置住宿设施，野营活动不可污染风景区内的水体，同时要作好防火工作。

⑤ 旅游村　应严格控制旅游村建筑的高度和风格，旅游村是集中住宿的场所，应设在风景区外，它应排污在水源的下游，以避免造成水质污染。

⑥ 风景区的分级与保护区的划分　风景区的总体规划中对保护区的划定、游览线的组织、建筑设施和旅游村的选择，均要以风景资源的分级作为前提。

7.2.4.2　旅游风景区的规划设计要求

旅游风景区规划应从本地区的实际情况出发，突出本风景区的特点，其规划工作要求做到以下几点：

① 依据本地资源特征、环境条件、历史情况、现状特点和国民经济以及社会发展情况，统筹兼顾，周密安排。

② 严格保护自然和文化遗产，保护原有景观特征和地方特色，维护生物多样性和生态的良性循环，防止污染环境和其他公害，加强地被和植物景观培育以及科教的审美特征。

③ 充分发挥景源的综合潜力，展现风景游览欣赏主体，配备必要的服务设施与措施，改善风景区的运营管理机能，避免出现人工化、城市化、商业化的倾向，使风景区有度、有序、有节律地持续发展。

④ 应合理权衡风景区环境、社会、经济三方面的综合效益，合理处理风景区自身健全发展与社会之间关系，创造风景优美、社会文明、生态环境良好、设施方便、景观形象和游赏魅力独特、人与自然协调发展的风景游憩境域。

另外，风景区规划还要与国土规划、区域规划、城市总体规划、土地利用总体规划等协调，应符合国家有关强制性标准与规范的规定。

实训7-1　某农业观光园规划设计

1. 实训目的

通过实战演练，使学生对农业观光园规划设计的技能得到充分练习，在练习中理论和实践相结合，达到掌握知识内容的目的。

2. 实训条件

选择参与者所在地的农业观光园做设计，或者选择一处已建好的农业观光园，进行测绘、分析，提出相应改建方案。

(1)图纸：现状图、规划设计范围及外围保护地带图、总体布局图、总体规划图和绿地设计图。

(2) 设计说明书。

3. 设计步骤

(1) 现场勘测，了解情况：到设计现场实地踏查，熟悉设计环境及农业观光园的性质、功能、规模及其对规划设计的要求等情况，作为规划设计的指导和依据。

(2) 收集基础图纸资料：注重收集建设单位提供的各种图纸。若无现状图，可进行实地测绘。

(3) 整理、绘制设计原状图。

(4) 进行规划设计，绘制设计图，书写设计说明，征求意见，修改定稿。

(5) 按照制图规范的要求，完成墨线图，做出预算方案，作为设计成果，评定成绩。

4. 考核评价

(1) 农业观光园的规划设计要符合当地实际，能突出主要功能，体现多种功能，在实际应用中有一定的实效性。

(2) 图纸表现应清晰明了，图纸种类齐全，图面构图合理，干净美观，线条流畅，墨色均匀，绘图符合制图规范。

实训 7-2　旅游风景区入口区设计

1. 实训目的

通过对旅游风景区规划设计的基本技能进行训练，培养学生的规划设计、艺术创新能力和理论知识的综合运用能力，掌握旅游风景区规划设计的基本程序、方法和要求，为从事专业技术工作奠定坚实的基础。

2. 实训要求

拟对某城市一旅游风景区进行入口区的设计，风景区的性质、面积及地形自定。具体要求如下：

(1) 入口标志：入口区的前区设立入口标志，入口标志应有助于吸引游客，造型要富有个性。

(2) 售票房：是入口区的管理场所，应依据具体的环境和条件来决定其位置和数量，应突出个性，避免雷同。

(3) 小型展览馆：展出该旅游风景区的历史、发展历程、经典景点等美术、摄影作品或图文资料，以加大对该风景区的宣传力度。建筑结构形式不限。

(4) 停车场：结合具体的地形地貌设置。

3. 图纸要求

(1) 总平面图：1:500。

(2) 平面图：1:100。

(3) 入口立面：1:100。

(4) 透视效果图：表现形式不限。

(5) 图幅要求：1号绘图纸。

4. 方法与步骤

(1) 现场踏查，了解情况：到设计场地实地踏查，熟悉设计环境，并通过与甲方座谈了解该旅游风景区的性质、功能、规模及甲方对规划设计的要求等情况，作为规划设计的指导和依据。

(2) 收集基础图纸资料：在座谈过程中，注意收集与该旅游风景区规划设计有关的地形图、设计任务书等图纸资料。

(3) 对本次设计任务做详细的设计：重点在于对旅游风景区入口区做出合理的、有创意的功能布局，难点是入口标志设计，要求结合风景区的特点，追求独特的艺术风格，让人耳目一新。

(4) 详细了解景区景点的构成，结合自然环境，形成性格鲜明的景点入口区，从整体上考虑其空间组织及建筑形象，立意要符合景区的性质与内容。

(5) 可根据自然环境的地形地貌特点，设置牌坊、山亭、碎石，也可沿用寺庙、山门或借助名家古本，使其成为整个旅游风景区的主要表征。

5. 考核评价

(1) 根据该旅游风景区的性质、功能、场地形状和大小，能够因地制宜地确定旅游风景区构图形式、内容和设施，符合规划设计的原则。

(2) 对旅游风景区入口区做出合理的、有创意的功能布局，对入口标志的设计要结合风景区的特点，具有艺术风格。

(3) 图面构图合理，干净美观；线条流畅，墨色均匀；图例、比例、指北针、图标栏、图幅等要素齐全，且符合制图规范。

知识拓展

森林公园规划设计

一、森林公园的概念

森林公园是以森林及其组成要素所构成的各类景观、各种环境、各种气候为主的，可供人们进行旅游观赏、避暑疗养、科学考察和研究、文化娱乐、美育、军事体育等活动，对改善人类环境，促进生产、科研、文化、教育、卫生等各项事业的发展起着重要作用的大型旅游区和室外空间。是一种以森林景观为主体、融合自然景观和人文景观的生态型郊野公园。《森林公园管理办法》所称森林公园，是指森林景观优美，自然景观和人文景物集中，具有一定规模，可供人们游览、休息或进行科学、文化、教育活动的场所。

二、森林公园的类型

1. 美国森林公园分类

美国森林公园分为3类。

(1) 自然景观游览型公园

这类森林公园主要是自然景观，如森林、山脉、湖泊、冰川等。在森林公园中对自然景观尽量做到保持原始的自然面貌，甚至可以暂不修道路或小径，满足游客按照自己的意愿和兴趣使用未开发的自然环境的要求。在这类森林公园中，如果有人文景观，也可以为游客提供参观的机会。

(2) 历史遗迹、建筑名胜游览型公园

这类森林公园要对园内的历史遗物建筑名胜尽量保持原貌及原来的特点风格，不能凭空发展，同时也为游客提供参观历史奇观的机会，满足游客参观历史遗物、建筑名胜的愿望。公园还可设一些野餐、露营、骑马等场所，给游客提供更多的旅游服务。

(3) 游憩类型公园

主要是满足游客的游憩活动，如野营、滑雪、游泳、野餐等活动。这类森林公园大多建在已经开发的旅游区内。

2. 前苏联森林公园分类

前苏联森林公园分为3类。

(1) 大规模游览型森林公园

在这类森林公园中可以设置的设施有群

众浴场、休养基地、垂钓处、森林防护所等。规划时要求森林公园出入口同浴场之间距离最短，运输道路和游览小径必须经过风景最优美的地区等。

（2）一日休养的森林公园

在这类森林公园中可以建设一日休养所、一日休养基地、休养野营、运动场及旅游饭店等供游客享受的建筑物。规划要求所有建筑物必须同自然环境相协调，使游客感到身处于美好的自然环境中。完善设备只限于给水、清洁和照明方面。

（3）长期休养森林公园

在这类森林公园中设置疗养院、休养所、夏令营、避暑别墅等。

3. 我国森林公园分类

我国对森林公园的分类有两种类型。

（1）根据景观的组成分成以下3类：

①自然景观类型的森林公园：如湖南张家界森林公园、陕西太白山森林公园、四川九寨沟森林公园等。

②历史名胜类型的森林公园：公园以森林景观为衬托，以历史遗迹、名胜建筑、革命遗址等人文景观为主，如陕西楼观台森林公园、浙江天童山森林公园等。

③综合性的森林公园：这类森林公园集自然景观、人文景观和游乐场于一园。如吉林延吉帽儿山森林公园、四川乐山森林公园等。

（2）根据景观资源的数量、质量、知名程度和批准权限把森林公园分为以下3级：

①国家级森林公园：要具有独特的景观特征或较高的观赏、游憩和科学价值，是能代表我国瑰丽的风景面貌、规模较大的著名森林风景区，具有一定的区域代表性，人文景物比较集中，观赏、科学、文化价值高，地理位置特殊，旅游服务设施齐全，有较高的知名度。国家级森林公园由国家林业局批准。

②省级森林公园：森林景观优美，人文景物相对集中，观赏、科学、文化价值较高，在本行政区域内具有代表性，具备必要的旅游服务设施，有一定的知名度，能代表全省性的森林风景旅游区，由省、直辖市、自治区人民政府确定。

③地县级森林公园：是指风景优美、规模较小的森林公园风景游览区，景点景物有一定的观赏、科学、文化价值，在当地知名度较高，由地县人民政府确定。

三、森林公园的特点

森林公园因其特殊的地理位置和气候特点，形成了丰富的自然生态系统和景观类型，主要特点如下：

（1）森林景观独具特色

森林公园把地球上数千公里范围水平的气候带、植物带有序地依次排布，形成了独具特色的森林景观垂直分布带谱，界限清晰，色调分明，各林带原始纯林、人工林保存完好，具有常绿、多层混交、异龄等特点。是现代都市居民远离尘嚣亲近自然的佳境。

（2）生物种类丰富珍奇

森林公园内有野生植物、乔灌木、陆生药用植物、经济木材、纤维植物，此外还有多种花卉与绿化树种等，森林公园的生物种类繁多，资源丰富，区系复杂，起源古老，是天然的物种基因库。

（3）山地地貌奇特险峻

低山区谷狭深幽，山色云影开合得体；中山区山势陡峭，梁脊齿状，奇峰对峙，重峦叠嶂；高山区地貌形态千姿百态，妙趣横生。

（4）矿泉水资源得天独厚

森林公园的矿泉水不但资源丰富，而且含有对人体有益的矿物质和微量元素，可以开发利用。

（5）人文景观历史悠久

历史留下大量的文物古迹、诗词歌赋及民间传说，为森林公园增添了迷人的色彩，使公园更具神秘感，引人入胜。

四、森林公园的功能分区

森林公园总体规划中，有与其他类型的

野外郊游地类同处，如风景名胜区、自然保护区以及其他郊野公园类同的规划原则、工程技术、指标等，都应遵照国家有关规范、法规执行。还应遵循森林公园规划中的特殊性进行分析及要求。

1. 管理区的布置

主要为旅游者提供各项服务，保护资源，进行物质生产等。管理区的位置选择应从管理的范围和内容考虑。管理区都有一定的服务半径，从而形成中心管理与分区管理。中心管理区布置在公园入口比较合理。当公园面积较大且地形复杂时，应根据人流量的多少，并考虑旅游接待。管理部分的位置选择不应对公园生态环境及自然景观造成影响。

2. 娱乐区的布置

娱乐区可分为两类：人工设置的娱乐内容；以自然资源为对象的娱乐内容。

（1）人工设置的娱乐内容

规划中应是在不破坏自然景观和环境基础上进行的。在内容选择上要利用自然界赋予的场地和资源。如开展以民俗风情为内容的文化活动、水上活动、马术、高尔夫球、模拟野战军事演习、射击场等游乐设施。但这些设施的体量、色彩及影响环境噪音方面都要慎重而细致地安排，要有一定间隔距离。

（2）以自然资源及自然景观为娱乐对象的内容

由于与自然景观相结合，不必强调集中布置，如高山攀岩、漂流、探险、爬山、滑雪、钓鱼、游泳、划艇等独特的娱乐项目形成森林旅游的特色。

3. 宿营区的布置

人们在大自然中旅游除了欣赏自然风光外，还需要享受野外环境所特有的原野情趣。近年来野营已成为森林公园中主要的森林旅游内容之一。宿营区是指具有森林环境特征的野营地、野餐区、森林浴场。宿营区是经过建设，向游人提供娱乐场所、卫生设施，经过妥善管理，并具一般性安全措施的地区。在进行营区布置时，应充分考虑人们的行为心理，即私密性与公共交往的要求。

4. 自然景观区

自然景观区是指以自然风光为对象的观赏和娱乐场所。因此，从广泛的意义上说，整个森林公园均为自然观景区。但从旅游活动的角度来看，则除了森林公园内的保护区及管理区外，均可开展自然观景活动。自然观景区包括森林景观、动物景观、地形地貌、天象等内容。由于在环境容量超负荷情况下，自然景观会受到严重破坏。因此，组织完善的游览路线，计算合理的游人容量，是自然景观区规划的关键。在规划游览路线时，应尽可能减少游人进入非游览区的机会，对自然景物起到一定的保护作用。在自然景观区中，尽可能少建体量大的建筑物，应根据具体情况来确定休息设施。

5. 保护区的规划

设置保护区的目的是保护濒危种、自然的和人文的历史遗迹。在制定保护区规划时，又分为人文景观的保护和自然景观的保护。保护人文景观是使人们了解当地的历史和文化，并且形成森林公园的特色之一。森林公园规划中，应考虑科普考察区与保护区相结合，以保证其科学价值的永久性。应尽可能地扩大自然景观的保护范围，将边际破坏效应考虑在内。

6. 旅游服务区

旅游服务区是为游人提供包括食宿、交通、通信、医疗、娱乐、购物等服务的区域。目前，森林公园旅游服务设施建设和区域规划时，主要借鉴风景名胜区的规划管理办法。在公园内尽量避免出现过分集中及大型的服务设施，避免造成对自然环境的破坏，只在宿营区、娱乐区、管理区等地设置必要的服务设施。在进行森林公园总体规划时，应尽量与附近城市总体规划相协调，在园外利用集镇或城市服务设施，为游人提供旅游服务区，既方便游人，又便于集中管理，而且不会对自然环境产生不利的影响。

五、森林公园的规划设计要求

森林公园的类型不同,规划设计也各有侧重。但从整体上讲,规划时都要处理好森林公园的自然性和设计的人为性之间的关系,要求做到以下几点:

① 森林公园规划设计必须遵守森林法、文物法、环境保护法等有关的国家法规政策。

② 规划设计必须保护好原有自然景观和人文景观特点。保护和发展园内动植物景观资源,保持地形地貌的完整性,维持森林生态平衡,在保护的基础上适度开发。

③ 在确保自然景观资源特点的基础上进行适度的开发。

④ 公园内的建筑物要有一定的格调,并与公园相协调。旅游服务系统不能建在主要风景区,最好依托于附近城市。

⑤ 森林公园要有特色。

⑥ 对于纯自然景观的森林公园和自然保护区,除修建必须的道路外,不宜做人工景观,尽可能维持其原始的自然景象,使游人能体会到原生态的风情,别有情趣。

⑦ 森林公园规划设计应做到全面规划,保证重点。这样,一方面能保证合理地使用资金;另一方面能较多地保持森林公园的自然风貌。

⑧ 不能用园林艺术的艺术美观点去规划设计森林公园。因为森林公园是以自然美为主,自然美只是能靠自然形成,不能由人工去创造和建设。

⑨ 森林公园规划设计时要处理好国家、集体及与文物部门、宗教部门之间的关系。

总之,森林公园是一种天然公园,对森林公园的规划设计,着重在于保护、开发和利用。

思考与练习

1. 简述风景名胜区的概念。
2. 简述风景名胜区的规划设计原则。
3. 简述生态观光园的类型。
4. 简述生态观光园的设计原则。

附 录

附录1 城市绿化规划建设指标的规定

第一条 根据《城市绿化条例》第九条的授权,为加强城市绿化规划管理,提高城市绿化水平,制定本规定。

第二条 本规定所称城市绿化规划指标包括人均公共绿地面积、城市绿化覆盖率和城市绿地率。

第三条 人均公共绿地面积,是指城市中每个居民平均占有公共绿地的面积。

人均公共绿地面积(m^2) = 城市公共绿地总面积÷城市非农业人口。

人均公共绿地面积指标根据城市人均建设用地指标而定:

(一)人均建设用地指标不足75 m^2的城市,人均公共绿地面积到2000年应不少于5 m^2;到2010年应不少于6 m^2。

(二)人均建设用地指标75~105 m^2的城市,人均公共绿地面积到2000年不少于6 m^2;到2010年应不少于7 m^2。

(三)人均建设用地指标超过105 m^2的城市,人均公共绿地面积列2000年应不少于7 m^2;到2010年应不少于8 m^2。

第四条 城市绿化覆盖率,是指城市绿化覆盖面积占城市面积比率。

计算公式:城市绿化覆盖率(%) = (城市内全部绿化种植垂直投影面积÷城市面积)×100%。

城市绿化覆盖率到2000年应不少于30%,到2010年应不少于35%。

第五条 城市绿地率,是指城市各类绿地(含公共绿地、居住区绿地、单位附属绿地、防护绿地、生产绿地、风景林地类)总面积占城市面积的比率。

计算公式:城市绿地率(%) = (城市6类绿地面积之和÷城市总面积)×100%。

城市绿地率到2000年应不少于25%,到2010年应不少于30%。为保证城市绿地率指标的实现,各类绿地单项指标应符合下列要求:

(一)新建居住区绿地占居住区总用地比率不低于30%。

（二）城市道路均应根据实际情况搞好绿化。其中主干道绿带面积占道路总用地比率不低于20%，次干道绿带面积所占比率不低于15%。

（三）城市内河、海、湖等水体及铁路旁的防护林带宽度应不少于30m。

（四）单位附属绿地面积占单位总用地面积比率不低于30%，其中工业企业、交通枢纽、仓储、商业中心等绿地率不低于20%；产生有害气体及污染工厂的绿地率不低于30%，并根据国家标准设立不少于50m的防护林带；学校、医院、休疗养院所、机关团体、公共文化设施、部队等单位的绿地率不低于35%。因特殊情况不能按上述标准进行建设的单位，必须经城市园林绿化行政主管部门批准，并根据《城市绿化条例》第十七条规定，将所缺面积的建设资金交给城市园林绿化行政主管部门统一安排绿化建设作为补偿，补偿标准应根据所处地段绿地的综合价值所在城市具体规定。

（五）生产绿地面积占城市建成区总面积比率不低于2%。

（六）公共绿地中绿化用地所占比率，应参照 GJ 48—1992《公园设计规范》执行。属于旧城改造区的，可对本条（一）、（二）、（四）项规定的指标降低5个百分点。

第六条 各城市应根据自身的性质、规模、自然条件、基础情况等分别按上述规定具体确定指标，制定规划，确定发展速度，在规划的期限内达到规定指标。城市绿化指标的确定应报省、自治区、直辖市建设主管部门核准，报建设部备案。

第七条 各地城市规划行政主管部门及城市园林绿化行政主管部门应按上述标准审核及审批各类开发区、建设项目绿地规划；审定规划指标和建设计划，依法监督城市绿化各项规划指标的实施。城市绿化现状的统计指标和数据以城市园林绿化行政主管部门提供、发布或上报统计行政主管部门的数据为准。

第八条 本规定由建设部负责解释。

第九条 本规定自1994年1月1日起实施。

《城市绿化规划建设指标的规定》的说明

一、城市绿化规划指标的统计口径

1. 公共绿地是指向公众开放的市级、区级、居住区级公园，小游园，街道广场绿地，以及植物园、动物园、特种公园等。公共绿地面积系指城市各类公共绿地总面积之和。

2. 城市建成区内绿化覆盖面积应包括各类绿地（公共绿地、居住区绿地、单位附属绿地、防护绿地、生产绿地、风景林地6类绿地）的实际绿化种植覆盖面积（含被绿化种植包围的水面）、街道绿化覆盖面积、屋顶绿化覆盖面积以及零散树木的覆盖面积。这些面积数据可以通过遥感、普查、抽样调查估算等办法来获得。

3. 根据《城市绿化条例》规定，城市绿地包括公共绿地、居住区绿地、单位附属绿地、防护绿地、生产绿地、风景林地6类，在计算城市绿地率时，应用全部6类绿地面积同城市总面积之比。

4. 垂直绿化、阳台绿化及室内绿化不计入以上3项指标，可以作为工作成绩单独考核统计。

5. 城市绿化指标的考核范围，对于绿化规划应为城市规划建成区；对于现状应为城市建成区。绿地面积和绿化覆盖面积均应以相应区域为依据。

二、制订城市绿化规划指标的依据

人均公共绿地面积主要受城市人均建设用地指标制约，根据测算，将城市人均建设用地分为不足 75m²、75~105m² 和超过 105m² 3 种情况。据此分别制定了 3 种指标。考虑到城市绿化规划 3 项指标都受到城市的性质、规模和自然条件的影响，应有所不同，在此只规定了指标的低限。直辖市、省会城市、计划单列城市、沿海开放城市、风景旅游城市、历史文化名城、新开发城市和流动人口较多的城市等，都应有较高的指标。

本规定所定的 3 项指标既不是按照生态、卫生要求，也不是按照理想的社会发展需要来制定的，而是根据我国目前实际情况和发展速度，经过努力，可以达到的低水平标准，因此我国城市绿地指标距达到满足生态需要的标准相差甚远。

三、城市绿化规划指标的质量要求

首先，由于本规定中 3 项指标是低水平标准，因此达到指标的城市还应该进一步提高绿地数量和绿化质量，不能因城市发展和人口增加使环境质量有所下降。其次，还要注意相关指标，如人均绿地，植树成活率、保存率，苗木自给率，绿化种植层次结构，垂直绿化等指标的变化情况，逐步建立更加完善的城市绿化指标体系。最后，还要同时考虑绿地系统的合理布局、景观艺术特色、绿化植物群落合理性及抗污染、抗灾害、抗盐碱、抗风沙等特殊功能。

附录2 国家园林城市标准

一、组织管理(10分)

1. 认真执行国务院《城市绿化条例》；
2. 市政府领导重视城市绿化美化工作，创建活动动员有力，组织保障，政策资金落实；
3. 创建指导思想明确，实施措施有力；
4. 结合城市园林绿化工作实际，创造出丰富经验，对全国有示范、推动作用；
5. 城市园林绿化行政主管部门的机构完善，职能明确，行业管理到位；
6. 管理法规和制度健全、配套；
7. 执法管理落实、有效，无非法侵占绿地、破坏绿化成果的严重事件；
8. 园林绿化科研队伍和资金落实、科研成果显著。

二、规划设计(10分)

1. 城市绿地系统规划编制完成，获批准并纳入城市总体规划，严格实施规划，取得良好的生态、环境效益；
2. 城市公共绿地、居住区绿地、单位附属绿地、防护绿地、生产绿地、风景林地及道路绿化布局合理、功能健全，形成有机的完善系统；
3. 编制完成城市规划区范围内植物物种多样性保护规划；
4. 认真执行《公园设计规范》，城市园林的规划、建设、养护管理达到先进水平，景观效果好。

三、景观保护(8分)

1. 突出城市文化和民族特色，保护历史文化措施有力，效果明显，文物古迹及其所处环境得到保护；
2. 城市布局合理，建筑和谐，容貌美观；
3. 城市古树名木保护管理法规健全，古树名木保护建档立卡，责任落实，措施有力；
4. 户外广告管理规范，制度健全完美，效果明显。

四、绿化建设(30分)

1. 指标管理

(1)城市园林绿化工作成果达到全国先进水平，各项园林绿化指标最近5年逐渐增长；

(2)经遥感技术鉴定核实，城市绿化覆盖率、建成区覆盖率、人均公共绿地面积指标，达到基本指标；

(3)各城区之间的绿化指标差距逐年缩小，城市绿化覆盖率、绿地率相差在5个百分点、人均公共绿地面积差在2 m^2 以内。

2. 道路绿化

(1)城市街道绿化按道路长度普及率、达标率分别在95%和80%以上；

(2)市区干道绿化面积不少于道路用地总面积的25%；

(3)全市形成林荫路系统，道路绿化、美化具有本地区特点。江、河、湖、海等水体沿岸绿化良好，具有特色，形成城市特有的风光带。

3. 居住区绿化

(1) 新建居住小区绿化面积占总用地的30%以上，辟有休息活动园地，改造旧居住区绿化面积也不少于总用地面积前的25%；

(2) 全市园林式居住区占60%以上；

(3) 居住区园林绿化养护管理资金落实，措施得当，绿化种植维护落实，设施保护完整，标准科学管理。

4. 绿化单位

(1) 市内各单位重视庭院绿化美化，开展"园林式单位"评选活动，制度严格，成效显著；

(2) 达标单位占70%以上，先进单位占20%以上；

(3) 各单位和居民个人积极开展庭院、阳台、屋顶、墙面、室内绿化及认养绿化美化活动，获得良好的效果。

5. 苗圃建设

(1) 全市生产绿地总面积占城市建成区面积的2%以上；

(2) 城市各项绿化美化工程所用苗木自给率达80%以上，合格、质量符合城市绿化栽植工程需要；

(3) 园林植物引种、育种工作成绩显著，培育出一批适应当地条件的具有特性、抗性优良品种。

6. 城市全民义务植树

城市全民义务植树成活率和保存率不低于85%以上，尽责率在80%以上。

7. 立体绿化

垂直绿化普遍开展，积极推广屋顶绿化，景观效果好。

五、园林建设(12分)

1. 城市建设精品多，标志性设施有特色，水平高；

2. 城市公园绿地布局合理，分布均匀，设施齐全，维护良好，特色鲜明；

3. 公园设计突出植物景观，绿化面积应占陆地总面积的70%以上，绿化种植植物群落富有特色，维护管理良好；

4. 推行按绿地生物量考核绿地质量，园林绿化水平不断提高，绿地维护管理良好；

5. 城市广场建设要突出以植物造景为主，植物配置要乔灌草相配合，建筑小品、城市雕塑要突出城市特色，与周围环境协调美观，充分展示城市历史文化风貌。

六、生态建设(15分)

1. 城市大环境绿化扎实开展，效果明显，形成城乡一体的优良环境，形成城市独有的独特自然、文化风貌；

2. 按照城市卫生、安全、防火、环保等要求建设防护绿地，维护管理措施落实，城市热岛效应缓解，环境效益良好；

3. 环境综合治理工作扎实开展，效果明显；

4. 生活垃圾无害化处理率达60%以上；

5. 污水处理率35%以上；

6. 城市大气污染指数达到二级标准，地表水环境质量标准达到三类以上；

7. 城市规划区内的河、湖、渠全面整治改造，形成城市园林景观，效果显著。

七、市政建设(15分)

1. 燃气普及率80%以上；
2. 万人拥有公交运营车辆达10辆(标台)以上；
3. 实施城市亮化工程，效果显著，城市主次干道灯光亮灯率97%以上；
4. 人均拥有道路面积9m^2以上；
5. 用水普及率98%以上；
6. 水质综合合格率100%。

八、特别条款

1. 经遥感技术鉴定核实，达不到基本指标，不予验收；
2. 城市绿地系统规划未编制，或未按规定获批准纳入城市总体规划的，暂缓验收；
3. 连续发生重大破坏绿化成果的行为，暂缓验收；
4. 城市园林绿化单项工作在全国处于领先水平的，加1分；
5. 城市园林覆盖率、建成区绿地率每高出2个百分点或人均公共绿地面积每高于1m^2，加1分，最高加5分；
6. 城市园林基本指标最近5年逐年增加低于0.5%或0.5m^2，倒扣1分；
7. 城市生产绿地总面积低于城市建成区面积的1.5%的，倒扣1分；
8. 城市园林绿化行政主管部门的机构不完善，行业管理职能不到位以及管理体制未理顺的，倒扣2分；
9. 有严重破坏绿化成果的行为，视情况倒扣分。

园林城市基本指标表

指标	区域	大城市	中等城市	小城市
人均公共绿地(m^2)	秦岭—淮河以南	6.5	7	8
	秦岭—淮河以北	6	6.5	7.5
绿地率(%)	秦岭—淮河以南	30	32	34
	秦岭—淮河以北	28	30	32
绿化覆盖率(%)	秦岭—淮河以南	35	37	39
	秦岭—淮河以北	33	35	37

直辖市园林城区验收基本指标按中等城市执行。以下项目不列入验收范围：

1. 城市绿地系统规则编制完成，获批准并纳入城市总体规划，规则得到实施和严格管理，取得良好的生态、环境效益；
2. 城市公共绿地、居住区绿地、单位附属绿地、防护绿地、生产绿地、风景林地及道路绿化布局合理、功能健全，形成有机的完善的系统；
3. 编制完成城市规划区范围内植物种植多样性规划；
4. 城市大环境绿化扎实开展，效果明显，形成城乡一体的优良环境，形成城市独有的独特自然、文化风貌；
5. 按照城市卫生、安全、防灾、环保等要求建设防护绿地，维护管理措施落实，城市热岛效应缓解，环境效益良好。

附录3 公园规划设计规范

一、公园规划设计的依据和原则

1. 公园规划设计的依据

公园规划设计以国家、省、市有关城市园林绿化方针政策、国土规划、区域规划、相应的城市规划和绿地系统规划作为依据。

2. 公园规划设计的原则

(1) 为各种不同年龄的人们创造适当的娱乐条件和优美的休息环境。
(2) 继承和革新我国造园传统艺术，吸收国外先进经验，创造社会主义新园林。
(3) 充分调查了解当地人民的生活习惯、爱好及地方特点，努力表现地方特色和时代风格。
(4) 在城市总体规划或城市绿地系统规划的指导下，使公园在全市分布均衡，并与各区域建筑、市政设施融为一体，又显示出各自的特色，富有变化，而又不相互重复。
(5) 因地制宜，充分利用现状及自然地形地貌，有机组合，便于分期建设和日常管理。
(6) 正确处理近期规划与远期规划的关系，以及社会效益、环境效益、经济效益的关系。

二、与城市规划的关系

1. 公园的用地范围和性质，应以批准的城市总体规划和绿地系统规划为依据。
2. 市、区级公园的范围线应与城市道路红线重合，条件不允许时，必须设通道使主要出入口与城市道路衔接。
3. 公园沿城市道路部分的地面标高应与该道路路面标高相适应，并采取措施，避免地面径流冲刷、污染城市道路和公园绿地。
4. 沿城市主、次干道的市、区级公园主要出入口的位置，必须与城市交通和游人走向、流量相适应，根据规划和交通的需要设置游人集散广场。
5. 公园沿城市道路、水系部分的景观，应与该地段城市风貌相协调。
6. 城市高压输配电架空线通道内的用地不应按公园设计。公园与高压输配电架空线通道相邻处，应有明显界限。
7. 城市高压输配电架空线以外的其他架空线和市政管线不宜通过公园，特殊情况时过境应符合下列规定：
(1) 选线符合公园总体设计要求。
(2) 通过乔、灌木种植区的地下管线与树木的水平距离符合附表3-1的规定。
(3) 管线从乔、灌木设计位置下部通过，其埋深大于1.5m，从现状大树下部通过，地面不得开槽且埋深大于3m。根据上部荷载，对管线采取必要的措施。
(4) 通过乔木林的架空线，提出保证树木正常生长的措施。

三、公园的内容和规模

1. 公园设计必须以创造优美的绿色自然环境为基本任务，并根据公园类型确定其特有的内容。

附表 3-1 树木与建筑、构筑物水平间距   m

名　　称	最小间距	
	至乔木中心	至灌木中心
有窗建筑物外墙	3.0	1.5
无窗建筑物外墙	2.0	1.5
道路侧面外缘、当土墙角、陡坡	1.0	0.5
人行道	0.75	0.5
高 2m 以下围墙	1.0	0.75
高 2m 以上围墙	2.0	1.0
天桥、栈桥的柱及架线塔电杆中心	2.0	不限
冷却池外缘	40.0	不限
冷却塔	高的 1.5 倍	不限
体育用场地	3.0	3.0
排水明沟外缘	1.0	0.5
邮筒、路牌、车站标志	1.2	1.2
警亭	3.0	2.0
测量水准点	2.0	1.0
人防地下室出入口	2.0	2.0
架空管道	1.0	
一般铁路中心线	3.0	4.0

2. 综合性公园的内容应包括多种文化娱乐设施、儿童游戏场和安静休憩区，也可设游戏型体育设施。在已有动物园的城市，其综合性公园内不宜设置大型或猛兽类动物展区。全园面积不宜小于 10hm²。

3. 儿童公园应有儿童科普教育内容和游戏设施，全园面积宜大于 2hm²。

4. 动物园应有适合动物生活的环境，游人参观、休息、科普的设施，安全、卫生隔离的设施和绿带，饲料加工场以及兽医院。检疫站、隔离场和饲料基地不宜设在园内。全园面积宜大于 2hm²。

专类动物园应以展出具有地区或类型特点的动物为主要内容。全园面积宜在 5~20hm²。

5. 植物园应创造适于多种植物生长的立地环境，应有体现本园特点的科普展览区和相应的科研实验区。全园面积宜大于 40hm²。

专类植物园应以展出具有明显特征或重要意义的植物为主要内容，全园面积宜大于 2hm²。

盆景园应以展出各种盆景为主要内容。独立的盆景园面积宜大于 2hm²。

6. 风景名胜公园应在保护好自然和人文景观的基础上，设置适量游览路、休憩、服务和公用等设施。

7. 历史名园修复设计必须符合《中华人民共和国文物保护法》的规定。为保护或参观使用而设置防火设施、值班室、厕所及水电等工程管线，也不得改变文物原状。

8. 其他专类公园，应有名副其实的主题内容。全园面积宜大于 2hm²。

9. 居住区公园和居住小区游园，必须设置儿童游戏设施，同时应照顾老人的游憩需要。居住区公园陆地面积随居住区人口数量而定，宜在 5~10hm² 之间。居住小区游园面积宜大于 0.5hm²。

10. 带状公园，应具有隔离、装饰街道和供短暂休憩的作用。园内应设置简单的休憩设施，植物配置应考虑与城市环境的关系及园外、行人、乘车人对公园外貌的观赏效果。

11. 街旁游园，应以配置精美的园林植物为主，讲究街景的艺术效果，并应设有供短暂休憩的设施。

四、园内主要用地比例

1. 公园内部用地比例应根据公园类型和陆地面积确定，其绿化、建筑、园路及铺装场地等用地的比例应符合附表 3-2 的规定。

附表 3-2　公园内部用地比例　　　　　　　　　　　　　　　　　　　%

陆地面积（hm²）	用地类型	综合性公园	儿童公园	动物园	专类动物园	植物园	专类植物园	盆景园	风景名胜公园	其他专类公园	居住区公园	居住小区游园	带状公园	街旁游园
<2	Ⅰ	—	15~25	—	—	—	15~25	15~25	—	—	—	10~20	15~30	15~30
	Ⅱ	—	<1.0	—	—	—	<1.0	<1.0	—	—	—	<0.5	<0.5	—
	Ⅲ	—	<4.0	—	—	—	<7.0	<8.0	—	—	—	<2.5	2.5	<1.0
	Ⅳ	—	>65	—	—	—	>65	>65	—	—	—	>75	>65	>65
2~5	Ⅰ	—	10~20	—	10~20	—	10~20	10~20	—	10~20	10~20	—	15~30	15~30
	Ⅱ	—	<1.0	—	<2.0	—	<1.0	<1.0	—	<1.0	<0.5	—	<0.5	—
	Ⅲ	—	<4.0	—	<12	—	7.0	8.0	—	<5.0	<2.5	—	<2.0	<1.0
	Ⅳ	—	>65	—	>65	—	>70	>65	—	>70	>75	—	>65	>65
5~10	Ⅰ	8~18	8~18	8~18	—	8~18	8~18	8~18	—	8~18	8~18	—	10~25	10~25
	Ⅱ	<1.5	<2.0	<1.0	—	<1.0	<2.0	<1.0	—	<1.0	<0.5	—	<0.5	<0.2
	Ⅲ	5.5	<4.5	<14	—	<5.0	<8.0	—	—	<4.0	<2.0	—	<1.5	<1.3
	Ⅳ	>70	>65	>65	—	>70	>70	—	—	>75	>75	—	>70	>70
10~20	Ⅰ	5~15	5~15	—	5~15	—	5~15	—	—	5~15	—	—	10~25	—
	Ⅱ	<1.5	<2.0	—	<1.0	—	<1.0	—	—	<0.5	—	—	<0.5	—
	Ⅲ	<4.5	<4.5	—	<14	—	<4.0	—	—	<3.5	—	—	0.5	—
	Ⅳ	>75	>70	—	>65	—	>75	—	—	>80	—	—	>70	—
20~50	Ⅰ	5~15	—	5~15	—	5~10	—	—	—	5~15	—	—	10~25	—
	Ⅱ	<1.0	—	<1.5	—	<0.5	—	—	—	<0.5	—	—	<0.5	—
	Ⅲ	<4.0	—	<12.5	—	<3.5	—	—	—	<2.5	—	—	<1.5	—
	Ⅳ	>75	—	>70	—	>85	—	—	—	>80	—	—	>70	—
≥50	Ⅰ	5~10	—	5~10	—	3~8	—	—	3~8	5~10	—	—	—	—
	Ⅱ	<1.0	—	<1.5	—	<0.5	—	—	<0.5	<0.5	—	—	—	—
	Ⅲ	3.0	—	<11.5	—	<2.5	—	—	<2.5	<1.5	—	—	—	—
	Ⅳ	>80	—	>75	—	>85	—	—	>85	>85	—	—	—	—

注：Ⅰ. 园路及铺装场地；Ⅱ. 管理建筑；Ⅲ. 游览、休憩、服务、公用建筑；Ⅳ. 绿化用地。出入口内外广场，其用地面积应根据公园性质和游人使用的交通工具确定。

2. 附表 3-2 中Ⅰ、Ⅱ、Ⅲ 3 项上限与Ⅳ下限之和不足 100%，剩余用地应供以下情况使用：

（1）一般情况增加绿化用地的面积或设置各种活动用的铺装场地、院落、棚架、花架、假山等构筑物；

（2）公园陆地形状或地貌出现特殊情况时园路及铺装场地的增值。

3. 公园内园路及铺装场地用地，可在符合下列条件之一时按附表 3-2 规定值适当增大，但增值不得超过公园总面积的 5%。

（1）公园平面长宽比值大于 3；

（2）公园面积一半以上的地形坡度超过 50%；

（3）水岸线总长度大于公园周边长度。

五、公园的常规设施

1. 常规设施项目的设置，应符合附表3-3的规定。

附表3-3　公园常规设施　　　　　　　hm²

设施类型	设施项目	陆地规模					
		<2	2~5	5~10	10~20	20~50	≥50
游憩设施	亭或廊亭、榭、码头棚架园椅、园凳成人活动场	○	○	●	●	●	●
		—	○	○	○	○	○
		—	—	○	○	○	○
		●	●	●	●	●	●
		○	○	●	●	●	●
服务设施	小卖店茶座、咖啡厅、餐厅、摄影部、售票房	○	●	●	●	●	●
		—	○	○	●	●	●
		—	—	○	○	●	●
		—	—	—	○	●	●
		—	—	—	○	○	○
		—	—	—	—	○	○
公用设施	厕所园灯、公用电话、果皮箱、饮水站、路标、导游牌、停车场、自行车存车处	○	●	●	●	●	●
		○	○	●	●	●	●
		—	○	●	●	●	●
		●	●	●	●	●	●
		○	○	○	○	○	○
		○	●	●	●	●	●
		—	○	●	●	●	●
		○	○	●	●	●	●
管理设施	管理办公室、治安机构、垃圾站、变电室、泵房、生产温室荫棚、电话交换站、广播室、仓库、修理车间、管理班(组)、职工食堂、淋浴室、车库	○	●	●	●	●	●
		—	—	○	●	●	●
		—	—	—	●	●	●
		—	—	○	●	●	●
		—	○	●	●	●	●
		—	—	—	○	●	●
		—	—	○	○	○	●
		—	—	○	●	●	●
		—	—	—	○	○	●
		—	—	—	○	○	●
		—	—	—	—	○	○
		—	—	—	○	○	●

注："●"表示应设；"○"表示可设。

2. 公园内不得修建与其性质无关的、单纯以营利为目的的餐厅、旅馆和舞厅等建筑。公园中方便游人使用的餐厅、小卖店等服务设施的规模应与游人容量相适应。

3. 游人使用的厕所。

面积大于10 hm²的公园，应按游人容量的2%设置厕所蹲位(包括小便斗位数)，小于10 hm²者按游人容量的1.5%设置；男女蹲位比例为(1~1.5):1；厕所的服务半径不宜超过250m；各厕所内的蹲位数应与公园内的游人分布密度相适应；儿童游戏场附近，应设置方便儿童使用的厕所；公园宜设方便残疾人使用的厕所。

4. 公用的条凳、座椅、美人靠(包括一切游览建筑和构筑物中的在内)等，其数量应按游人容量的20%~30%设置。但平均每1hm²陆地面积上的座位数最低不得少于20,最高不得超过150。分布应合理。

5. 停车场和自行车存车处的位置应设于各游人出入口附近,不得占用出入口内外广场,其用地面积应根据公园性质和游人使用的交通工具确定。

6. 园路、园桥、铺装场地、出入口及游览服务建筑周围的照明标准,可参照有关标准执行。

六、公园容量计算

1. 公园设计必须确定公园的游人容量,作为计算各种设施的容量、个数、用地面积以及进行公园管理的依据。

2. 公园游人容量应按下式计算:

$$C = A / A_m$$

式中　C——公园游人容量(人);

　　　A——公园总面积(m²);

　　　A_m——公园游人人均占有面积(m²/人)。

3. 市、区级公园游人人均占有公园面积以60 m²为宜,居住区公园、带状公园和居住小区游园以30 m²为宜;近期公共绿地人均指标低的城市,游人人均占有公园面积可酌情降低,但最低游人人均占有公园的陆地面积不得低于15 m²。风景名胜公园游人人均占有公园面积宜大于100 m²。

4. 水面和坡度大于50%的陡坡山地面积之和超过总面积的50%的公园,游人人均占有公园面积应适当增加,其指标应符合附表3-4的规定。

附表3-4　水面和陡坡道面积较大的公园游人人均占有面积指标

水面和陡坡面积占总面积比例(%)	0~50	60	70	80
近期游人占有公园面积(m²/人)	≥30	≥40	≥50	≥75
远期游人占有公园面积(m²/人)	≥60	≥75	≥100	≥150

七、公园的总体布局

1. 公园的总体设计应根据批准的设计任务书,结合现状条件对功能或景区划分、景观构想、景点设置、出入口位置、竖向及地貌、园路系统、河湖水系、植物布置以及建筑物和构筑物的位置、规模、造型及各专业工程管线系统等作出综合设计。

2. 功能或景区划分,应根据公园性质和现状条件,确定各分区的规模及特色。

3. 出入口设计,应根据城市规划和公园内部布局要求,确定游人主、次和专用出入口的位置;需要设置出入口内外集散广场、停车场、自行车停车处者,应确定其规模要求。

4. 园路系统设计,应根据公园的规模、各分区的活动内容、游人容量和管理需要,确定园路的路线、分类分级和园桥、铺装场地的位置和特色要求。

5. 园路的路网密度,宜在200~380 m/hm²之间,动物园的路网密度,宜在160~300 m/hm²之间。

6. 主要园路应具有引导游览的作用，易于识别方向。游人大量集中地区的园路要做到明显、通畅、便于集散。通行养护管理机械的园路宽度应与机具、车辆相适应。通向建筑集中地区的园路应有环行路或回车场地。生产管理专用路不宜与主要游览路交叉。

7. 河湖水系设计，应根据水源和现状地形等条件，确定园中河湖水系的水量、水位、流向，水闸或水井、泵房的位置，各类水体的形状和使用要求。游船水面应按船的类型提出水深要求和码头位置，游泳水面应划定不同水深的范围，观赏水面应确定各种水生植物的种植范围和不同的水深要求。

8. 全园的植物组群类型及分布，应根据当地的气候状况、园外的环境特征、园内的立地条件，结合景观构想、防护功能要求和当地居民游赏习惯确定，应做到充分绿化和满足多种游憩及审美的要求。

9. 建筑布局，应根据功能和景观要求及市政设施条件等，确定各类建筑物的位置、高度和空间关系，并提出平面形式和出入口位置。

10. 公园管理设施及厕所等建筑物的位置，应隐蔽又方便使用。

11. 需要采暖的各种建筑物或动物馆舍，宜采用集中供热。

12. 公园内水、电、燃气等线路布置，不得破坏景观，同时应符合安全、卫生、节约和便于维修的要求。电气、上下水工程的配套设施、垃圾存放场及处理设施应设在隐蔽地带。

13. 公园内不宜设置架空线路，必须设置时，应符合下列规定：
（1）避开主要景点和游人密集活动区；
（2）不得影响原有树木的生长，对计划新栽的树木，应提出解决树木和架空线路矛盾的措施。

14. 公园内景观最佳地段，不得设置餐厅及集中的服务设施。

八、公园种植设计

（一）一般规定

1. 公园的绿化用地应全部用绿色植物覆盖。建筑物的墙体、构筑物可布置垂直绿化。
2. 种植设计应以公园总体设计对植物组群类型及分布的要求为根据。
3. 植物种类的选择，应符合下列规定：
（1）适应栽植地段立地条件的当地适生种类；
（2）林下植物应具有耐阴性，其根系发展不得影响乔木根系的生长；
（3）垂直绿化的攀缘植物依照墙体附着情况确定；
（4）具有相应抗性的种类；
（5）适应栽植地养护管理条件；
（6）改善栽植地条件后可以正常生长的、具有特殊意义的种类。
4. 绿化用地的栽培土壤应符合下列规定：
（1）栽植土层厚度符合附表3-5的数值，且无大面积不透水层；

附表3-5 园林植物种植土层厚度   m

园林植物类型	栽植土层的下部条件		
	漏水层栽植土	不透水层	
		栽植土	排水层
草坪	0.30	0.20	0.30
小灌木	0.50	0.40	0.40
中灌木	0.70	0.60	0.40
小乔木	1.20	0.80	0.40
大乔木	1.50	1.10	0.40

(2)废弃物污染程度不致影响植物的正常生长;
(3)酸碱度适宜;
(4)物理性质符合附表3-6的规定;

附表3-6　土壤物理性质指标　　　　　　　　　　　　　　　　cm

指　标	土层深度范围	
	0~30	30~110
质量密度(g/cm^3)	1.17~1.45	1.17~1.45
总空隙度(%)	>45	45~52
非毛管空隙度(%)	>10	10~20

(5)凡栽植土壤不符合以上各款规定者必须进行土壤改良。

5. 铺装场地内的树木其成年期的根系伸展范围,应采用透气性铺装。

6. 公园的灌溉设施应根据气候特点、地形、土质、植物配置和管理条件而设置。

7. 乔木、灌木与各种建筑物、构筑物及各种地下管线的距离,应符合附表3-7、附表3-8的规定。

附表3-7　树木与建筑、构筑物水平间距　　　　　　　　　　　　m

名　称	最小间距	
	至乔木中心	至灌木中心
有窗建筑物外墙	3.0	1.5
无窗建筑物外墙	2.0	1.5
道路侧面外缘、当土墙角、陡坡	1.0	0.5
人行道	0.75	0.5
高2m以下围墙	1.0	0.75
高2m以上围墙	2.0	1.0
天桥、栈桥的柱及架线塔电杆中心	2.0	不限
冷却池外缘	40.0	不限
冷却塔	高1.5倍	不限
体育用场地	3.0	3.0
排水明沟外缘	1.0	0.5
邮筒、路牌、车站标志	1.2	1.2
警亭	3.0	2.0
测量水准点	2.0	1.0
人防地下室出入口	2.0	2.0
架空管道	1.0	
一般铁路中心线	3.0	4.0

8. 苗木控制应符合下列规定:
(1)规定苗木的种名、规格和质量;
(2)根据苗木生长速度提出近、远期不同的景观要求,重要地段应兼顾近、远期景观,并提出过渡的措施;
(3)预测疏伐或间移的时期。

附表 3-8　植物与地下管线及地下构筑物的距离　　　　　　　　　　　　　m

名　称	至中心最小间距	
	至乔木中心	至灌木中心
给水管道	1.5	不限
污水管、雨水管、探井	1.0	不限
电力电缆、探井	1.5	
热力管	2.0	1.0
电缆沟、电力电讯杆	2.0	
路灯电杆	2.0	
消防龙头	1.2	1.2
煤气管、探井	1.5	1.5
乙炔氧气管	2.0	2.0
压缩空气管	2.0	1.0
石油管	1.5	1.0
天然瓦斯管	1.2	1.2
排水盲管	1.0	0.5
人防地下室外管	1.5	1.0
地下公路外缘	1.5	1.0
地下铁路外缘	1.5	1.0

9. 树木的景观控制应符合下列规定：

（1）郁闭度

① 风景林地应符合附表 3-9 的规定。

附表 3-9　风景林郁闭度

类　型	开放当年标准	成年期标准
密　林	0.3~0.7	0.7~1.0
疏　林	0.1~0.4	0.4~0.6
疏林草地	0.07~0.20	0.0.1~0.3

② 风景林中各观赏单元应另行计算，丛植、群植近期郁闭度应大于 0.5；带植近期郁闭度宜大于 0.6。

（2）观赏特征

① 孤植树、树丛：选择观赏特征突出的树种，并确定其规格、分枝点高度、姿态等要求；与周围环境或树木之间应留有明显的空间；提出有特殊要求的养护管理方法。

② 树群：群内各层应能显露出其特征部分。

（3）视距

① 孤立树、树丛和树群至少有一处欣赏点，视距为观赏面宽度的 1.5 倍和高度的 2 倍；

② 成片树林的观赏林缘线视距为林高的 2 倍以上。

10. 单行整形绿篱的地上生长空间尺度应符合附表 3-10 的规定。双行种植时，其宽度按附表 3-10 规定的值增加 0.3~0.5 m。

附表 3-10　各类单行绿篱空间尺度　　　　　　　　　　　　　m

类　型	地上空间高度	地上空间宽度
树　墙	>1.60	>1.50
高绿篱	1.20~1.60	0.20~2.00
中绿篱	0.50~1.20	0.80~1.50
矮绿篱	0.50	0.30~0.50

（二）游人集中场所

1. 游人集中场所的植物选用应符合下列规定：

(1) 在游人活动范围内宜选用大规格苗木。

(2) 禁选用危及游人生命安全的有毒植物：

① 不应选用在游人正常活动范围内枝叶有硬刺或枝叶形状呈尖硬剑、刺状以及有浆果或分泌物坠地的种类；

② 不宜选用挥发物或花粉能引起明显过敏反应的种类。

2. 集散场地种植设计的布置方式，应考虑交通安全视距和人流通行，场地内的树木枝下净空应大于2.2m。

3. 儿童游戏场的植物选用应符合下列规定：

(1) 乔木应选用高大荫浓的种类，夏季庇荫面积应大于游戏活动范围的50%；

(2) 活动范围内灌木宜选用萌芽力强、直立生长的中高型种类，树木枝下净空应大于1.8m。

4. 露天演出场观众席范围内不应布置阻碍视线的植物，观众席铺栽草坪应选用耐践踏的种类。

5. 停车场的种植应符合下列规定：

(1) 树木间距应满足车位、通道、转弯、回车半径的要求；

(2) 庇荫乔木枝下净空的标准：

① 大、中型汽车停车场大于4.0m；

② 小汽车停车场大于2.5m；

③ 自行车停车场大于2.2m。

(3) 场内种植池宽度应大于1.5m，并应设置保护设施。

6. 成人活动场的种植应符合下列规定：

(1) 宜选用高大乔木，枝下净空不低于2.2m；

(2) 夏季乔木庇荫面积宜大于活动范围的50%。

7. 园路两侧的植物种植：

(1) 通行机动车辆的园路，车辆通行范围内不得有低于4.0m高度的枝条；

(2) 方便残疾人使用的园路边缘种植应符合下列规定：

a. 不宜选用硬质叶片的丛生型植物；

b. 路面范围内，乔、灌木枝下净空不得低于2.2m；

c. 乔木种植点距路缘应大于0.5m。

（三）动物展览区

1. 动物展览区的种植设计，应符合下列规定：

(1) 有利于创造动物的良好生活环境；

(2) 不致造成动物逃逸；

(3) 创造有特色植物景观和游人参观休憩的良好环境；

(4) 有利于卫生防护隔离。

2. 动物展览区植物种类选择应符合下列规定：

(1) 有利于模拟动物原产区的自然景观；

(2) 动物运动范围内应种植对动物无毒、无刺、萌发力强、病虫害少的中慢生种类；

3. 在笼舍、动物运动场内种植植物,应同时提出保护植物的措施。

(四)植物园展览区

1. 植物园展览区的种植设计应将各类植物展览区的主题内容和植物引种驯化成果、科普教育、园林艺术相结合。

2. 展览区展示植物的种类选择应符合下列规定:

(1)对科普、科研具有重要价值;

(2)在城市绿化、美化功能等方面有特殊意义。

3. 展览区配合植物的种类选择应符合下列规定:

(1)能为展示种类提供局部良好生态环境;

(2)能衬托展示种类的观赏特征或弥补其不足;

(3)具有满足游览需要的其他功能。

4. 展览区引入植物的种类,应是本园繁育成功或在原始材料圃内生长时间较长、基本适应本地区环境条件者。

参考文献

北京市园林局.1996.北京优秀园林设计集锦[M].北京：中国建筑工业出版社.
曹仁勇，章广明.2010.园林规划设计[M].北京：中国农业出版社.
陈璟.2009.园林规划设计[M].北京：化学工业出版社.
董晓华.2011.园林规划设计[M].北京：高等教育出版社.
房世宝.2007.园林规划设计[M].北京：化学工业出版社.
韩敬祖，张彦广.2003.度假村与酒店绿化美化[M].北京：中国林业出版社.
胡长龙.1995.园林规划设计[M].北京：中国农业出版社.
胡先祥，肖创伟.2007.园林规划设计[M].北京：机械工业出版社.
黄东兵.2003.园林规划设计[M].北京：中国科学技术出版社.
黄晓鸾.1996.园林绿地与建筑小品[M].北京：中国建筑工业出版社.
梁永基，王莲清.2001.工矿企业园林绿地设计[M].北京：中国林业出版社.
梁永基，王莲清.2001.校园园林绿地设计[M].北京：中国林业出版社.
梁永基，王莲清.2002.机关单位园林绿地设计[M].北京：中国林业出版社.
梁永基，王莲清.2002.医院疗养院园林绿地设计[M].北京：中国林业出版社.
刘少宗.1999.中国优秀园林设计集[M].天津：天津大学出版社.
刘新燕.2009.园林规划设计[M].北京：中国劳动社会保障出版社.
宁妍妍.2003.园林规划设计学[M].北京：白云出版社.
宁妍妍.2010.园林规划设计[M].郑州：黄河水利出版社.
宋会访.2011.园林规划设计[M].2版.北京：化学工业出版社.
王汝诚.1998.园林规划设计[M].北京：中国建筑工业出版社.
王绍增.2005.城市绿地规划[M].北京：中国农业出版社.
王秀娟.2009.城市园林绿地规划[M].北京：化学工业出版社.
卫江峰，卢培杰，曹宇光.2009.关于屋顶花园的规划设计[J].科技风，22：83.
徐峰.2002.城市园林绿地设计与施工[M].北京：化学工业出版社.
杨赉丽.2016.城市园林绿地规划[M].4版.北京：中国林业出版社.
叶振启，许大为.2000.园林设计[M].哈尔滨：东北林业大学出版社.
张敏.2010.南京屋顶花园营造与设计[D].南京：南京林业大学.
赵建民.2001.园林规划设计[M].北京：中国农业出版社.
赵建民.2010.园林规划设计[M].2版.北京：中国农业出版社.
赵建民.2012.园林规划设计[M].北京：中国农业出版社.
赵彦杰.2007.园林规划设计[M].北京：中国农业大学出版社.
周初梅.2006.园林规划设计[M].重庆：重庆大学出版社.